INTERPRETABLE ARTIFICIAL INTELLIGENCE
BASED ON KNOWLEDGE GRAPH

基于知识图谱的可解释人工智能

王亚珅　欧阳小叶　郭大宇　著

北京理工大学出版社
BEIJING INSTITUTE OF TECHNOLOGY PRESS

版权专有　侵权必究

图书在版编目（CIP）数据

基于知识图谱的可解释人工智能 / 王亚珅，欧阳小叶，郭大宇著. -- 北京：北京理工大学出版社，2023.10
　　ISBN 978-7-5763-2990-2

Ⅰ. ①基… Ⅱ. ①王… ②欧… ③郭… Ⅲ. ①人工智能–研究 Ⅳ. ①TP18

中国国家版本馆 CIP 数据核字（2023）第 201409 号

责任编辑：多海鹏	**文案编辑**：多海鹏
责任校对：刘亚男	**责任印制**：李志强

出版发行	/ 北京理工大学出版社有限责任公司
社　　址	/ 北京市丰台区四合庄路 6 号
邮　　编	/ 100070
电　　话	/（010）68944439（学术售后服务热线）
网　　址	/ http://www.bitpress.com.cn

版 印 次	/ 2023 年 10 月第 1 版第 1 次印刷
印　　刷	/ 保定市中画美凯印刷有限公司
开　　本	/ 710 mm×1000 mm　1/16
印　　张	/ 15.5
彩　　插	/ 1
字　　数	/ 230 千字
定　　价	/ 76.00 元

图书出现印装质量问题，请拨打售后服务热线，负责调换

前 言

人工智能从20世纪50年代达特茅斯会议发展到今天，经历了多次起伏，围绕着基于"知识"还是基于"数据"两条主线，先后发展出了基于知识的符号系统方法、基于数据的机器学习和神经网络方法。近年来，伴随着深度学习的理论成熟与应用深化，后者已成为当前人工智能的主流技术路线。但是，随着性能不断提升，其相关模型算法的"黑盒"属性越发明显，"不透明性"持续加剧——人类无法理解人工智能产生某种决策结论的原因，无法获知人工智能的内部运转逻辑，在某种程度上已形成对于人工智能"知其然，不知其所以然"的局面，人类无法信任和信服人工智能，严重阻碍人类与人工智能和谐共生，人类难以有效管控人工智能这一合作伙伴。针对上述挑战，可解释人工智能研究应运而生，并被认为是人工智能发展不可回避的命题，也是通向通用人工智能的必由之路，对当前人工智能发展将起到至关重要的作用。

反观人工智能的另一条技术路线的进展，其近年来的典型代表是知识图谱构建与应用驱动的"新一代"知识工程。从可行性角度，知识图谱凭借其在算法表达能力、质量可靠性、建模便捷性、解释直观性等方面的独特优势，成为打开可解释人工智能"大门"的一把有效的、天然的"钥匙"——知识图谱与可解释人工智能的结合可谓"天作之合"，促使近年来产生了很多重要的基于知识图谱的可解释人工智能理论研究和实践应用成果。基于知识图谱的可解释人工智能已经成为当前人工智能的重要研究热点，在从电商服务到精准医疗到金融风控再到作战指挥等诸多领域（特别是涉及人工智能辅助决策的关键性领域）都体现出良好的应用前景。

由于理论机理、设计思想、解释方式和具体应用的多样性，基于知识图谱的可解释人工智能的研究方法和技术路线众多，研究成果非常分散，缺乏对其系统性梳理总结，这不利于初学者在短时间内系统地掌握这方面的方法和技术。因此，本书着重从方法论角度对基于知识图谱的可解释人工智能的相关研究进行分类梳理，并挑选了智能推荐、问答对话、关系推理等三个具有代表性的人工智能任务，在每个任务下遴选出近年来具有里程碑意义的典型研究成果，详细介绍基于知识图谱的可解释人工智能的理论模型和应用情况。本书既涵盖了大量经典算法，又引入了近年来该领域研究中涌现出的新方法、新思路，力求兼顾内容的基础性和前沿性。同时，本书还融入了作者多年来从事以自然语言处理和知识工程为核心的人工智能研究与应用过程中对于知识图谱和可解释人工智能的机理内涵理解与发展趋势研判，详细介绍了知识图谱和可解释人工智能的相关概念内涵、特征机理、关键技术、主要方向、典型案例、演进历程、当前挑战、发展趋势等。

本书内容（除第1章外）可分为三个部分。第一部分，从知识图谱（第2章）、人工智能与可解释人工智能（第3章）这两个角度，介绍基于知识图谱的可解释人工智能所属概念范畴、所处技术浪潮中的定位、相关理论方法工具基础等。第二部分，详细介绍基于知识图谱的可解释人工智能的理论模型和应用情况（第4章），针对基于知识图谱的可解释智能推荐、基于知识图谱的可解释问答对话、基于知识图谱的可解释关系推理等任务，分别阐述了典型成果的技术路线、总结分析等。第三部分，总结全书并展望基于知识图谱的可解释人工智能的未来研究发展趋势（第5章）。本书可供计算机、人工智能、信息处理、自动化、系统工程、应用数学等专业的教师以及相关领域的研究人员和技术开发人员参考。

本书在撰写过程中得到了北京理工大学计算机学院、社会安全风险感知与防控大数据应用国家工程实验室、北京理工大学东南信息技术研究院、北京市海量语言信息处理与云计算应用工程技术研究中心、中国电科认知与智能技术重点实验室的老师和学生的支持和帮助，在此对给予我们支持和资助的单位与个人表示衷心感谢！

由于作者水平有限，书中疏漏之处在所难免，敬请广大读者批评指正。

作 者

2023年3月

目 录

第1章　绪论　1
 1.1　研究背景与意义　1
 1.2　研究问题与内容　2
 1.3　研究内容的定位　4
 1.4　本书的内容组织结构　5

第2章　知识图谱　7
 2.1　引言　7
 2.2　知识图谱概述　7
  2.2.1　知识的定义与内涵　7
  2.2.2　知识图谱的定义与内涵　15
  2.2.3　知识图谱逻辑架构　18
  2.2.4　知识图谱演进历程　19
 2.3　知识图谱构建关键技术概述　22
  2.3.1　知识抽取　23
  2.3.2　知识融合　25
  2.3.3　知识加工　28
 2.4　知识图谱应用关键技术　30
  2.4.1　知识表示　30
  2.4.2　知识推理　33

2.4.3　知识迁移　　37
　2.5　典型知识图谱产品　　41
　2.6　典型知识图谱的应用　　48
　2.7　知识图谱关键技术发展方向分析　　52

第3章　可解释人工智能　　57
　3.1　人工智能概述　　57
　　3.1.1　概念内涵　　57
　　3.1.2　主要学派　　60
　　3.1.3　核心基石　　63
　　3.1.4　发展层次　　67
　3.2　第一代人工智能　　70
　3.3　第二代人工智能　　72
　3.4　第三代人工智能　　74
　3.5　可解释人工智能　　79
　　3.5.1　背景与意义　　80
　　3.5.2　定义与目标　　81
　　3.5.3　研究内容　　85
　　3.5.4　典型项目　　87
　　3.5.5　面临挑战与发展趋势　　93

第4章　基于知识图谱的可解释人工智能　　96
　4.1　引言　　96
　4.2　知识图谱对于可解释人工智能的优势分析　　96
　4.3　基于知识图谱的可解释人工智能的研究内容　　98
　　4.3.1　结果视角分类：是否强调以路径作为解释依据　　98
　　4.3.2　过程角度分类：知识注入方式　　102
　4.4　符号定义　　104
　4.5　基于知识图谱的可解释智能推荐　　105
　　4.5.1　基于可解释性知识路径递归的智能推荐　　106

  4.5.2　基于可解释性知识图谱强化学习的智能推荐　　113

  4.5.3　基于可解释性用户偏好传播的智能推荐　　121

  4.5.4　面向知识图谱智能推荐的可解释人机交互　　128

  4.5.5　基于可解释性知识增强图神经网络的智能推荐　　137

4.6　基于知识图谱的可解释问答对话　　146

  4.6.1　基于可解释性逻辑查询向量建模的问答对话　　146

  4.6.2　基于可解释性"箱子"向量推理的问答对话　　153

  4.6.3　基于可解释性知识图谱补全的问答对话　　162

  4.6.4　基于可解释性可微建模的大规模问答对话　　166

  4.6.5　基于可解释对话意图挖掘的问答对话　　171

4.7　基于知识图谱的可解释关系推理　　178

  4.7.1　基于可解释性轻量化知识表示学习嵌入的关系推理　　178

  4.7.2　基于可解释性知识交叉交互建模的关系推理　　181

  4.7.3　基于可解释性多关系学习的关系推理　　189

  4.7.4　基于可解释性因式分解的关系推理　　192

  4.7.5　基于可解释性知识迁移的关系推理　　199

第5章　总结与展望　　205

5.1　总结　　205

5.2　发展趋势与展望　　207

参考文献　　211

第 1 章
绪 论

1.1 研究背景与意义

目前,人工智能(Artificial Intelligence,AI)研究与应用的持续创新和广泛普及,主要得益于以深度学习为代表的机器学习技术的发展进步。此类机器学习技术使得人工智能系统可以自主进行感知、学习、决策和行动,但这些算法模型却被"黑箱"(Black Box)问题所困扰——虽然人们可以知晓一个人工智能算法模型的输入和输出,但在很多情况下却难以理解其运作过程和机理,难以理解其产生的决策结论的原因和依据,这种对人类的"不透明"造成了明显的"知其然,不知其所以然"现象;人工智能开发者设计了算法模型,但通常却不决定某个参数的权重以及某个结果是如何得出的,这意味着即便开发者可能也难以理解和解释他们所开发的人工智能系统。

对人工智能系统如何运作缺乏理解、对人工智能给出的决策结论缺乏信任,是人工智能带来诸如安全、歧视、责任等新的法律、伦理问题的一个主要原因。作为"黑箱"的深度学习模型易于遭受对抗攻击,容易产生种族、肤色、性别、年龄、财富等方面歧视,可能导致追责困难;在医疗救护、借贷风控、刑事司法、战略决策等攸关个人与集体重大权益的应用场景中,人工智能的"不透明性"尤其是有问题的,导致人类用户难以充分信任人工智能,直接导致人工智能赋能传统行业的效能受限。在实践中,人工智能的规模化应用推广,在很大程度上依赖于人类用户能否充分理解、合理信任并且有效管理人工智能这一新型合作伙伴,而对人工智能的安全感、信赖感、认同度取决于算法模型的可解释性和透明性，因为其关涉人类的知情利益和主人翁地位。所以，确保人工智能产品、服务和系统具有可解释性与透明性是至关重要的。

因此，为了提高人工智能的可解释性和透明性，"可解释人工智能"研究应运而生，其旨在让人工智能系统对其决策过程和结果提供依据或理由，让其过程和结果可以被人类清晰易懂地理解与信任。目前，可解释人工智能已经成为人工智能的重要研究课题，已经成为人工智能发展历程中不可回避的一个命题，已经成为新一代人工智能发展的一个重要分支，已经成为通达可信人工智能的必由之路，已经成为重要的人工智能道德伦理命题之一，可解释性要求也已经逐渐成为人工智能监管的一个重要维度。

1.2 研究问题与内容

近年来，全球各界已经从伦理层面、立法层面、技术层面等多个层面将"可解释性"确立为人工智能研发应用的一个基本指导性原则。其中，在伦理层面，欧洲联盟（简称欧盟）于 2019 年发布的《可信人工智能的伦理指南》将可解释性作为可信人工智能的 4 个伦理原则之一，将透明性作为可信人工智能的 7 个关键要求之一；联合国于 2021 年发布的首个全球性人工智能伦理协议《人工智能伦理问题建议书》，提出了人工智能系统生命周期的所有行为者都应当遵循的 10 个原则，其中就包括"可解释性和透明度"；中国国家新一代人工智能治理专业委员会于 2021 年发布的《新一代人工智能伦理规范》，针对人工智能提出了包括可解释性和透明性在内的多项伦理要求；中国国家互联网信息办公室等 9 个部门于 2021 年联合发布的《关于加强互联网信息服务算法综合治理的指导意见》将"透明可释"作为算法应用的基本原则，呼吁企业促进算法公开透明，做好人工智能算法结果解释。① 在立法层面，无论是在中国，还是在美国、欧盟等其他国家和地区，人工智能都已进入立法者和监管者的视野，个人信息、人工智能等方面的国内外立法尝试从权利、义务、责任等不同角度对人工智能的可解释性和透明性进行规制。例如，欧盟于 2018 年生效的《通用数据保护条例》，强制要求人工智能模型具有可解释性，认为只有使人工智能具有可解释其决策的能力才可以推动人工智能战略的实施。② 在技术层面，从2015年美国国防高级研究计划局（DARPA）提出"可解释人工智能"（eXplainable AI，XAI）项目以来，可解释人工智能已日渐成为人工智能领域的重要研究方向，研究人员和主流科技公司纷纷探索技术上和管理上的解决方案，电气与电子工程师协会（IEEE）、国际标准化组织（ISO）等国际标准制定组织则积极推动制定与可解释人工智能相关的技术标准。本书重点关注在技术层面解决可解释人工智能的方式方法。

在诸多可选的能够提高人工智能可解释性的技术路线中，本书认为"新一代"知识工程的典型代表、人工智能技术的重要组成部分——知识图谱，具备天然的辅助解释"基因"和突破可解释人工智能诸多技术瓶颈的巨大潜能。知识图谱是表征现实世界中概念、实体及其关系的网络，描述现实世界不同层次、不同粒度的概念抽象，实现对客观世界从字符串描述到结构化语义描述的跃迁。目前，知识图谱以其强大的语义表达能力、存储能力和复杂推理能力，已成为互联网资源组织的基础，是互联网理解世界的基础设施，其建立的具有语义处理能力与开放互联能力的知识库和"智库中台"，为互联网时代的数据、信息、知识的组织和智能应用提供了有效的解决方案和支撑引擎，可在智能搜索、智能问答、个性化推荐等智能信息服务中产生应用价值。对比2020年和2019年的权威咨询机构Gartner发布的人工智能领域的技术"成熟度曲线"（Hype Cycle）可以发现，在短短一年时间知识图谱的成熟度由"创新触发"阶段一跃达到"预期膨胀高峰"阶段且非常接近最高点，知识图谱已经逐渐成为人工智能应用的强大助力之一。对于可解释人工智能任务，传承"符号主义"和专家系统强推理、强逻辑等优势的知识图谱相关技术，凭借在算法表达能力、质量可靠性、建模便捷性、解释直观性上的先天优势，当前已经逐渐成为实现可解释人工智能的重要技术手段，并在近年来被广泛研究、应用和验证，被学术界和产业界所广泛认可，兼顾可行性和先进性。

综上所述，本书旨在从技术角度探讨如何提高人工智能可解释性，并重点聚焦知识图谱这一重要的智库支撑资源和技术手段，所要解决的关键问题概述如下：利用知识图谱及其相关技术来达成可解释人工智能的作用机理是怎样的？

围绕上述关键问题，本书重点对如下研究内容展开详细论述：首先，研究基于知识图谱的可解释人工智能的基础支撑，重点从知识图谱和可解释人工智能这两个角度切入，分别介绍相关概念内涵、特征机理、关键技术、主要方向、典型案例、演进历程、当前挑战、发展趋势等，为阐释基于知识图谱的可解释人工智能奠定理论基础。其次，研究基于知识图谱的可解释人工智能的理论模型和应用探索，从方法论角度对相关研究进行归类梳理，从智能推荐、问答对话、关系推理等具有代表性的三个人工智能任务入手，介绍近年来基于知识图谱的可解释人工智能的典型理论成果及其应用。

1.3 研究内容的定位

在内涵丰富、外延广泛、体系复杂、源远流长的人工智能发展长河中，基于知识图谱的可解释人工智能仅仅是人工智能的一个分支、一个课题。但是，却是人工智能继续发展所不可逾越的关口和不可回避的话题，其在人工智能研究体系、关键要素与发展脉络中的定位，概述如下。

从人工智能主要学派角度（符号主义、联结主义、行为主义），本书研究内容侧重符号主义学派：一是当前人工智能领域的知识图谱构建与应用相关研究源于传统知识工程和专家系统思想与研究，而知识工程研究植根于符号主义；二是深度学习驱动的联结主义逐渐暴露出可解释性差、可信度无法量化等问题，符号主义在解决上述问题上有着天然的优势。

从人工智能核心基石角度（算力、算法、数据、知识），本书研究内容侧重于"知识"这一"新兴"要素：知识是本书研究的重点，以知识作为重要基石之一的新一代人工智能已经是大势所趋。另外，对知识的重视和深入应用带动了以知识图谱为核心的知识工程相关研究的复兴和革新，知识图谱相关技术为人工智能提供了天然的解释工具和手段，成为通达可解释人工智能的一条重要技术途径。

从人工智能发展层次角度（计算智能、感知智能、认知智能），本书研究内容属于认知智能：知识图谱驱动的知识工程涉及抽象层次更高的语义信号表征、理解与推理，属于认知智能范畴。

从人工智能发展代次角度（第一代、第二代、第三代人工智能），本书研究内容属于第三代人工智能：当前人工智能发展已经进入第三代人工智能，而可解释人工智能是第三代人工智能大规模应用过程中遇到的现实障碍而衍生和热议的研究方向。因此可解释人工智能发轫于第三代人工智能的发展过程中，引领第三代人工智能向着新阶段发展和演变。

从当前人工智能存在的缺陷角度，本书重点针对当前人工智能面临的"缺乏可解释性"的问题，展开研究和论述，重点讨论知识图谱相关技术对于提高人工智能可解释性和透明性的重要影响和作用机理。

1.4 本书的内容组织结构

本书内容的组织结构及各章之间的联系如图 1-1 所示。

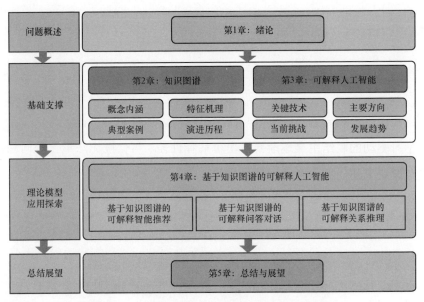

图 1-1　本书内容的组织结构及各章之间的联系

本书按照"明确研究问题→阐述基础支撑→分析理论模型→探索应用实践→总结研究成果"的结构组织内容。全书分为 5 章。第 1 章介绍了本书的研究背景和意义，并对本书拟重点研究的问题与内容进行介绍。第 2 章和第 3 章分别介绍了知识图谱和可解释人工智能的相关概念内涵、特征机理、关键技术、主要方向、典型案例、演进历程、当前挑战、发展趋势等，为阐释基于知识图谱的可解释人工智能奠定理论基础。第 4 章分析了知识图谱应用于可解释人工智能的优势，概述基于知识图谱的可解释人工智能的主要研究路线和方法论的分类，并分别从智能推荐、问答对话、关系推理等三个研究方向视角，介绍各自方向上近年来基于知识图谱的可解释人工智能的典型理论成果及其应用。第 5 章对全书进行了总结，并展望未来的研究趋势。

第 2 章 知识图谱

2.1 引言

更高层次的人工智能的核心,是让知识构建帮助人工智能系统组织自己的世界观,赋予人工智能理解意义、事件和任务的能力。知识图谱(Knowledge Graph)是人工智能研究与应用的重要支撑与"智库"资源,使机器具备理解、分析和决策的能力成为可能,在人工智能突破"感知智能"阶段走向"认知智能"的发展中发挥着不可替代的作用。知识图谱被认为是大数据时代的知识工程"集大成者",是符号主义与联结主义相结合的产物,是实现认知智能的"基石"。目前,知识图谱技术已应用于数据治理、搜索与推荐等通用领域与智慧生产、智能营销、智能运维、智能管理等垂直领域,将算力、算法、场景化落地三大核心能力深度融合,真正让计算机代替人类专家实地解决复杂问题。

2.2 知识图谱概述

2.2.1 知识的定义与内涵

1. "数据"与"信息"的定义

1)"数据"的定义

"数据"(Data)是形成信息、知识的源泉。从抽象意义上来看:数据泛指对客观事物的数量、属性、位置及其相互关系的抽象表示,以适用于用人工或自然的方式进行保存、传递和处理。从数据的发展过程来看，数据首先描述了客观事物的数量、属性等信息。数据阐述了对客观世界的清晰印象。随着计算机软/硬件的发展，计算机应用领域的扩大，数据的含义也扩大到计算机可以处理的图像、声音等。在计算机科学中，数据是指所有能输入计算机并被计算机程序处理的符号的介质的总称，是用于输入计算机进行处理，具有一定意义的数字、字母、符号和模拟量等。关于数据的定义，比较典型的有以下几种：数据是一组定性或定量变量的数值的集合，是可识别、解释的符号或符号序列；数据是事实或观察的结果，是对客观事物的逻辑归纳，是用于表示客观事物的未经加工的原始素材；从计算机处理的角度来看，数据是计算机程序加工的"原料"。

因此，本书采用的数据的定义如下：数据是使用文字、声音、图像、视频等描述方式，对客观事物的数量、属性、位置及其相互关系进行抽象表示，以适合在这个领域中用人工或自然的方式进行保存、传递和处理。数据可以是连续的值，如声音、图像，称为模拟数据；也可以是离散的，如符号、文字，称为数字数据。数据不仅包括狭义上的数字，还可以是具有一定意义的文字、字母、数字符号的组合、图形、图像、视频、音频等，即客观事物的属性、数量、位置及其相互关系的抽象表示。

2)"信息"的定义

"信息"（Information）是当代使用频率很高的一个概念。由于很难给出基础科学层次上的信息定义，系统科学界曾一度不把信息作为系统学的基本概念，留待条件成熟后再做弥补。到目前为止，围绕信息定义所出现的流行说法已有上百种。以下介绍一些比较典型的、有代表性的说法：1948 年，信息论的创始人克劳德·香农（Claude E. Shannon）在研究广义通信系统理论时把信息定义为信源的不定度。1950 年，控制论创始人诺伯特·维纳（Norbert Wiener）认为信息是人们在适应客观世界，并使这种适应被客观世界感受的过程中与客观世界进行交换的内容的名称。20 世纪 80 年代，哲学家们提出广义信息，认为信息是直接或间接描述客观世界的，把信息作为与物质并列的范畴纳入哲学体系。20 世纪 90 年代以后，一些经典的定义包括：数据是从自然现象和社会现象中搜集的原始材料，根据使用数据人的目的按一定的形式加以处理，找出其中的联系，就形成了信息；信息是具有一定含义的、经过加工处理的、对决策有价值的数据（信息 = 数据 + 处理）；信息是人们对数据进行系统组织、整理和分析，使其产生相关性，但没有与特定用户行动相关联，信息可以被数字化。

只有当孤立的数据用来描述一个客观事物和客观事物的关系，形成有逻辑的数据流，它们才能称为信息。本书采用的信息的定义为：信息是具有一定含义的、经过加工处理的形成有逻辑的、具有时效价值的数据。信息的时效性对于使用和传递信息有重要意义，它提醒我们失去信息的时效性，信息就不是完整的信息，甚至会变成毫无意义的数据流。所以，我们认为信息是具有时效性的、有一定含义的、有逻辑的、经过加工处理的、对决策有价值的数据流（信息＝数据＋时间＋处理）。

2. "知识"的定义

更高层次的机器智能的核心，可能是让知识构建帮助人工智能系统组织自己的世界观，赋予人工智能理解意义、事件和任务的能力。知识是从定量到定性的过程得以实现的、抽象的、逻辑的东西；知识需要以信息为基础，使用归纳、演绎的方法得到；知识只有在经过广泛深入的实践检验，被人消化吸收，并成为个人的信念和判断取向之后才能成为知识；知识包括结构化的经验、价值以及经过文字化的信息，在组织中，知识不仅存在于文件与储存系统中，也蕴含在日常例行工作、过程、执行与规范中。

关于知识的概念，国内外学者从不同的角度赋予了知识不同的定义，而且这些定义对知识范畴的理解也存在较大的分歧，但是大多数都认为：知识是对客观事物的认识和人们经验的总结。主要的几种观点如下。

（1）根据《韦伯斯特大词典》1997年的定义：知识是通过实践、研究、联系或调查获得的关于事物的事实和状态的认识，是对科学、艺术或技术的理解，是人类获得的关于真理和原理的认识的总和。总之，知识是人类积累的关于自然和社会的认识和经验的总和。

（2）"现代管理学之父"彼得·德鲁克（Peter F. Drucker）认为：知识是一种能够改变某些人或某些事的信息，这既包括使信息成为行动的基础的方式，也包括通过对信息的运用使某个个体（或机构）有能力进行改变或进行更为有效的行为的方式。

（3）知识管理权威专家托马斯·达文波特（Thomas H. Davenport）认为：知

识是一种流动性质的综合体,其中包括结构化的经验、价值以及经过文字化的信息,也包含专家的独特意见以及为新经验做评估、整合与提供信息的框架等。

(4)中国科学院计算机语言信息中心的《知网》智库将知识定义为:知识是一个系统,揭示了概念与概念之间,以及概念的属性与属性之间的关系;知识体系的广度与深度取决于上述关系的多少;对于面向计算机的知识体系的质量,关键是它的可计算性以及由此为具体的应用而能够提供的服务。

本书认为这些知识的经典定义都有其价值和意义,信息虽给出了数据中一些有一定意义的东西,但它往往会在时间效用失效后价值开始衰减,只有通过人们的参与对信息进行归纳、演绎、比较等挖掘,使其有价值的部分沉淀下来,并与已存在的人类知识体系相结合,这部分有价值的信息才能转变成知识。综上,通常知识定义为:知识是对客观事物的认识和人们经验的总结,从日常例行工作、过程、执行与规范中抽象而来,包括结构化的经验、价值以及经过文字化的信息,具有指导决策和行动的价值。知识是结构化的经验、价值、相关信息和专家洞察力的融合,提供了评价和产生新的经验和信息的框架。知识既是对信息进行解释和评价的结果,它又以某种有目的、有意义的方式处理信息,可表述或预测出信息之间的规律、原理性联系,并包含了确定信息真伪的评价。更确切地说,知识只有在使用过程中才能体现出其价值,才成为有实践意义的、真正的知识。

所以,知识、信息、数据的分层关系如图2-1所示。数据是信息的载体,

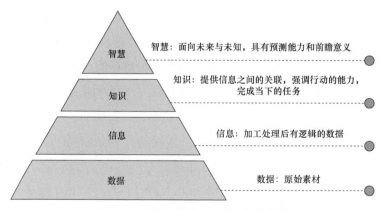

图2-1 数据-信息-知识-智慧架构

信息是反映事物本质特征的形式,是管理和决策的重要依据。知识是事物的表征、特点、规律和关系在数据上的反映,能够支撑更好的决策,带来更好的结果。

3. 知识的特征

知识是主客体相互统一的产物。它来源于外部世界,所以知识是客观的;但是知识本身并不是客观现实,而是事物的特征与联系在人脑中的反映,是客观事物的一种主观表征,知识是在主客体相互作用的基础上,通过人脑的反映活动而产生的。由此可以得出,知识必须具备三个特征:被证实的、真实且正确的、被相信的。

(1)被证实的:它是运用理性思维的方式、方法和科学实验相结合产生的一种知识,具有稳定性和可靠性。它是由科学的概念、术语、命题、陈述、定律、定理构成的一种理论体系,具有逻辑性、简明性、系统性和预见性等特征。以事实为依据,能够接受可观察的以事实为依据的直接或间接的实验验证,并能够进行确切的数学量化或定量的表述和描述。

(2)真实且正确的:它是建立在感性经验基础上的,具有抽象、概括性,它真实反映了客观事实,具有真理性。

(3)被相信的:对人类的行为、实践具有理论指导性,是人类认识和改造世界的方法和工具。

正是由于知识图谱数据和结构的特征,使得其具有以下优势。

(1)逻辑推演:带逻辑语义标记的知识图谱具有一定程度的人工智能,可通过逻辑推演完成更加智能的应用。

(2)可解释性:基于逻辑符号的推演过程是可解释的,这对于联结主义的黑盒模型具有重大的参考作用,而这也是实现强人工智能的基础。

(3)自然关联:表述语义相同的异构信息可以通过图谱无缝关联起来。

(4)高效资源发现:通过传统图研究提供的典型算法基础,可以高效地进行图资源发现和挖掘。

(5)透明共享:采用本体建模方法提供灵活统一的模式自由组织方式,对领域内的各个角色来说,这些知识都是透明共享的,因此可以提高数据获取的效率,同时快速实现不同业务场景下的查询需求。

（6）可视化：通过可视化工具（如 Cytoscape、D3.js 2、Gephi、GraphViz 等）来展示知识图谱的语义链接，有助于用户更容易理解和分析语义关联。

4. 知识的分类

知识按不同的标准要求可以有多种不同的分类，这些分类原则本身也在一定程度上体现出人类在不同社会经济形态下对知识作用的不同认识。

（1）按知识的作用及表示划分，将知识分为两大类：① 陈述性知识，用于描述领域内的有关概念、事实、事物的属性及状态；② 程序性知识，与领域相关的、用于指出如何处理与问题相关的信息以及求得问题的解，又称为"深层知识"及"元知识"，是关于如何运用已有的知识进行问题求解的知识。本书重点关注陈述性知识。

（2）按知识的性质区分，将知识分为四大类：① Know-what（知道是什么的知识），它是关于事实确认和信息获取的知识，包括何时、何地、何种条件等事实或信息，记载事实的数据；② Know-why（知道为什么的知识），它是关于被事物表面现象所掩盖的客观原理和规律的知识，记载自然和社会的原理与规律方面的理论；③ Know-how（知道怎样做的知识），它是一种关于经验或技术性的知识，指某类工作的实际技巧和经验；④ Know-who（知道是谁的知识），它是关于知识属于谁以及如何创造的知识，谁知道是什么、谁知道为什么和谁知道怎么做的信息。

（2）按知识的记录形式区分，可以分为有形知识和无形知识。① 上述按知识的性质区分中的前两类知识（Know-what、Know-why）是易于文字记载的认识类知识，有人称为"有形知识"，非常容易编码（信息化），可通过各种传媒获得；② 第三、四类知识（Know-how、Know-who）更多的是没有记载的经验类知识，有人称之为"隐形知识"或"无形知识"，需要通过实践来获得。

（3）按知识的表现形式区分，知识可以分为两类：① 显式知识（又称"显性知识"）包括任何可以作为文档进行保存，编成规则、制度的东西，这些知识的处理一般需要信息技术的辅助；② 隐式知识（又称"隐性知识"），存在于人的头脑中的而难以显式化的知识。对于隐式知识，挑战在于如何对其进行认知、生产、共享和保存。

(4)按照知识产生的背景及其具有的特征区分,可以将知识分为三个层次:个人知识、组织知识和结构化知识。① 个人知识仅仅存在于雇员的头脑中;② 组织知识是体现在小组或部门层次上的学习;③ 结构化知识是通过过程、手册、编码等嵌入企业的知识结构中。对于一个组织来说,其目的就是要把个人知识挖掘出来,融入组织知识中,再通过组织学习,产生结构化的知识。从信息的角度看,知识可以分为可编码、可信息化的知识和只可意会、不可编码而不可信息化的知识。

美国英特尔公司实验室最新的研究,将用于驱动更高层级认知智能的知识分为6个类型(图2-2)。

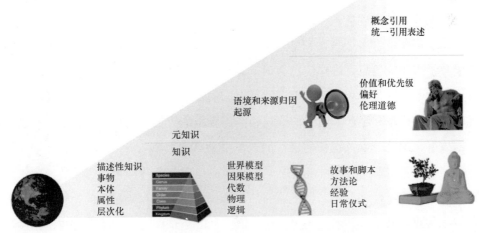

图2-2 用于驱动更高层级认知智能的知识分类

(1)描述性知识:描述性知识(概念性的、命题性的或陈述性的知识)描述事物、事件、事物/事件的属性以及其之间的关系,具有层次、分类和属性继承等特征。假设使用(适当的)类或概念的分层,深度描述性知识就能扩展其原本的定义。这类知识可以包括事实和记录系统。与特定用例和环境相关的事实和信息可以作为层次知识进行组织、利用和更新。

(2)世界模型:世界上的现实模型让人工智能系统能够理解情况、解释输入/事件以及预测潜在的未来结果并采取行动。现实模型是抽象的、概括的,可以分为正式模型和近似(非正式)真实世界模型。现实模型允许在特定情况下对实例使用变量和应用程序,并允许对特定实例或更通用的类进行符号操作。正式模型的例子包括逻辑、数学/代数和物理;与正式模型相比,真实世界的模型通常是经验的、实验性的,有时甚至显得有些混乱,真实世界的模型包括物理模型、心理模型和社会学模型等。因果模型可以帮助人工智能系统发展更上一层楼。在语境发生变化的情况下,如果与因果关系等知识模型相结合,并理解了控制原因的语境和考虑反事实的能力,那么过去的统计数据就可以有效地应用于现在从而预测未来。这些模型有助于从条件和可能因素的角度理解情况或事件,因果推理是人类思想不可或缺的组成部分,通过这种方式可以实现人类智慧级别的机器智能。

(3)故事和脚本:《历史三部曲》的作者,历史学家尤瓦尔·哈拉瑞(Yuval N. Harari)认为,故事构成了个人和社会的文化和世界观的关键部分,故事的概念对于充分理解和解释人类的行为和交流是必要的。故事是复杂的,在一个连贯的叙述中可能包含多个事件和各种信息。故事不仅仅是事实和事件的集合,故事还包含了重要的信息,这些信息有助于发展对所呈现数据之外的理解和概括。与世界模型不同的是,故事可以被视为具有历史意义、参考意义或精神意义。故事可以代表价值观和经历,这些价值观和经历会影响人们的信仰和行为(如宗教或民族故事、神话,以及在任何层次的人群中分享的故事)。

(4)语境和来源归因:语境的定义是围绕着某个事件并为其自圆其说提供资源的框架。语境可以看作一种覆盖的知识结构,调节着它所包含的知识。语境可以是持久的,也可以是短暂的:持久的语境可以是长期的(如从西方哲学角度或东方哲学角度获取的知识),也可以随着时间的推移、根据新的学习材料而改变,持久语境不会对每个任务进行更改;当特定的本地语境很重要时,瞬态语境是相关的。例如,单词是根据其周围句子或段落的局部语境来解释的,图像中感兴趣的区域通常在整个图像或视频的语境中得到解释。持久语境和瞬态语境的结合可以为解释和操作知识提供完整的设置。

(5)价值和优先级:知识的所有方面(如对象、概念或程序等)在整个判断范围内都有相对应的价值——从最大的"善"到最大的"恶"都有对应。可以假设,人类智力的进化包括追求回报和避免风险(如"追求吃午餐"和"避免被当成午餐"),这种风险/回报的关联与知识紧密相连,潜在的得失具有功利价值。对于实体或潜在的未来状态，还有一种基于伦理的价值。这种基于伦理的价值反映了一种道德价值观，即"善"不是基于潜在的有形回报或威胁，而是基于对什么是正确的潜在信念。价值和优先级是元知识（Meta-Knowledge），其反映了人工智能系统对知识、行动和结果相关方面的主观断定。这为问责制奠定了基础，应该由负责特定人工智能系统的人认真处理：当人工智能系统与人类互动并做出影响人类福祉的选择时，潜在的价值和优先级系统很重要。

（6）概念引用：知识是以概念为基础的。例如，"狗"是一个抽象概念——一个有多个名称（在各种语言中狗的说法都不一样）、一些视觉特征、声音联想等的概念。例如，"狗"的概念被映射到英语单词"dog"以及法语单词"chien"，同时"狗"具备视觉特征，"狗"也和"汪汪"吠叫声对应了起来。然而，不管其表现形式和用法如何，"狗"这个概念都是独一无二的，能够消除歧义，是统一且跨模态的。概念引用（Concept Reference）是与给定概念相关的所有事物的标识符和引用集，概念引用本身实际上不包含任何知识，概念引用是多维知识库的关键，因为概念引用融合了概念的所有表象。

上述知识类型中主要有两个类型反映了对世界的看法：一是描述性知识，对世界上存在的事物进行了概念性的抽象；二是现实世界及其现象的动态模型。此外，故事提升了人类在共同信仰基础上的理解和交流复杂故事的能力；语境和来源归因以及价值和优先级是元知识类型，这些类型带来了基于条件的有效性和知识的不断叠加。最后，概念引用是结构基础、跨类型、跨纬度、跨模态而存在。上述 6 个知识类型结合在一起，可以让人工智能不仅仅停留在事件相关性上，而是获得更深入的理解，因为这 6 个知识类型的潜在概念是持续的，可以解释和预测过去和未来的事件，甚至允许计划和干预，并考虑反事实的现实。

2.2.2 知识图谱的定义与内涵

知识图谱至今没有统一的定义。知识图谱是由谷歌（Google）公司在 2012 年提出的一个新的概念，由节点和边组成，节点表示实体，边表示实体与实体之间的关系，这是最直观、最易于理解的知识表示和实现知识推理的框架，也奠定了现代问答系统的基础。维基百科（Wikipedia）将谷歌知识图谱（Google

Knowledge Graph）定义为："谷歌知识图谱是谷歌的一个知识库，其使用语义检索从多种来源收集信息，以提高谷歌公司搜索的质量。"知识图谱的应用已经远超其最初始的智能语义搜索场景，已经广泛应用于推荐、问答、决策等众多场景中。目前，比较普遍接受的定义包括：① 知识图谱本质上是一种语义网络（Semantic Network），网络中的节点代表实体（Entity）或者概念（Concept），边代表实体/概念之间的各种语义关系（Relation）；② 知识图谱是结构化的语义知识库，以符号形式描述物理世界中的概念及其相互关系。其基本组成单位是（实体，关系，实体）三元组，实体及其相关（属性，属性值），实体间通过关系相互联结，构成网状的知识结构。此外，南京大学和同济大学 2022 年的《新一代知识图谱关键技术综述》，为知识图谱提供了一个泛化定义：用图（Graph）作为媒介来组织与利用不同类型的大规模数据，并表达明确的通用或领域知识。

知识图谱的基本组成三要素为实体、属性和关系。知识图谱通常涵盖两类三元组，分别是（实体，关系，实体）三元组和（实体，属性，属性值）三元组。在知识图谱中，有一类特殊的实体称为"本体"（Ontology），也称为"概念"或"语义类"，它是一些具有共性的实体构成的集合。例如，比尔·盖茨（Bill Gates）和史蒂夫·乔布斯（Steve Jobs）都属于"人"的概念范畴，微软公司和苹果公司都属于"公司"的概念范畴。

通过知识图谱，可以实现 Web 从"网页链接"向"概念链接"转变，支持用户按主题而不是"字符串"检索，从而真正实现"语义检索"。例如，基于知识图谱的搜索引擎，能够以图形方式向用户反馈结构化的知识，用户不必浏览大量网页，就可以准确定位和深度获取知识。

综上，给出知识图谱的形式化定义，如下：知识图谱 $\mathcal{G}=\{E,R,\mathcal{E},\mathcal{R},\phi_{\mathcal{E}},\phi_{R}\}$ 中，E 表示实体集合、R 表示关系集合、$\mathcal{E}$ 表示实体类型集合、$\mathcal{R}$ 表示关系类型集合，$\phi_{\mathcal{E}}:E\rightarrow\mathcal{E}$ 和 $\phi_R:R\rightarrow\mathcal{R}$ 分别表示实体到实体类型的映射和关系到关系类型的映射。以图 2-3 示例中的实体为例，实体集合规模为 5（5 个实体对应图中 5 个节点）、实体类型集合规模为 2（图中节点的 2 种颜色对应 2 种关系类型）。$|E|$、$|R|$、$|\mathcal{E}|$、$|\mathcal{R}|$ 分别表示实体数量、关系数量、实体种类数量、关系种类数量。

第 2 章 知识图谱   17

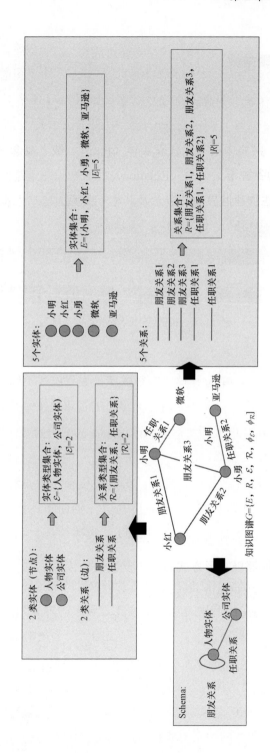

图 2-3 知识图谱的形式化定义（附彩插）

2.2.3 知识图谱逻辑架构

知识图谱从逻辑上划分为模式层和数据层，如图2-4所示。

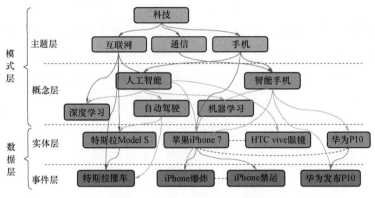

图2-4 知识图谱的逻辑架构

1. 数据层

知识以事实（Fact）为单位存储在图数据库。如果以（实体，关系，实体）或者以（实体，属性，属性值）三元组作为事实的基本表达方式，则存储在图数据库中的所有数据将构成庞大的实体关系网络，形成知识的"图谱"。

2. 模式层

在数据层之上，是知识图谱的核心。在模式层存储的是经过提炼的知识，通常采用本体（库）来管理知识图谱的模式层，借助本体库对公理、规则和约束条件的支持能力，来规范实体、关系以及实体的类型和属性等对象之间的联系。

本体是对概念进行建模的规范，是描述客观世界的抽象模型，以形式化方式对概念及其之间的联系给出明确定义。本体在哲学中的定义为："对世界上客观存在物的系统的描述，即存在论"，是客观存在的一个系统的解释或说明，关心的是客观现实的抽象本质。本体位于模式层，用于描述概念层次体系，是知识图谱中知识的概念模板，通常拥有本体库的知识图谱的冗余知识较少。关系通过概念之间、概念与实例之间的联系，建立本体的语义链，语义链的集成则形成了语义网络图（图2-5），典型的关系主要有subClass of/subConcept of 关系、instance of 关系、Member of 关系、attribute of 关系等。（1）subClass of 关系，又名IsA

关系，描述现实世界抽象层面上的类属关系，它构成了概念之间逻辑层次关系的基本结构，子类关系为一种偏序关系，具有自反性和传递性，不具备对称性。同时，子类继承父类的属性，而父类则包含子类所拥有的实例。（2）instance of 关系，定义概念与个体之间的语义关系。对于某一个具有实例集的概念而言，其实例集中的任何一个元素都与该概念具有该关系，通过该关系的定义，实例继承了概念所具有的性质和属性，从而实现基于实例的知识推演。（3）Member of 关系，该关系是对现实世界中"部分"和"整体"关系的抽象，与 instance of 关系侧重于描述概念与实例之间的关系不同的是，Member of 关系主要是用于描述概念之间的包含关系。（4）attribute of 关系，描述某一概念具备相关属性，如"价格"是"笔记本"的一个属性。

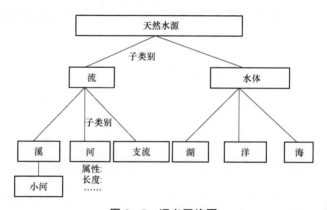

图 2-5　语义网络图

2.2.4　知识图谱演进历程

现代知识图谱的相关概念与框架，起源于语义网（Semantic Network）研究。早在 2006 年，WWW 之父 Berners Lee 就提出了语义网的概念，呼吁推广、完善使用本体模型来形式化表达数据中的隐含语义，资源描述框架（Resource Description Framework，RDF）及其模式（Schema）和 Web 本体语言（Web ontology language，OWL）的形式化模型就是基于上述目的产生的。随后，掀起了一场语义网研究的热潮，知识图谱技术则是实现智能化语义检索的基础和桥梁，知识图谱技术与应用的出现正是基于以上相关研究，是对语义网标准与技术的一次扬弃与升华。

从整个历史沿革来看，按照目前学术界比较认可的观点，可以将知识图谱发展至今的历程归纳为三个时期（以谷歌公司在 2012 年推出谷歌知识图谱为标志性事件和重要分水岭）。

1. 知识图谱的启蒙时期（1950—1977 年）

该时期包含了基础概念阶段和专家系统阶段的开端，这一时期文献索引的符号逻辑被提出和应用。知识图谱的理论发源于 20 世纪下半叶的人工智能热潮中，多组研究者独立地提出相似的理论。1955 年，美国著名的情报学家和科学计量学家、科学引文索引（Science Citation Index，SCI）和美国科学信息研究所（Institute for Scientific Information，ISI）的创始人尤金·加菲尔德（Eugene Garfield）提出将引文索引应用于文献检索任务的方法；1965 年，德索拉·普茉斯（D. J. de Solla Price）等人提出用引文网络来研究当前科学发展脉络的方法；1968 年，奎林（J. R. Quillian）提出语义网络（Semantic Network）的概念的原型，这是一种以网络格式表达人类知识构造的形式，是人工智能程序运用的表示方式之一，最初是作为人类联想记忆的一个明显公理模型提出，对随后在人工智能中自然语言理解相关研究影响深远。在符号主义的思潮中，许多早期知识图谱将关系局限为几种特殊的基本关系，如"拥有属性""导致""属于"等，并定义一系列在图谱上推理的规则，期望通过逻辑推理实现智能。早期知识图谱的思路遇到许多实际的困难。例如，不完美的文本数据导致结构解析困难，归约为基本关系的过程需要大量人工参与，语意中的细微差别丢失，完美的推理规则无法穷举等。实际上，这些问题并非来自知识图谱，而是符号主义本身的特性。

2. 知识图谱的成长时期（1977—2012 年）

该时期包含了大部分专家系统阶段和 Web 1.0 和 Web 2.0 阶段，在此期间出现了很多如 WordNet、Cyc、Hownet 等大规模的人工知识库，知识工程成了人工智能重要的研究领域。20 世纪 70 年代，人工智能迎来"第一次寒冬"，不切实际的人工智能研发目标带来接二连三的项目失败和期望落空。在这一特别的时期，在图灵奖获得者、专家系统之父爱德华·费根鲍姆（Edward Albert Feigenbaum）的带领下，专家系统诞生了——1977 年，费根鲍姆将其正式命名为知识工程（Knowledge Engineering）。语义网（Semantic Network）是万维网发明者、ACM

图灵奖获得者蒂姆·伯纳斯-李（Tim Berners-Lee）于2006年提出的一个愿景：语义网络是一张数据构成的网络（Web of Data），语义网络技术向用户提供的是一个查询环境，其核心要义是以图形的方式向用户返回经过加工和推理的知识。然而，在自然语言理解远不及今日发达的20世纪初，通过自然语言进行细粒度的网络自动查询是一种奢望（即使是今天，先进的语音助手依旧只能处理相当有限的操作），但是自然语言理解技术的飞速进步也带来了曙光。为了实现这一目标，人们设计了资源描述框架（RDF）描述语言和描述本体的RDFS/OWL。但是，由于互联网创作者们并不积极，语义网时至今日仍然未能得到很好的实现，相关话题的研究也逐渐被知识图谱所代替。然而，三元组的结构化信息和本体研究中积累的技术却成为宝贵的知识财富。

从20世纪80年代的知识库与推理机，到21世纪初的语义网络和本体论，其核心是早期版本的知识图谱，要么侧重知识表示，要么侧重知识推理，但一直苦于规模小、应用场景不清楚而发展缓慢。2012年，谷歌公司正式提出知识图谱的概念，发布570亿实体的大规模知识图谱，彻底改变了这一现状，开启了现代知识图谱的序章。同时，深度学习技术的发展也推波助澜，掀起了知识图谱领域研究的新热潮，特别是以TransE等为代表的知识图谱表示学习模型兴起，以及使用大型知识图谱增强其他应用，如推荐系统、情感分析等。

3. 知识图谱的发展时期（2012年至今）

世界各国科技巨头企业开始入局，依托自身业务，在搜索引擎、电商、医疗等领域开始应用知识图谱技术。业务服务商们也从大数据赛道中脱颖而出，将知识图谱技术拓展到安防、金融、公安等更多领域，逐步跳出感知智能的商业局限，未来无限。按照艾瑞咨询（iResearch）的预测，涵盖大数据分析预测、领域知识图谱及自然语言处理应用的大数据智能市场规模预计在2023年将突破300亿元，年复合增长率为30.8%；知识图谱核心产品的市场规模到2024年将突破200亿元，年复合增长率达到20.4%。此外，知识图谱技术的应用也进一步带动传统企业智能运维效率升级，中国知识图谱技术预估带动经济增长规模到2024年将突破1 000亿元。

2.3 知识图谱构建关键技术概述

对于人工智能系统来说，实施人类理解和交流中观察到的知识构建可以为智能提供实质性的价值。知识图谱的构建是整个应用链条的第一步，也是至关重要的一步，图谱构建的质量直接决定了上层应用的效果。知识图谱构建，是指从原始数据出发，采用一系列自动或半自动的技术手段，从原始数据中提取出知识要素（事实），并将其存入知识库的数据层和模式层的过程。这是一个迭代更新的过程，根据知识获取的逻辑，每一轮迭代包含三个阶段（图 2-6）。这三个阶段既是知识图谱构建的顺序阶段，又是知识质量不断提升的阶段。

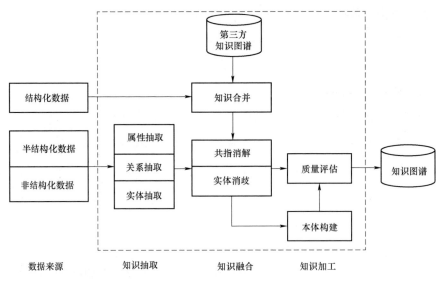

图 2-6 知识图谱构建

构建知识图谱的原始数据类型通常有三类。

（1）结构化数据：如关系型数据库。

（2）半结构化数据：如 XML、JSON、百科等。

（3）非结构化数据：如文本、图片、音频、视频等。

知识图谱有自顶向下和自底向上两种构建方式。

（1）自顶向下构建：是指借助百科类网站等结构化数据源，从高质量数据中提取本体和模式信息，加入知识库中。在知识图谱技术发展初期，多数参与企业和科研机构都是采用自顶向下的方式构建基础知识库。

（2）自底向上构建：是借助一定的技术手段，从公开采集的数据中提取出资源模式，选择其中置信度较高的新模式，经人工审核之后，加入知识库中。随着自动知识抽取与加工技术的不断成熟，目前的知识图谱大多采用自底向上的方式构建。

利用自然语言处理、机器学习等技术从多源异构的数据资源中自动构建知识图谱的技术取得长足进展。主要涉及两类方法：一是基于语言规则的方法；二是基于统计分析的机器学习方法。知识图谱构建的过程中，如果数据是结构化的（例如关系型数据库中的数据、表格数据等），已知属性名称、属性间的层次结构等，构建知识图谱相对较为容易；如果缺乏以上信息，则只能通过文本信息等半结构化或者非结构化数据中提炼知识构建知识图谱，技术上将面临很多挑战。

2.3.1 知识抽取

知识抽取（Knowledge Extraction，KE）被认为是知识图谱构建的第一步，也视为知识图谱构建过程中难度最大的一个环节和对知识质量影响最大的一个环节，其中的关键问题是如何从异构数据源中自动抽取信息得到候选知识单元。

研究内容：知识抽取是一种自动化地从半结构化和非结构化数据中抽取实体、关系以及实体属性等结构化信息的技术。相关研究与应用主要围绕实体抽取、关系抽取、属性抽取等展开。

1. 实体抽取

研究内容：实体抽取又称为实体识别（Named Entity Recognition，NER），是指从文本数据集中自动识别出命名实体（命名实体指称项及实体类型）。

实体抽取的质量（准确率和召回率）对后续的知识获取效率和质量影响极大，因此是知识抽取中最为基础和关键的部分。实体抽取的研究历史主要是从面向单一领域进行实体抽取，逐步跨步到面向开放域（Open Domain）的实体抽取（图2-7）。

2. 关系抽取

研究内容：文本语料经过实体抽取，得到的是一系列离散的命名实体，为了得到语义信息，需要从相关语料中提取出实体之间的关联关系，通过关系将实体

（概念）联系起来，才能够形成网状的知识结构。

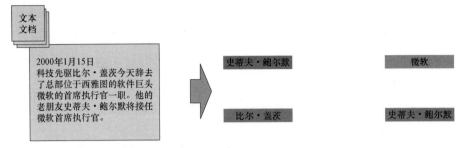

图2-7 实体抽取示例

研究关系抽取技术的目的，就是解决如何从文本语料中抽取实体间的关系这一基本问题。近年来，关系抽取的研究重点转向半监督和无监督方法，开始研究面向开放域的信息抽取方法，将面向开放域的信息抽取方法和面向封闭领域的传统方法结合（图2-8）。

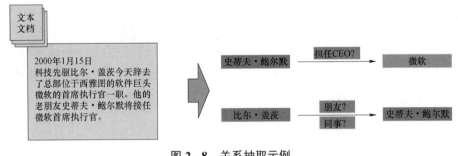

图2-8 关系抽取示例

3. 属性抽取

研究内容：属性抽取是从不同信息源中采集特定实体的属性信息。例如，针对某个公众人物，可以从网络公开信息中得到其昵称、生日、国籍、教育背景等信息。

属性抽取技术能够从多种数据来源中汇集这些信息，实现对实体属性的完整勾画。由于可以将实体的属性视为实体与属性值之间的一种名词性关系，因此也可以将属性抽取问题视为关系抽取问题。从数据源角度，百科类网站提供的半结构化数据是当前实体属性抽取研究的主要数据来源；尽管可以从百科类网站获取大量实体属性数据，然而这只是人类知识的冰山一角，还有大量的实体属性数据隐藏在非结构化的公开数据中。属性抽取相关研究目前主要采用数据挖掘的方法直接从文本中挖掘实体属性和属性值之间的关系模式，据此实现对属性名和属性值在文本中的定位（图 2-9）。

中文名	比尔·盖茨	出生地	美国华盛顿州西雅图
外文名	Bill Gates	星座	天蝎座
别名	威廉·亨利·盖茨三世（全名）	血型	O型
国籍	美国	身高	181 cm
出生日期	1955年10月28日	体重	78 kg
主要成就	微软公司（Microsoft）创始人	职业	企业家、慈善家、软件工程师
	连续13年福布斯全球富翁榜首富	代表作品	Windows操作系统
	连续20年福布斯美国富翁榜首富	就读院校	哈佛大学（未毕业） [11]

图 2-9 百科类网站（以百度百科为例）提供的半结构化数据

2.3.2 知识融合

通过知识抽取，已从原始的非结构化和半结构化数据中获取到了实体、关系以及实体的属性信息。目前，这些知识是"拼图碎片"、散乱无章，甚至还有来自其他拼图（知识源）的"碎片"，本身可能是干扰我们拼图的"错误碎片"：拼图碎片之间的关系是扁平化的，缺乏层次性和逻辑性；抽取得到知识中还存在大量冗杂和错误的知识。

研究内容：有必要对其进行清理和整合，通过知识融合，可以消除概念的歧义，剔除冗余和错误概念，从而确保知识的质量。相关研究与应用主要围绕实体链接、知识合并等展开。

1. 实体链接

研究内容：实体链接（Entity Linking，EL）是指对于从文本中抽取得到的实体对象，将其链接到知识库中对应的正确实体对象的操作。

其基本思想是：首先根据给定的实体指称项（实体提及），从知识库中选出一组候选实体对象，然后通过相似度计算将指称项链接到正确的实体对象。

实体链接主要包括两类关键技术：实体消歧（"1"指称项对"N"知识图谱实体，判断知识图谱中的同名实体与之是否代表不同的含义）和共指消解（"N"指称项对"1"知识图谱实体，判断知识图谱中是否存在其他命名实体与之表示相同的含义）。

（1）实体消歧（Entity Disambiguation，ED）是专门用于解决同名实体产生歧义问题的技术。在实际语言环境中，经常会遇到某个实体指称项对应于多个命名实体对象的问题。例如，"苹果"这个名词（指称项）可以对应于作为美国苹果公司（Apple Inc.）这个实体，也可以对应于作为水果概念下的苹果实体，通过实体消歧，就可以根据当前的语境，准确建立实体链接（图 2-10）。

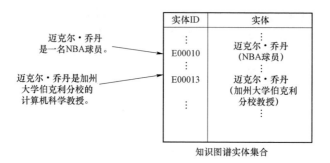

图 2-10　实体消歧

（2）共指消解（Co-Reference Resolution）技术主要用于解决多个指称项对应于同一实体对象的问题。例如，在一篇新闻稿中，"Joseph Biden""Joe Biden""president Biden""the president"等指称项可能指向的是同一实体对象，其中的许多代词如"he""him"等，也可能指向该实体对象。利用共指消解技术，可以将这些指称项关联（合并）到正确的实体对象（图 2-11）。

约翰告诉**萨莉她**应该来看他拉小提琴。

图 2-11　共指消解

2. 知识合并

研究内容：从第三方知识库产品或已有结构化数据获取知识输入。例如关联开放数据项目（Linked Open Data，LOD）会定期发布其经过积累和整理的语义知识数据，其中既包括通用知识库 Dbpedia、YAGO，也包括面向特定领域的知识库产品，如 MusicBrainz、DrugBank 等。

从合并所用数据源角度，知识合并主要包括两类关键技术：合并外部（第三方）知识图谱、合并关系型数据库。

合并外部（第三方）知识图谱，是指将外部（第三方）知识图谱融合到本地知识图谱。需处理两个层面的问题：一是数据层的融合，包括实体的指称、属性、关系以及所属类别等，主要的问题是如何避免实例以及关系的冲突问题，造成不必要的冗余；二是模式层的融合，将新得到的本体融入已有的本体库中（图 2-12）。

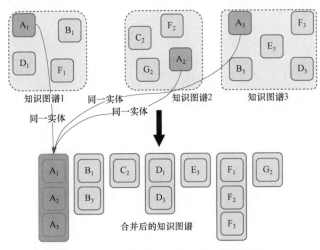

图 2-12　合并外部（第三方）知识图谱

此外，在知识图谱构建过程中，一个重要的高质量知识来源是企业或者机构自己的关系数据库。为了将这些结构化的历史数据融入知识图谱中，可以采用资源描述框架（RDF）作为数据模型，实现合并关系型数据库。业界和学术界将这一数据转换过程称为 RDB2RDF，其实质就是将关系型数据库的数据转换成 RDF 的三元组数据（图 2-13）。

```
<?xml version="1.0"?>
<River rdf:ID="Yangtze"
       xmlns:rdf="http://www.w3.org/1999/02/22-rdf-syntax-ns#"
       xmlns="http://www.geodesy.org/water/naturally-occurring#">
   <length>6300 kilometers</length>
   <emptiesInto rdf:resource="http://www.china.org/geography#EastChinaSea"/>
</River>
```

图 2-13　合并 RDF 形式的关系型数据库（扬子江的资源描述框架）

2.3.3 知识加工

通过知识抽取，可以从原始数据中提取出实体、关系与属性等知识要素；再经过知识融合，可以消除实体指称项与实体对象之间的歧义，得到一系列基本的事实表达。然而，这些"事实表达"本身是否正确，是难以保证的。

研究内容：要想最终获得高质量、结构化、网络化的知识体系，还需经历知识加工过程。相关研究与应用主要围绕本体构建、知识推理、质量评估等展开。

1. 本体构建

研究内容：本体可以采用人工编辑的方式手动构建（借助本体编辑软件），也可以采用计算机辅助，以数据驱动的方式自动构建，然后采用算法评估和人工审核相结合的方式加以修正和确认。

本体是知识图谱构建的出发点，知识图谱是服从于本体控制的知识载体。知识图谱本体是实体的类型、属性以及实体之间关系的正式命名和定义体系。简单来说，它本质上是对某类概念及其相互关系的某种形式化表达体系。通常来说，本体一般由五元组构成。一是概念集合，通常以分类学（Taxonomy）形式组织，如 Freebase 中的分类体系，它定义了领域（Domain）、类型（Type）和主题（Topic，即实体），每个领域（Domain）包含若干类型（Type），每个类型（Type）包含多个主题（Topic）且和多个属性关联。例如，艺术与娱乐领域可以分为电影、音乐等类型，电影类型可以进一步继续分为喜剧片、恐怖片等主题。二是概念或者实体之间语义关系的集合，如"子类"（sub_class_of）用来描述概念之间上下位关系，"出生地"（birth_place）用来描述实体关系等。三是特殊的函数关系，指关系中第 n 个元素的值由其他 $n-1$ 个元素的值确定，如"二手手机价格"（Price_of_a_used_phone）是由"手机型号"（phone-model）、"配置数据"（manufacturing-data）和"使用年限"（time）确定的。四是知识体系中的公理（axioms），指本体具有一定的逻辑推演能力，如假设 A 是 B 的父亲，B 是 C 的父亲，则 A 是 C 的祖父。五是具体的个体实例（instances），这是对本体中的概念进行实体化，如主题"电影"的实例《大话西游》等。

知识图谱本体相当于是给知识图谱搭建了一个模具，模具的好坏直接决定了知识图谱提供智能知识服务的效率和质量。例如，通常利用三元组作为知识图谱的知识结构，从自然语言描述文本"奥巴马出生于夏威夷"，可以抽取结构化知识<奥巴马，出生于，夏威夷>这样的结构。其中，第一项和第三项表示实体（或者概念），中间一项表示前后两项之间的关系。知识图谱的本体构建是一个非常有挑战性的问题，尤其是针对通用领域知识图谱的本体构建。一般普遍采用自顶向下（Top-Down）、自底向上（Bottom-Up）或者两者相结合的方式。自顶向下的方式指通过本体编辑器（Ontology Editor）预制本体结构，如谷歌知识图谱的本体结构就是建构在 Freebase 的本体结构基础上的。自底向上的方式则通过各种知识（实体、属性、关系等）抽取技术，特别是在搜索日志数据以及深网数据中挖掘类别、属性和关系，将置信度高的数据模式添加到知识图谱中。最终，使用对齐算法，把原知识图谱中不存在的新模式（类别、属性和关系等）加入知识图谱中。自顶向下的方式能抽取高质量的知识，而自底向上的方式能发现新的模式，两种方式相互补充。

2. 质量评估

受技术水平限制，采用开放域信息抽取技术得到的知识有可能存在错误（实体/关系识别错误等），经过知识推理得到的知识的质量缺乏保障。随着开放关联数据项目的推进，各子项目所产生的知识库产品间的质量差异也在增大，数据间的冲突日益增多，需对其质量进行评估。因此，需要开展对知识（图谱）的质量评估工作。

研究内容：质量评估是对知识的可信度进行量化，通过舍弃置信度较低的知识，可以保障知识图谱的质量。

评估数据质量需要确定一组质量维度和相应的度量方式，但是对知识图谱的质量尚未形成一套统一的维度标准，并且针对不同的下游任务和不同的数据集往往会有不同的质量要求。知识图谱质量评估的典型方法包括基于人工抽样的质量评估和基于规则的质量评估两种。

对于基于人工抽样的质量评估方法，评估知识图谱的准确率，即正确的三元组所占的比例，最自然的方式是人工检测。但是，对于大规模知识图谱，人工检测所有条目并不现实，这就需要进行抽样，用样本的准确率均值来估计总体的准确率。由于抽样数量过少，可能会使估计结果与真实值之间存在偏差，这就存在一个怎么抽样和抽样多少的问题，即怎么在尽可能降低人工标注成本的情况下获得具有统计意义的结果。典型技术路线是一个迭代的评估框架，每次抽取小批量样本进行人工评估，当误差率满足要求时迭代停止；同时，要保证的统计意义，包括无偏性和置信区间两个。前者保证估计量的数值在真实值附近摆动，且无系统误差；后者衡量了在给定置信水平的情况下，参数真实值落在测量结果周围的程度。

基于人工抽样的方法，可以用来评估知识图谱的质量，但是难以有效实现错误检测和纠正。基于规则的质量评估方法，则可以将质量评估、问题发现和问题修复三大任务置于统一的框架中实现。规则的形式不唯一，有 SPARQL 规则、形式逻辑、图函数依赖等，选用规则时需要考虑在复杂性和表达能力之间寻求平衡。规则的研究框架主要包括规则的发现、规则集的验证、使用规则进行错误探查和进行错误修复四个步骤。

2.4 知识图谱应用关键技术

知识图谱在完成构建之后，通过知识图谱应用技术来支撑诸如智能搜索、智能问答、智能决策、智能推理等多类型任务。常用的知识图谱应用技术，包括知识表示、知识推理和知识迁移。其中，知识表示是后两者的基础。

2.4.1 知识表示

知识图谱中的知识，如果要被计算机所能够处理和利用，需要首先转换成计算机能够计算和理解的形式，这一步就是知识表示。知识图谱的表示学习受自然语言处理关于词向量研究的启发，因为在 Word2Vec 的结果中发现了一些词向量具有空间平移性，如图 2-14 所示。

用向量 w 表示词语 w 的嵌入表示向量，则

$$w_{king} - w_{queen} \approx w_{man} - w_{woman}$$

同理，研究人员探索是否可以参考 Word2Vec，将知识图谱中包括实体和关系的元素映射到一个连续的向量空间中，为每个元素学习在向量空间中表示，向量空间中的表示可以是一个或多个向量或矩阵。因此，产生了诸多知识图谱表示学习方法。

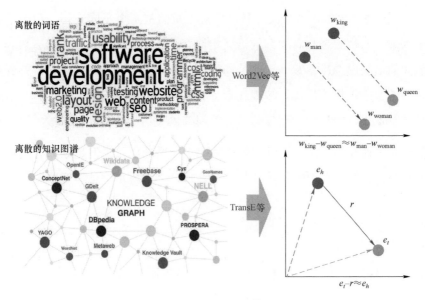

图 2-14 知识表示

研究内容：通过机器学习将知识图谱中的结构化知识的语义信息表示为稠密低维实值向量。以知识库中的实体 e 和关系 r 为例，本研究将表示学习得到的向量表示为 e 和 r。在该向量空间中，本研究可以通过欧氏距离或余弦距离等方式，计算任意两个对象之间的语义相似度。

实际上，在表示学习之外，有更简单的数据表示方案，即独热表示（One-Hot Representation）。该方案也将研究对象表示为向量，只是该向量只有某一维非零，其他维度上的值均为零。显而易见，为了将不同对象区分开，有多少个不同的对象，独热表示向量就有多长。独热表示是信息检索和搜索引擎中广泛使用的词袋模型（Bag-of-Words）的基础。以中文为例，假设网页中共有 m 个不同的词，词袋模型中的每个词都被表示为一个 m 维的独热表示向量。在此基础上，词袋模型将每个文档表示为一个 m 维向量，每一维表示对应的词在该文档中的重要性。与表示学习相比，独热表示无须学习过程，简单高效，在信息检索和自然语言处理中得到广泛应用。

但是，独热表示的缺点也非常明显，独热表示方案假设所有对象都是相互独立的。也就是说，在独热表示空间中，所有对象的向量都是相互正交的，通过余弦距离或欧氏距离计算的语义相似度均为零。这显然是不符合实际情况的，会丢失大量有用信息。例如,"苹果"和"香蕉"虽然是两个不同的词,但由于它们都属于水果,因此应当具有较高的语义相似度。显然,独热表示无法有效利用这些对象间的语义相似度信息。这也是词袋模型无法有效表示短文本、容易受到数据稀疏问题影响的根本原因。与独热表示相比,表示学习的向量维度较低,有助于提高计算效率,同时能够充分利用对象间的语义信息,从而有效缓解数据稀疏问题。由于表示学习的这些优点,最近出现了大量关于单词、短语、实体、句子、文档和社会网络等对象的表示学习研究。特别是在词表示方面,针对一词多义、语义组合、语素或字母信息、跨语言、可解释性等特点提出了相应表示方案,展现出分布式表示灵活的可扩展性。

1. 知识表示的理论基础

表示学习得到的低维向量表示是一种分布式表示(Distributed Representation),之所以如此命名,是因为孤立地看向量中的每一维,都没有明确对应的含义;而综合各维形成一个向量,则能够表示对象的语义信息。这种表示方案并非凭空而来,而是受到人脑的工作机制启发而来。现实世界中的实体是离散的,不同对象之间有明显的界限。人脑通过大量神经元上的激活和抑制存储这些对象,形成内隐世界。显而易见,每个单独神经元的激活或抑制并没有明确含义,但是多个神经元的状态则能表示世间万物。受到该工作机制的启发,分布式表示的向量可以看作模拟人脑的多个神经元,每维对应一个神经元,而向量中的值对应神经元的激活或抑制状态。基于神经网络这种对离散世界的连续表示机制,人脑具备了高度的学习能力与智能水平,表示学习正是对人脑这一工作机制的模仿。

值得一提的是,现实世界存在层次结构。一个对象往往由更小的对象组成。例如,一个房屋作为一个对象,是由门、窗户、墙、天花板和地板等对象有机组合而成的,墙则由更小的砖块和水泥等对象组成。以此类推。这种层次或嵌套的结构反映在人脑中,形成了神经网络的层次结构。最近,象征人工神经网络复兴的深度学习技术,其津津乐道的"深度"正是这种层次性的体现。

2. 知识表示的基本方法

知识表示学习是近年来的研究热点,研究者提出了多种模型,学习知识库中的实体和关系的表示。知识表示学习的代表模型包括距离模型、单层神经网络模型、能量模型、双线性模型、张量神经网络模型、矩阵分解模型和翻译模型等。

以翻译模型为例（图 2-15），TransE 模型从知识图谱中学习实体和关系的向量表示。对于知识图谱 g 中每一个实体对 (e_h, e_t)，本研究定义其潜在关系向量 r_{e_h,e_t}，来表示从 e_h 到 e_t 的"翻译"，即 $r_{e_h,e_t} \approx e_t - e_h$。

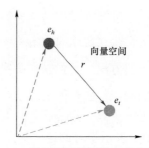

图 2-15 基于翻译模型的知识表示模型

同时，每个三元组 (e_h, r, e_t) 都在实体 h 和实体 t 之间有一个显式关系 r。因此，本研究可以为每个三元组定义一个打分函数，如下：$f_r(e_h, e_t) = \|r_{e_h,e_t} - r\|_2 = \|(e_t - e_h) - r\|_2$。这表明，对于任何三元组 (e_h, r, e_t)，本研究都希望 $e_h + r \approx e_t$。基于上述打分函数，本研究定义所有三元组上的损失函数，即

$$L(g) = \sum_{(e_h, r, e_t) \in T} \sum_{(e'_h, r', e'_t) \in T'} [\gamma + f_r(e_h, e_t)] - f_{r'}((e'_h, e'_t))]_+$$

式中：T 为知识库中的三元组集合；T' 为负采样的三元组集合，通过替换 e_h 或 e_t 所得。

梯度更新只需计算打分函数 $f_r(e_h, e_t)$ 和 $f_{r'}(e'_h, e'_t)$，模型训练完成后，可得到知识图谱中实体和关系的向量表示。

3. 知识表示的评估策略

知识图谱表示的评估通常基于关系预测（Relation Prediction）任务。一般来说，关系预测任务可以定义为找到一个可以用来完成三元组 $(e_h, r, ?)$ 的尾实体 e_t 的任务。例如，给定三元组（纽约市，国家，？），纽约在哪个国家，答案是美国。为了计算不完整三元组的答案，通常使用评分函数来估计实体的可能性。过程如下：对于每个要测试的三元组，我们移除尾实体，计算数据集中每个实体的得分函数值，并将它们从高到低排序，取分值最高的实体作为答案。

2.4.2 知识推理

知识推理是人们对各种事物进行分析、综合和决策，从已知的事实出发，通过运用已掌握的知识，找出其中蕴含的事实，或归纳出新的事实的过程；严格地说，就是按照某种策略由已知判断推出新的判断的思维过程。简言之，知识推理

就是利用已知知识推出新知识的过程。例如，针对已有的实体关系三元组，经过推理计算，建立实体间的新关系，丰富和拓展知识图谱。知识推理作为人类问题求解的主要方法，一直以来备受关注。一般来说，知识推理包括两种知识：一种是已知的知识；另一种是由已知的知识推出的新知识。已知的知识可以是一个或多个句子。例如，传统的三段论，由大前提、小前提和结论组成。其中大前提和小前提是已知的知识，结论是推出的新知识。又如，在规则推理中，存在以下传递性规则：如果已知知识 e_1 的父亲是 e_2，e_2 的母亲是 e_3，那么可以推出新知识 e_1 的祖母是 e_3。已知的知识也可以是更复杂的案例。例如，在案例推理中，利用案例库中的已有案例，对新的案例进行推理。这里案例库中的案例（包括问题描述部分和方案部分）是已知的知识，通常采用特征-值对的形式表达，针对新案例推理得到的方案部分则是推出的新知识。

研究内容：知识推理从知识图谱中已有的实体和关系出发，经过计算机推理，建立实体间的新关联、预测缺失的关系。基于特定的规则和约束，从存在的知识获得新的知识。

1. 基于传统方法的知识推理

传统的知识推理一直以来备受关注，产生了一系列的推理方法。面向知识图谱的知识推理可以应用这些方法完成知识图谱场景下的知识推理。本研究将概述这些应用的实例，具体可分为两类：基于传统规则推理的方法和基于本体推理的方法，分别将传统的规则推理和本体推理方法用于面向知识图谱的知识推理。

基于传统规则推理的方法主要借鉴传统知识推理中的规则推理方法，在知识图谱上运用简单规则或统计特征进行推理。例如，NELL 知识图谱内部的推理组件采用一阶关系学习算法进行推理。推理组件学习概率规则，经过人工筛选过滤后，代入具体的实体将规则实例化，从已经学习到的其他关系实例推理新的关系实例。

基于本体推理的方法主要利用更为抽象化的本体层面的频繁模式、约束或路径进行推理。基于模式的知识图谱补全模型首先从多个本体库统计分析发现频繁原子模式；然后在具体的知识图谱上查询这些原子模式和相关的数据，得到候选原子集，即原子模式的实例；最后基于在知识图谱中的正确性统计，计算每个候选的得分，用大于阈值的候选作为规则补全知识图谱。

2. 单跳知识推理

研究内容：单跳推理是指用直接关系即知识图谱中的事实元组进行学习和推理。

根据所用方法的不同，具体可分为基于规则的推理、基于分布式表示的推理、基于神经网络的推理等。鉴于基于规则方法的可计算性差、代价高等问题，基于分布式表示的推理、基于神经网络的推理得到更广泛的关注和发展。

1）基于分布式表示的单跳推理

单跳推理中基于分布式表示的推理首先通过表示模型学习知识图谱中的事实元组，得到知识图谱的低维向量表示，然后将推理预测转化为基于表示模型的简单向量操作。基于分布式表示的单跳推理包括基于翻译、基于张量/矩阵分解和基于空间分布等多类方法。

2）基于神经网络的单跳推理

单跳推理中基于神经网络的推理利用神经网络直接建模知识图谱事实元组，得到事实元组元素的向量表示，用于进一步的推理。该类方法依然是一种基于得分函数的方法，区别于其他方法，整个网络构成一个得分函数，神经网络的输出即得分值。神经张量网络（Neural Tensor Network，NTN），用双线性张量层代替传统的神经网络层，在不同的维度下，将头实体和尾实体联系起来，刻画实体间复杂的语义联系。其中，实体的向量表示通过词向量的平均得到，充分利用词向量构建实体表示。具体地，每个三元组用关系特定的神经网络学习，头尾实体作为输入，与关系张量构成双线性张量积，进行三阶交互，同时建模头尾实体和关系的二阶交互，最后模型返回三元组的置信水平，即如果头尾实体之间存在该特定关系，返回高的得分，否则为低的得分。特别地，关系特定的三阶张量的每个切片对应一种不同的语义类型。一种关系多个切片可以更好地建模该关系下不同实体间的不同语义关系。

基于神经网络的单跳推理试图利用神经网络强大的学习能力建模知识图谱事实元组，获得很好的推理能力和泛化能力。然而，神经网络固有的可解释性问题也依然存在于知识图谱的应用中，如何恰当地解释神经网络的推理能力是一大问题。目前，基于神经网络的单跳推理研究工作还比较少，但神经网络的高表达能力及其应用于其他领域包括图像处理、文本处理，特别是和知识图谱结构比较类似的社交网络等图结构数据领域的突出表现和高性能使得该方向的研究前景广阔。如何扩展其他领域中更多基于神经网络的方法到知识图谱领域成为未来要深入研究的问题。一般图结构数据，如社交网络的表示和推理学的是节点，而知识图谱的表示和推理关注的是节点（实体）和边（关系）。因此，从一般图结构数据基于神经网络的方法迁移到知识图谱将是一个相对比较简单的突破口。与此同时，关于神经网络可解释性问题的研究也有待进一步开展。

3. 多跳知识推理

研究内容：多跳推理是在单跳推理建模直接关系的基础上进一步建模间接关系，即多跳关系。

多跳关系是一种传递性约束，如以下两步关系的例子：实体 e_1 和 e_2 存在关系 r_1，e_2 和 e_3 存在关系 r_2，该两步路径对应的直接关系是 e_1 和 e_3 存在关系 r_3。多跳关系的引入，建模了更多信息，往往比单跳推理效果好。多跳推理按不同的推理方法划分，同样分为基于规则的多跳推理、基于分布式表示的多跳推理、基于神经网络的多跳推理。

1）基于规则的多跳推理

多跳推理中基于规则的推理不同于基于规则的单跳推理，后者用到的是类似关系推出关系的简单经验规则或一些基于统计的频繁模式。然而，多跳推理用到的规则更复杂，如传递性规则。鉴于人工获取有效且覆盖率广的传递性规则代价比较高，这些规则一般通过挖掘的实体间路径近似。根据是否引入局部结构，基于规则的多跳推理可分为基于全局结构和引入局部结构的规则推理。

2）基于分布式表示的多跳推理

多跳推理中基于分布式表示的推理与基于分布式表示的单跳推理类似，都是通过向量化知识图谱进行推理。不同的是，多跳推理在学习向量表示的过程中，引入了多跳关系约束，使学到的向量表示更有助于实体和关系的推理预测。例如，PTransE 模型是结合了 PRA 算法的改进型 TransE 模型。在路径排序算法的助力下，PTransE 模型能更轻易地发现关系网络中实体与实体的间接关系，从而使建立的知识图谱更加强大，实用性更强。PTransE 在 TransE 的基础上多建模了关系路径约束，通过关系的组合操作建模路径。

3）基于神经网络的多跳推理

多跳推理中基于神经网络的推理，旨在用神经网络建模学习多跳推理过程，包括建模多跳路径以及模拟计算机或人脑的推理。其中，神经网络建模多跳路径的推理用神经网络建模路径，充分学习多跳路径的向量表示，得分函数关联于路径的表示与直接关系的相似度，希望正例对应路径与直接关系的相似度大（乘积大），负例小。神经网络模拟计算机或人脑的推理，利用神经网络强大的学习能力，模拟计算机或人脑的知识存储和处理方式。一般用一个存储结构模拟人脑的存储记忆，用一个控制器模拟人脑的控制处理中心。通过对知识图谱中已知三元组的学习记忆，希望神经网络能够具有人脑的推理能力，推理出新的三元组。

2.4.3 知识迁移

在知识抽取、知识表示、知识推理等的过程中都会使用到有监督的机器学习算法，而很多训练模型所必需的海量数据在很多领域中都是难以获取的，是解决实际问题面临的挑战之一。知识迁移被认为是解决少训练数据问题的方法之一。

研究内容：在预训练模型中找到能够输出可复用特征的层次，然后利用该层次的输出作为输入特征来训练那些需要参数较少的规模更小的网络模型。通过放宽训练数据和测试数据必须为独立同分布的假设，将知识从源域迁移到目标域。

知识迁移是知识图谱应用技术在实际应用过程中，降低人工成本、提高赋能速度的关键。目前，比较热门的框架，是探索用于嵌入学习和跨多个特定语言、跨多个模态的知识图谱进行集成知识迁移。该框架首先将所有知识图谱嵌入一个共享的语义空间中，在该空间中基于自学习捕获实体之间的关联；然后进行集成推理，合并来自多个知识图谱嵌入的预测结果。前迁移学习已经逐渐成为资源不足时使用的人工智能首选技术，也在慢慢尝试应用在针对特定领域特定数据集的知识图谱构建中。在实际使用中，迁移学习往往会引入噪声和需要大量专业的参数调试过程，这都给实际应用带来了挑战。

知识迁移学习研究如何通过深度神经网络利用其他领域的知识。由于深度神经网络在各个领域都很受欢迎，人们已经提出相当多的知识迁移学习方法。知识迁移学习主要分为四类：基于实例的知识迁移学习、基于映射的知识迁移学习、基于预训练的知识迁移学习、基于对抗的知识迁移学习。

1. 基于实例的知识迁移学习

基于实例的知识迁移学习是指使用特定的权重调整策略，通过为那些选中的实例分配适当的权重，从源域中选择部分实例作为目标域训练集的补充。它基于如下假设：尽管两个域之间存在差异，但源域中的部分实例可以分配适当权重供目标域使用。基于实例的知识迁移学习示意图如图2-16所示，源域中的与目标域不相似的浅蓝色实例被排除在训练数据集之外；源域中与目标域类似的深蓝色实例以适当权重包括在训练数据集中。

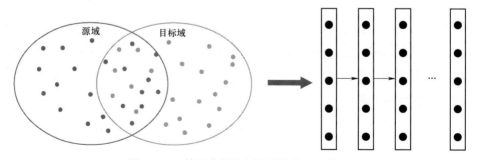

图2-16　基于实例的知识迁移学习示意图

2. 基于映射的知识迁移学习

基于映射的知识迁移学习是指将源域和目标域中的实例映射到新的数据空间。在这个新的数据空间中，来自两个域的实例都相似且适用于联合深度神经网络。它基于如下假设：尽管两个原始域之间存在差异，但它们在精心设计的新数据空间中可能更为相似。基于映射的知识迁移学习的示意图如图 2-17 所示，来自源域和目标域的实例同时以更相似的方式映射到新数据空间，将新数据空间中的所有实例视为神经网络的训练集。

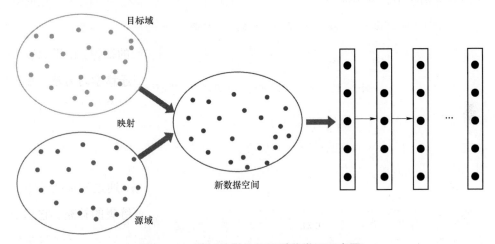

图 2-17　基于映射的知识迁移学习示意图

3. 基于预训练的知识迁移学习

基于预训练的知识迁移学习是指复用在源域中预先训练好的部分网络，包括其网络结构和连接参数，将其迁移到目标域中使用的深度神经网络的一部分。它基于以下假设：神经网络类似于人类大脑的处理机制，它是一个迭代且连续的抽象过程。网络的前面层可被视为特征提取器，提取的特征是通用的。基于预训练的知识迁移学习示意图如图 2-18 所示；首先在源域中使用大规模训练数据集训练网络；然后基于源域预训练的部分网络被迁移到为目标域设计的新网络的一部分；最后，它就成了在微调策略中更新的子网络。

4. 基于对抗的知识迁移学习

基于对抗的知识迁移学习是指引入受生成对抗网络启发的对抗技术，以找到适用于源域和目标域的可迁移表征。它基于如下假设：为了有效迁移，良好的表

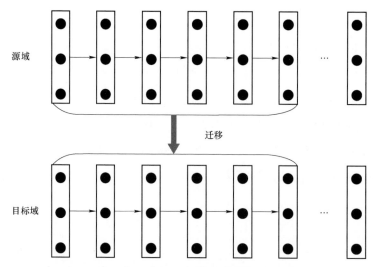

图 2-18　基于预训练的知识迁移学习的示意图

征应该为主要学习任务提供辨判别力,并且在源域和目标域之间不可区分。基于对抗的知识迁移学习示意图如图 2-19 所示,在源域大规模数据集的训练过程中,网络的前面层被视为特征提取器。它从两个域中提取特征并将它们输入到对抗层。对抗层试图区分特征的来源。如果对抗网络的表现很差,则意味着两种类型的特征之间存在细微差别,可迁移性更好,反之亦然。在以下训练过程中,将考虑对抗层的性能以迫使迁移网络发现更多具有可迁移性的通用特征。基于对抗的知识迁移学习由于其良好的效果和较强的实用性,近年来取得了快速发展。

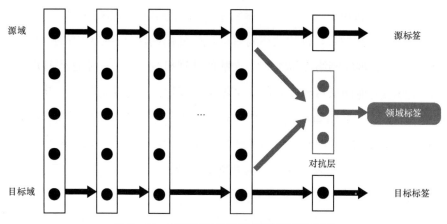

图 2-19　基于对抗的知识迁移学习示意图

2.5 典型知识图谱产品

过去十多年时间里，诸多科研机构和科技巨头企业，都在致力于构建庞大而高质量的知识图谱资源，对其中的典型代表，概述如下。

1. Wikipedia 知识图谱

Wikipedia 知识图谱是由美国维基百科公司于 2001 年开始运营的多语言在线百科全书，是一个由广大网民自发形成共同参与创建、维护、编辑、修改的网络空间。Wikipedia 知识库涵盖超过 453 万个实体，支持超过 280 种语言，已经成为众多百科类知识库资源的重要数据来源。目前，Wikipedia 已经成为世界上最大的百科全书，并且相关资源仍在增长中。

在维基百科中的每篇文章对应一个实体标识，描述和定义了一个实体。Wikipedia 作为最大的在线百科，具有很高的实体覆盖率，除了常见实体外，还包含了大量特殊实体信息。Wikipedia 文章页面提供了很多实体有关信息，如实体定义介绍、实体类别、重定向页面、消歧页面、页面超链接等，这些半结构化的信息极大地方便了用户对实体信息的使用。Wikipedia 提供了 XML 形式的文档供用户下载使用，该文件是一个离线版的 Wikipedia，包含了某个时间点下的所有 Wikipedia 信息。为了方便使用该文档，通常可以借助 UKP 实验室（Ubiquitous Knowledge Processing Lab）开发的 JWPL（Java Wikipedia Library）工具包处理 Wikipedia 离线文档。JWPL 是一个免费、基于 Java 的应用程序接口，可以很容易地获取 Wikipedia 信息，如重定向、消歧项、类别、入链、出链等。由于 Wikipedia 具有丰富的半结构化信息和较高的准确率和覆盖率，已经成为用来构建语义知识库的优秀数据源，Wikipedia 知识库是下面介绍的众多知识库的基础，如 DBpedia、YAGO、FreeBase 等。

此外，Wikipedia 衍生的另外一个重要的知识图谱是 Wikidata，是 Wikipedia、Wikivoyage、Wikisource 中结构化数据的中央存储器，并支持免费使用。Wikidata 是维基媒体基金会主持的一个自由的协作式多语言辅助知识库，旨在为维基百科、维基共享资源以及其他维基媒体项目提供支持。

2. Freebase 知识图谱

作为谷歌知识图谱的前身，Freebase 知识库是美国谷歌公司 2005 年基于 Wikipedia 数据资源推出的知识图谱，其定位是大规模开放结构数据库，成为谷歌知识图谱的重要组成部分。Freebase 主要采用社区成员协作方式构建，除了人工构建之外，其主要数据来源包括维基百科 Wikipedia、世界名人数据库 NNDB、开放音乐数据库 MusicBrainz 以及社区用户的贡献等。Freebase 基于 RDF 三元组模型，底层采用图数据库进行存储。Freebase 知识库包含约 6 800 万个实体和约 10 亿个关系。目前，被学术界和工业界广泛使用，很多自然语言处理（特别是知识工程领域）任务的基线数据集都是基于 Freebase 知识库。2015 年 6 月，Freebase 整体移入 WikiData。

Freebase 后台数据库 Graphd 以节点和节点间关系的图状结构来组织数据，与传统关系数据库以表的方式组织数据完全不同。Febase 服务器与 Graphd 紧密绑定，通过二进制数据存储块来储存图节点和节点关系，以哈希表的方式存储组织数据，在用户上传、下载数据时起到临时数据缓冲作用，在对数据进行检验处理后再保存到 Graphd 中。Graphd 图结构由一系列节点和反映节点间关系的有向连线组成。Graphd 图中每个节点记录与自身相关的信息，数据库中所有相关数据都以记录节点间关系的方式组织数据进行存储。Graphd 中定义了一些必要属性作为架构中最基础的部分，如"/type/object/name"属性支持节点定义可读性较强的名称。Garphd 图是有向图，节点关系的方向从源节点指向目标节点。虽然关系是有向的，但执行数据查询时，Graphd 可以向前和向后遍历所有有向连线来获取查询结果。因为 Graphd 会按不同方向遍历连线，所以可以将节点间连线看作具有双向性。在属性定义时，可以将一个方向的属性定义为"主属性"，反向上定义为"逆属性"，这两个属性也称为"互惠属性"。在 Graphd 中，可以通过"\type/property/reverse_property"属性标注主属性和逆属性，从而实现关系的双向遍历。

Freebase 的基础模型包括实体、类型、域、属性等概念。其中，每个实体可以属于多个类型；域是对类型的分组，便于 Schema 管理；每个类型可以设置多个属性，其值默认可以有多个。属性值类型可以是基本类型，如整型、文本等，也可以是另一个类型，如球队、父母等，这种情况被称为"组合值类型"。Freebase

知识库使用 MID 代表实体编号，在不考虑实体归并的情况下，一个实体和一个 MID 是一一对应的；当考虑实体归并合并时，多个 MID 可能指代一个实体，但是只有一个 MID 为主，其他的 MID 通过一个特殊的属性指向这个 MID。在 Freebase 中，一个实体可以有多个值，Freebase 通过 key 来唯一确定一个实体，每个值都属于一个命名空间。例如，"/en/yao_ming"的命名空间为"/en"，"/wikipedia/zh-cn_title/姚明"的命名空间为"/wikipedia/zh-cn_title"。对于平台基础模型的实体（域、类型、属性等），Freebase 知识库会选一个值，作为该实体的 ID。Freebase 对属性的取值范围施加约束，如类型约束（整型、文本型、浮点型等）、条件约束（是否单值、是否去重、主属性、逆属性等）。例如，"Obama"的 MID 是"m.02mjmr"。在"m.02mjmr"实体的相关信息中包含着"人物"的属性。因此，"Obama"属于"人物"的类别。同时，对于更为细致的划分"m.02mjmr"实体还属于"政府"类别下的"美国总统"类，其"总统职位数"为"44"。知识库中还存储着用中文、英文和西班牙文三种语言对"Obama"实体的描述，介绍其主要信息。其丰富的属性信息可以应用到诸多任务中。相关研究着重利用其中英文描述信息作为对实体进行消歧的重要特征。

  基于 Freebase 知识库架构的特点，可以把数据库想象成由一个个数据节点构成的庞大的数据云图。为了对如此多的数据进行表示和组织，Freebase 使用了一个轻量级类型系统（Type System）。这套分类系统是一个结构化机制和约定的松散集，而不是本体和陈述固定的系统口。分类系统支持协作创建数据分类和属性，不会将世界上所有知识固定在条框之内。用户对同一知识不同的理解和观点可以通过为数据条目添加不同的分类和属性来表示。例如，对 Johnny Depp，可以为其添加多个类型（如 Person、Acotr 等）来表示它不同的身份。不同分类的元数据定义了各自的属性（Porperty），通过众多属性值来全面揭示 Johnny Depp 的信息。需要注意的是，Johnny Depp 作为一个数据条目（Topic）在 Freebase 系统里是唯一的，表示且仅表示现实世界中唯一的一个实体或概念，也就是说在 Freebase 数据库中，对应现实世界中 Johnny Depp 这个人的只有唯一一个节点。

3. YAGO 知识图谱

  YAGO 知识库是德国马普研究所（Max Planck Institute，MPI）于 2007 年发布的大规模跨语言综合型语义知识库，包含约 1 000 万个关系和逾 1.8 亿个关系。

YAGO 知识库的构建过程体现出多源性，充分利用和整合 Wikipedia、WordNet、GeoNames 等数据资源。YAGO 将 WordNet 的词汇定义与 Wikipedia 的分类体系进行了融合集成；将维基百科中的分类体系与 WordNet 的分类体系进行了融合，构建了一个复杂的类别层次结构体系，使得 YAGO 具有更加丰富的实体分类体系；同时，还考虑了时间和空间知识，为很多知识条目增加了时间和空间维度的属性描述。YAGO 作为 IBM Watson 的后端智库资源，在很多领域有着应用与实践。

YAGO 的准确度已经过人工评估，证实了 95%的准确度，并且每个关系都用它的置信值进行注释。YAGO 将 WordNet 的干净分类学与 Wikipedia 分类系统的丰富性相结合，将这些实体分配给超过 35 万个类。YAGO 是一个锚定在时间和空间上的本体论，将时间维度和空间维度附加到其许多事实和实体上。此外，除了分类法，YAGO 还有主题领域，如 WordNet 领域的"音乐"（music）或"科学"（science）。YAGO 从 10 个不同语言的维基百科中提取并组合实体和事实，目前的最新版本是 YAGO3。

4. DBpedia 知识图谱

DBpedia 知识库是德国莱比锡大学和曼海姆大学于 2007 年推出的多语言综合型知识图谱，是一款基于 Wikipedia 构建的大规模跨语言知识库，支持超过 100 种语言，包含约 458 万个实体和高达 30 亿个关系，广泛应用于语义标注等自然语言处理任务，在链接开放数据（Linked Open Data，LOD）项目中处于核心位置。DBpedia 从多种语言的维基百科中抽取结构化信息，并且将其以关联数据的形式发布到互联网上，提供给在线网络应用、社交网站以及其他在线知识库。DBpedia 采用了一个较为严格的本体，包含人、地点、音乐、电影、组织机构、物种、疾病等类定义；同时，还与 Freebase 等多个数据集建立了数据链接。

DBpedia 知识库采用资源描述框架（Resource Description Framework，RDF）存储数据。RDF 用主语（Subject）、谓语（Predicate）、宾语（Object）的三元组形式来描述 Web 上的资源。其中，主语一般用统一资源标识符 URI 表示 Web 上的信息实体，谓语描述实体所具有的相关属性，宾语为实体对应的属性值。这样的表达方式使得 RDF 可以用来表示 Web 上任何被标识的资源，并且使得它可以在应用程序之间交换而不丧失语义信息。进一步地，RDF 可以将一个或多个关于资源的简单陈述表示为一个由弧或节点组成的图（RDF graph），图中的节点代表资源和属性/关系值，弧代表属性/关系。RDF 图就是若干个三元组的集合。

DBpedia 知识库与现有的知识库相比具有以下几个优点：① DBpedia 的直接数据来源覆盖范围广阔，所以它包含了众多领域的实体信息；② 它代表了真正的社区协议；③ 它能够自动与维基百科保持同步，会随着维基百科的变化自动调整；④ 它是真正的多语种知识库。

综上所述，基于 DBpedia 知识库的优点，DBpedia 知识库正在被越来越多的科研单位及企业使用到。

5. XLORE 知识图谱

XLORE 知识库是清华大学人工智能研究院发布的世界多语知识图谱，旨在实现现实世界中同一概念或实体的多语言融合，实现对客观世界多语言、多概念层次语义建模，其可以形式化概述为概念集合、实体集合、概念体系、实体体系的综合体。XLORE 融合中英文维基、法语维基和百度百科，对百科知识进行结构化和跨语言链接构建的多语言知识图谱，是中英文知识规模较平衡的大规模多语言知识图谱。XLORE 中的分类体系基于群体智能建立的维基百科的 Category 系统，共包含 16 284 901 个实例，2 466 956 个概念，446 236 个属性以及丰富的语义关系。XLORE 重点关注了两大中文百科中英文平衡的图谱，具有更丰富的语义关系、支持基于 isA 关系验证，提供多种查询接口。

6. WordNet 知识图谱

WordNet 知识图谱由美国普林斯顿大学于 1985 年发布，基于专家经验人工编制的基础，包括 15.53 万个英文词语和逾 20 万关系数量，以及 11.76 万个同义词集，同义词集之间存在 22 种关系，被广泛应用于词义消歧和语义搜索。WordNet 主要定义了名词、动词、形容词和副词之间的语义关系。例如，名词之间的上下位关系（如"猫科动物"是"猫"的上位词）、动词之间的蕴含关系（如"打鼾"蕴含着"睡眠"）等。WordNet 3.0 已经包含超过 15 万个词和 20 万个语义关系。

WordNet 中词语之间的主要关系是同义（Synonymy）关系，如词语"shut"和词语"close"或词语"car"和词语"automobile"之间的关系。WordNet 将同义词定义为：表示同一概念并在许多上下文中可以互换的词语。将同义词归类到同义词集（Synset）中，一个同义词集只包含一个注释；对于一个同义词集中不同的词，分别用适当的例句加以区分。WordNet 的 117 000 个同义词集中的每一个都通过少量的"概念关系"链接到其他同义词集。具有几种不同含义的词形在许多不同的同义词集中表示。因此，WordNet 中的每一个"形式-意义"对都是唯一的。同义词集之间以一定数量的关系类型相互关联，这些关系主要包括同义（Synonymy）关系、反义（Antonymy）关系、上下位（Hypernymy/Hyponymy）关系、整体与局部（Meronymy）关系、继承（Entailment）关系等。

7. HowNet 知识图谱

HowNet 知识图谱是一款中国科学院计算机语言信息中心于 1999 年发布的知识图谱，涵盖 1.1 万个实体，通常应用于语义倾向计算和实体消歧等研究，构建方式是专家人工构建。HowNet 是一个以汉语和英语的词语所代表的概念为描述对象，以揭示概念与概念之间以及概念所具有的属性之间的关系为基本内容的常识知识库。HowNEt 描述了下列类型关系：上下位关系、同义关系、反义关系、对义关系、部件-整体关系（由在整体前标注%体现，如"心""CPU"等）、属性-宿主关系（由在宿主前标注&体现，如"颜色""速度"等）、材料-成品关系（由在成品前标注?体现，如"布""面粉"等）、施事/经验者/关系主体-事件关系（由在事件前标注*体现，如"医生""雇主"等）、受事/内容/领属物等-事件关系（由在事件前标注$体现，如"患者""雇员"等）、工具-事件关系（由在事件前标注*体现，如"手表""计算机"等）、场所-事件关系（由在事件前标注@体现，如"银行""医院"等）、时间-事件关系（由在事件前标注@体现，如"假日""孕期"等）、值-属性关系（直接标注无须借助标识符，如"蓝""慢"等）、实体-值关系（直接标注无须借助标识符）、事件-角色关系（由加角色名体现，如"购物""盗墓"等）。

8. Probase 知识图谱

Probase（又称 Microsoft Concept Graph）是一个概率化词汇语义知识图谱，目前已广泛应用于短文本理解等相关研究中。Probase 基于一个自动化迭代过程，采用句法规则（包括 Hearst 规则等）从 16.8 亿个互联网页面爬取和挖掘概念知识。例如，利用相关句法规则可以从词语片段"…artists such as Pablo Picasso…"中挖掘得出结论词语"Pablo Picasso"（巴勃罗·毕加索）是概念 Artist（艺术家）

的一个实例,即词语"Pablo Picasso"和概念 Artist 之间存在 isA 关系。

经过加工和处理,Probase 共包含 236 万个公开领域的概念(Concept),以及约 1 400 万个概念相关的关联关系。对于每一个概念,Probase 分别提供与之相关的实例信息(如果 w 词语从属于概念 c,则将词语 w 称为概念 c 的"实例")和属性信息,以对该概念进行详细说明,使该概念具体化。因此,上述关联关系主要分为两类,分别是概念–实例关联关系(通常用 isA 表示,例如词语"Barack Obama"isA 概念 President)和概念–属性关联关系(通常用 isAttributeOf 表示,如词语"population"isAttributeOf 概念 Country)。其中,应用比较广泛的是 isA 关系。在 Probase 中,对于每个 isA 关系都定义了基于多种评价指标的概率形式的权重(打分),为各类语义关系挖掘任务提供了细粒度、多方向的推理依据,本书主要利用这种 isA 关系。其中,最常用到的是概率 $P(c|w)$ 和 $P(w|c)$,这些概率都是在大规模语料中统计得到的规律性信息。$P(c|w)$ 表示词语 w 从属于概念 c 的概率,即表示词语 w 所对应的所有概念中概念 c 出现的可能性,计算公式为:$P(c|w) = n(w,c) / \Sigma_{c'} n(w,c')$。其中,$n(w,c)$ 表示大规模语料库中词语 w isA 概念 c 的频数,即词语 w 作为概念 c 的实例在语料库中出现的次数。$P(w|c)$ 表示概念 c 包含词语 w 的概率,即概念 c 的所有实例中词语 w 出现的可能性,计算公式为:$P(w|c) = n(w,c) / \Sigma_{w'} n(w',c)$。此外,Probase 还提供了词语与词语之间的共现信息等其他统计信息。这些丰富的语义信息和统计信息,可以作为先验和似然来帮助在文本分析和理解任务中开展多种有效的推理工作。

相比较于其他传统知识库(如 WordNet、Wikipedia、Freebase 等),Probase 被广泛选择作为外部知识资源来助力自然语言处理与理解的原因,概述如下。① 丰富的概念资源能够提供针对语义的细粒度解释。例如,同时给定词语"China"和词语"India",知识库 Probase 所提供的排名靠前的概念包括概念 Country(国家)、概念 Asian_Country(亚洲国家)等;同时给定词语"China""India"和"Brazil",知识库 Probase 所提供的排名靠前的概念包括 Developing_Country(发展中国家)、BRIC_Country(金砖四国)、emerging_market(新兴市场)等。然而,其他知识库不具备如此细粒度的概念空间,也不具备对于概念的推理机制,这些传统知识库通常只能产生比较泛化而模糊的映射结果,对于复杂文本理解任务来说是比较粗糙的。② 知识库 Probase 所提供的概率信息有助于构建合理的推理机制,将文本中的词语映射到适当的细粒度概念。这允许本书在语义层次更高的概念空间完成文本分析,而概念空间包含了比原始文本更为丰富的语义信息,而原始给定短文本通常是数据稀疏的、噪声高的并且歧义性比较普遍。

2.6 典型知识图谱的应用

目前,知识图谱的发展和应用状况,除了通用的大规模知识图谱的构建与应用,各行业已经初步开展了行业和领域的知识图谱的构建与应用研究,产生了很多成功的典型知识图谱应用。

1. 辅助搜索

在当前正在处于的第三代人工智能时代,知识图谱相关研究的兴起,最初目的是辅助和变革搜索引擎。以谷歌公司在 2012 年推出的谷歌知识图谱为例,其最初目的是使用知识图谱来增强谷歌搜索引擎的性能。此外,知识图谱驱动的问答系统,被认为是"下一代搜索引擎的形态"。通过社区协同编辑(如 Freebase)、维基众包(如 Wikidata)、网页嵌入语义(如 Schema.org)等方式,知识图谱可以提供越来越完善的高质量结构化背景知识和常识性知识以辅助搜索引擎更好地理解用户搜索意图从而提供更加简洁智能的检索信息。该方法克服了传统基于关键词搜索模型的局限性,将基于网页的搜索提升到更加智能的语义搜索上,有效提高了信息模型的搜索质量,目前绝大多数搜索引擎公司如谷歌、微软、百度、搜狗等都运用了知识图谱的技术来提升搜索的体验。

在国外,谷歌公司提出 Knowledge Graph 与 Knowledge Vault,Facebook 推出 Graph Search,微软公司推出 Bing Satori;在国内,北京搜狗科技发展有限公司提出知立方,百度推出中文知识图谱搜索。知识推演更好地理解用户的搜索意图,提供接近"专、精、深"的垂直搜索,回答复杂的推演问题。例如,谷歌公司的搜索,在谷歌搜索引擎输入查询,搜索引擎利用知识图谱直接给出推演得到的精确回答的同时,在搜索结果的右侧显示该词条的深层信息。百度的搜索在知识图谱的支持下,也能更好地理解用户的搜索意图,类似地返回推演的精确答案,附带信息来源。

2. 辅助问答

近年来，随着人工智能的再次兴起，知识图谱又广泛地应用于聊天机器人和问答系统中，用于辅助深度理解人类的语言和支持推演，并提升人机问答的用户体验等。智能问答技术是当前人工智能时代一个重要的应用，它能够以准确简洁的自然语言为用户提供问题的解答，这可以大大提升效率，减少人工的参与成本。这种对话式的信息获取需要问答系统精准度和可靠度的支持，知识图谱可以通过提供背景知识库来辅助提升机器人和 IOT 等设备的智能化。目前，很多问答平台都引入了知识图谱以求得到更好的问答体验。例如，IBM 公司的 Watson、华盛顿大学的 Paralex 系统、苹果公司的智能语音助手 Siri、亚马逊收购的自然语言助手 Evi、微软公司的小冰、百度研发的小度机器人、阿里巴巴的小蜜等。

IBM 公司的 Watson、谷歌公司的 GoogleNow、苹果公司的 Siri、亚马逊的 Alexa、微软公司的小娜和小冰以及百度的度秘等是近期代表性的智能问答系统。这些系统基于知识图谱的知识推演，提供精确简洁的答案。例如，IBM 研发的超级计算机 Watson，2011 年 Watson 在美国知识竞赛节目"危险边缘"Jeopardy！中上演人机问答大战，战胜人类冠军选手 Ken 和 Brad。节目问题涵盖各个领域，参赛者需具备各个领域的知识，能够解析和推演隐晦含义、反讽与谜语等，这其中面向知识图谱的知识推演发挥了重要作用。

3. 辅助决策

知识图谱可以有效地表达和链接多种类型的数据，如文本、多媒体、传感器等，从而提供高质量表达规范的数据基础，真正地将粗糙大数据转化为可计算的大数据。这些可计算的大数据包含逻辑语义信息，使得机器可以更好地理解和计算，从而通过推演辅助人类的决策，这在金融、医疗等领域应用较多，包括 Kensho、IBM Watson、Palantir（2011 年，美军借助 Palantir 公司的技术成功定位本·拉登藏身地）等都通过知识图谱来辅助相关的决策工作。

4. 辅助推理

知识图谱可以对知识进行有效的刻画，包括词汇知识、上下文知识等，这使得机器可以具备一定程度的联想和记忆功能，从而表达出更智能的推演能力。例如，在 Winograd Schema Challege 竞赛中，因为人的大脑里面存有相关大量的常识性知识，它不只是在解析文本，同时要利用大脑中的知识去做推演，这使人类可以轻松地完成许多推演任务,然而目前包括深度学习在内的模型和方法却远远没有达到这种智能,其准确性在50%左右。通过叠加知识图谱,可以有效提高机器的常识推演能力(超过60%)。

5. 垂直领域

知识图谱在金融、农业、电商、医疗健康、环境保护等大量的垂直领域得到广泛的应用。对典型垂直领域应用概述如下。

在社交网络领域,Facebook已经把包含语义的图搜索逐渐加入搜索结果中来,并构建了各种实体和关系构成的人物社交关系知识图谱。基于这个社交知识图谱,Facebook提出了"图搜索(Graph Search)"的概念,帮助用户精确定位想要查找的人或事物,可以认为是基于社交图谱(Social Graph)的语义搜索服务。例如,用户可以输入查询语句"我同一个大学且同一个公司的朋友""住在湾区工作在谷歌公司并且喜欢勇士队的朋友"等,知识图谱将会通过查询和推演返回精准的答案。与基于关键词匹配的传统网络搜索引擎相比,图谱搜索能够支持更自然、复杂的查询输入,并针对查询直接给出答案。除了Facebook之外,国内社交网络巨头腾讯科技有限公司也在构建相应的社交图谱。

(1)在金融领域,知识图谱在多个金融应用场景上正在推动金融领域的智能化。例如,通过融合不同来源的客户数据构建知识图谱辅助进行反欺诈行为的自动识别及制定营销策略;通过对金融年报、招股书、公司公告等数据源中提取知识,构建出公司相关的知识图谱以便辅助金融研究人员做更深层次的分析和更好的投资决策等;通过对影响股票的各种因素进行建模以构建股票知识图谱;很多金融领域公司也构建了金融知识库以进行碎片化金融数据的集成与管理,并辅助金融专家进行风控控制、欺诈识别等。目前,国内外多家金融公司正在大力发展知识图谱技术,以期取得金融人工智能战略的先机。此外,就金融领域来说,规则可以是专家对行业的理解,投资的逻辑,风控的把握,关系可以是企业的上下游、合作、竞争对手、子母公司、投资、对标等关系,可以是高管与企业间的任职等关系,也可以是行业间的逻辑关系,实体则是投资机构、投资人、企业等,把它们用知识图谱表示出来,从而进行更深入的知识推演。

(2)在司法领域,近年积极运用大数据、云计算、人工智能等先进技术,深入业务场景解决痛点问题,有效提升办案质效、辅助司法管理、服务群众诉讼，加速推进司法智慧化、数字化、现代化转型升级。知识图谱的构建是实现智慧司法不可或缺的基础工程。司法知识图谱将法律领域中的实体、属性和关系进行体系化梳理，并建立逻辑关联，通过知识图谱和大数据技术进行数据挖掘，辅助决策，洞察知识领域动态发展规律。基于司法知识图谱，通过技术手段可实现司法业务场景的智能应用，解决"案多人少""同案不同判"等现实问题。目前，司法知识图谱已广泛运用于法律知识检索和推送、文书自动生成、裁判结果预测预警、知识智能问答、数据可视化等方面，为司法人员办案提供高效参考和科学依据，全新定义司法数据应用和司法智能化，凝练司法智慧，服务法治建设。

（3）在股票投研领域，通过知识图谱相关技术从招股书、年报、公司公告、券商研究报告、新闻等半结构化表格和非结构化文本数据中批量自动抽取公司的股东、子公司、供应商、客户、合作伙伴、竞争对手等信息，构建出公司的知识图谱。在某个宏观经济事件或者企业相关事件发生时，券商分析师、交易员、基金公司基金经理等投资研究人员可以通过此图谱做更深层次的分析和更好的投资决策。例如，在美国限制向中兴通讯股份有限公司（简称中兴通讯）出口的消息发布之后，如果我们有中兴通讯的客户供应商、合作伙伴以及竞争对手的关系图谱，就能在中兴通讯停牌的情况下快速地筛选出受影响的国际国内上市公司，从而挖掘投资机会或者进行投资组合风险控制。

（4）在公安领域，通过融合企业和个人银行资金交易明细、通话、出行、住宿、工商、税务等信息构建初步的"资金账户–人–公司"关联知识图谱。同时，从案件描述、笔录等非结构化文本中抽取人（受害人、嫌疑人、报案人）、事、物、组织、卡号、时间、地点等信息，链接并补充到原有的知识图谱中形成一个完整的证据链。辅助公安刑侦、经侦、银行进行案件线索侦查和挖掘同伙。例如，银行和公安经侦监控资金账户，当有一段时间内有大量资金流动并集中到某个账户时很可能是非法集资，系统触发预警。公安大数据是全面助推公安工作质量变革、效率变革、动力变革的重要力量，受到高度重视。然而，作为大数据和人工智能双重技术的应用表现，知识图谱通过数据分析、文本语义分析等，抽取出人、物、地、组织机构、服务标识等实体，并根据实体的属性联系、空间联系、语义联系、特征联系等建立相互关联，构建一张具有公安特性的多维多层的实体与实体、实体与事件的关系网络,在解决公安大数据发展中面临的数据缺乏关联性等问题时起到了重要作用。建设公安知识图谱仍然遵循知识图谱搭建逻辑,其中知识抽取、本体层建设和实战应用开发,需要将公安部门多年积累的实战经验与技术算法相互转换,重点考验公安知识图谱解决办法提供商对公安业务的理解能力和专业积累,是该行业竞争中重要的壁垒。

(5) 在反欺诈领域,通过融合来自不同数据源的信息构成知识图谱,同时引入领域专家建立业务专家规则。我们通过数据不一致性检测,利用绘制出的知识图谱可以识别潜在的欺诈风险。例如,借款人"张三"和借款人"李四"填写信息为同事,但是两个人填写的公司名却不一样,以及同一个电话号码属于两个借款人,这些不一致性很可能有欺诈行为。

(6) 在电商领域,以阿里巴巴集团(控股)有限公司(简称阿里巴巴)为代表的电商公司同样也在部署知识图谱技术。首先,电商平台不仅包含了数以亿计的各类商品,还包括商品对应的产品、生产商、供应商等各类对象。如何有效灵活地管理和建模这些对象和实体之间的关系成为一个重要挑战,知识图谱因其灵活强大的本体建模技术可以有效地对领域知识进行语义建模和知识术语等管理。其次,基于知识图谱的语义推演方法可以帮助商品数据的挖掘和分析,如自动发现虚假不一致商品、自动学习类别定义等。在其他垂直领域,如生物医学、物联网、情报分析等,知识图谱也在扮演着越来越重要的角色。

2.7 知识图谱关键技术发展方向分析

近年来,越来越多的知识图谱构建与应用的相关研究工作被用来支撑更加复杂的应用场景。未来知识图谱关键技术的发展方向或将呈现多元化趋势,概述如下。

1. 开放领域知识获取与知识图谱构建

传统知识图谱构建方法的默认假设是实体类型、属性类型、关系类型都是业务专家已经定义好的。然而,这些靠人类经验定义好的框架和范畴是远远不能覆盖丰富的世界知识的。另外,当前人工智能发展的缺陷也是缺乏世界模型。因此,知识图谱相关技术的未来发展,必然面临处理"未登录"实体类型、属性类型、关系类型的挑战。NELL 知识图谱是卡耐基-梅隆大学开展的知识自动学习项目，开启了一个机器学习实现知识图谱构建的浪潮，目标是持续不断地从网络上获取资源并进行事实发现、规则总结等，里面涉及命名实体识别、同名消歧、规则归纳等关键技术。

2. 适应复杂化任务与场景

随着社会生产生活各领域对于知识图谱构建与应用技术落地需求的迫切性增加，知识图谱关键技术更贴合实际应用场景，复杂化的知识抽取与应用任务提出了新的挑战。科学研究者们已经不满足于一些简单的知识图谱构建与应用任务的实现，开始探索更贴合实际的应用场景。对于任务的探索边界也越来越不明显，并出现了很多结合多源异构信息的相关探索。例如，关系抽取任务已不满足于抽取封闭的三元组关系，而更贴合实际情况，出现了很多复杂关系和开放关系的抽取任务；部分关系抽取工作从句子级别向篇章级别和多文本抽取过渡；很多研究开始探索如何利用深度学习模型自动发现实体间的新型关系，进而实现开放式关系抽取等。此外，对于常规的信息抽取与推理任务，已经逐步往语义理解上转变，并基于此衍生出很多阅读理解和知识推理的任务。在实体融合和指代消解等任务上的研究，场景也更为复杂，逐步向深层次语义理解和知识推理演变。

3. 克服小样本、低资源挑战

突破低资源限制，是研究成果走出实验室"温床"所要解决的关键难题，因为现实世界、实战场景、真实任务中往往缺乏高质量、大规模、易计算的标注数据。小样本学习（Few-Shot Learning）和零样本学习（Zero-Shot Learning）一直是知识图谱构建与应用研究的难点，近年来已经有更多深入的研究，包括利用集成学习、多任务学习、预训练模型、知识表示等方法结合深度学习模型进行的相关探索。预训练模型的发展使很多知识抽取工作的瓶颈下降，相对来说，领域迁移和冷启动问题还是目前的难点，当前鲜见能够真正在真实业务场景下达到令人满意效果的小样本知识抽取与推理技术。此外，近几年出现了很多结合知识图谱进行知识表征，添加多模态信息，结合多领域进行多任务学习等融合多源知识的相关方法和研究，并取得了一定进展。

4. 面向通用人工智能的多模态化发展

近年来，对于多模态的研究热度逐渐攀升。目前，自然语言处理领域多模态研究主要集中在跨语言和视觉的模态研究上，且多模态知识图谱也逐步成为一个新的趋势。多模态研究包括多模态信息对齐、多模态文本生成、多模态推理、多模态表示等。多模态研究的基础是模态融合和语义对齐，现在有很多工作研究从图片或文本中提取出结构化的知识，进行语义对齐。目前，多模态的相关研究还处于起步阶段，什么场景使用以及如何使用还需要进一步探索，多模态知识图谱构建仍然有很大发展空间。

5. 知识图谱动态演进更新

建立一个具有语义处理能力与开放互联能力的知识库，可以在智能搜索、智能问答、个性化推荐等智能信息服务中产生应用价值。但是，目前各类特定（垂直）领域知识图谱面临严重的"不完备性"问题，亟待保持更新演进：首先，知识图谱中所包含的三元组形式的知识不完全，需要不断扩充和完善。其次，现实世界知识在随着时间推移不断变化。例如，某型号驱逐舰的列装国家可能随着时间变化而增减，因此知识图谱中三元组形式的知识需要相应更新演进，直接决定了知识推演能力的可演进性。知识推理能力本身还应具备可演进性，通过接受内部和外部的反馈，实现推理能力的演进。知识图谱中的知识与概念并不是一成不变的，用户对于特定领域知识的了解和获取也应该是与时俱进的。在进行领域知识推荐时，为了使知识图谱中的知识与推荐模块的知识得到同步，特定领域知识图谱的构建与更新是十分重要的。对知识图谱的更新演进可能是由于已有的知识图谱中的知识不完备而需要加入新的三元组或实体，也可能是由于已有的实体内容发生改变所以该实体需要被更新。对于前者可以根据知识图谱中的已有信息去推断所缺失的知识；当已知知识有限并难以进一步通过推断缺失知识来补全时，后者从互联网上发现新的知识并添加到知识图谱中以实现知识的更新。两者交替进行，从而实现特定领域知识图谱的自动更新演进过程。

6. 强化对流式数据的处理能力

随着物联网、设计网络、智能家居、可穿戴设备等多个领域的兴起和不断发展，越来越多的实时流数据正在产生，随之而来的挑战就是如何有效地利用和处理这些流数据。知识图谱因其强大的语义互联和智能推演的能力已被当作是这些领域的。在物联网领域，OneM2M 物联网标准化组织已经将语义和知识图谱技术列为核心技术之一。目前，已有部分工作开始对流式知识图谱进行研究。Streaming SPARQL 旨在提供多种流式代数表达式来扩展 SPARQL 语法以具备流式查询的能力，但目前没有系统的支持。有研究提出了一种集成的流式知识图谱推演框架，利用已有的数据流管理系统（Data Stream Management System，DSMS）和推演器扩展处理，但其没有具体的实施。EP-SPARQL 是一个基于流式语义推演的事件检测方法，提出了一种基于复杂事件检测和语义推演的语言，以通过推演的方法有效地捕捉流式环境下的目标事件，如突发事件的检测等，基于这套语言实施的 ETALIS 系统通过集成 Prolog 系统将 RDF 数据实时转化为 Prolog，并通过 Prolog 系统完成推演。相关研究在 WebPIE 的基础上，实施了一个基于 Hadoop 的动态 RDF 数据的并行闭包推演算法，取得了良好的扩展能力，但是其仍然只关注处理动态文本对象类实体如 LUBM（Lehigh University Benchmark），未能考虑真实应用场景中动态 RDF 流的数值性特点，并且其只支持预定义好的逻辑规则推演如 RDFS、OWL 等，缺乏灵活性。因此，当前面向大规模知识图谱的流式动态推理方法研究仍处于起步阶段，已有的工作并未考虑到流式知识图谱数据和推演场景的特点以及推演能力的弹性可扩展性，使其不能有效地处理大规模知识图谱的流式推演挑战。

7. 去中心化和分布式知识管理

探索知识图谱技术与区块链技术的结合，实现多节点知识输入、存储和更新，使开放链接知识图谱在更多分布节点获取知识，鼓励更多人群（特别是具有专业领域知识的人）来"众包"式、共同来参与知识图谱的构建，促进智能和智慧在全网涌动，实现知识图谱的知识数量和质量进一步充实。解决容错性问题，提升系统的抗攻击性，使知识图谱或者知识管理平台不太可能因为某一个局部的意外故障而停止工作，任何一个节点受到攻击都不会使整个系统造成瘫痪。

8. 促进可解释性人工智能发展

无论是陈述性知识图谱还是程序性知识，无论是通过推理路径呈现的方式还是通过注意力机制量化权重的方式，知识图谱凭借其高质量、高结构化程度、更加符合人脑思维路线等优势，成为推动可解释人工智能发展的有力资源。另外，目前深度学习驱动的人工智能(特别是目前应用比较成熟的人工智能技术)的"黑盒"属性日益突出,人们无法理解和评价其决策结论,直接制约了可信人工智能的达成,直接阻碍了人类与人工智能和谐共生和管理人工智能的进程。综合上述两个方面,利用知识图谱关键技术来强化可解释人工智能研究与应用,已经成为大势所趋。

第 3 章

可解释人工智能

3.1 人工智能概述

人类文明发展的历史，是认识自然、改造自然的历史，也是认识自我、解放自我的历史。人类认识自然和改造自然主要依靠体力、感知力和智力三种基本能力。其中，在智能化时代，人类将用智能技术辅助和增强人的智力，实现智力增强和智力劳动机器化。回望人类进化和发展历史，智能化水平的提高与计时能力的发展、指向能力的发展、人对自身大脑机理的认识发展历程，以及人工智能相关的各种科学技术的进步密不可分。

3.1.1 概念内涵

人工智能作为一门学科，旨在构建智能系统与机器，模仿人类与其他人类思维相关的"认知"功能（如常识学习、问题解决等）。从机器学习到知识表示与推理、博弈论、不确定性、机器人技术、多智能体博弈、约束满足与搜索、规划与调度、计算机视觉、自然语言处理等，都是人工智能的基础支柱。人工智能在诸多领域内都已经成熟、专业化并实现初步应用，在个别领域已经实现与领域的深度融合，目的是获得通用人工智能（General Artificial Intelligence，GAI）——通用人工智能被视为人工智能的"圣杯"。

人工智能的概念第一次被提出是在 1956 年达特茅斯夏季人工智能研究会议上。当时的科学家主要讨论了计算机科学领域尚未解决的问题，期待通过模拟人类大脑的运行，解决一些特定领域的具体问题（如开发几何定理证明机等）。随着研究的深入,关于人工智能的定义也不断被提出:例如,加州大学伯克利分校的教授斯图尔特·罗素(Stuart Russell)与美国人工智能协会的创始会员之一彼得·诺维格(Peter Norvig)在被誉为"人工智能领域标准教科书"的专著《人工智能:一种现代的方法》中的定义:人工智能是有关"智能主体(Intelligent Agent)的研究与设计"的学问,而智能主体是指一个可以观察周遭环境并做出行动以达成目标的系统。这个定义既强调了人工智能可以根据环境感知做出主动反应,又强调了人工智能所做出的反应必须达成目标,同时没有给人造成"人工智能是对人类思维方式或人类总结的思维法则的模仿"的错觉。

人工智能自诞生之日起就被赋予一项崇高使命,即代替人类完成繁重、危险和重复性工作——面对这些工作,人工智能具有速度更快、精度更高、并行度更高以及抗疲劳性更强等显著优势。随着人工智能的发展,其对数据挖掘、行动认知、辅助决策、指挥调度的能力将逐渐超越人类。对于人工智能的优势,概述如下。

(1)人工智能擅长解决复杂信息认知问题。人工智能技术能够使得机器像人类一样对复杂问题进行解析认知、积累经验、解决问题甚至"举一反三"。通过对复杂场景大数据的有效开发,提高人们对复杂空间和深度信息的发现、认知与利用能力,依托数据挖掘分析方法,从海量多源多模态异构信息中得到高价值信息,提高多元化和细粒度的服务,大幅提高复杂数据分析处理能力。

(2)人工智能擅长解决复杂状态空间问题。人工智能技术在继承机器优势的同时,具备针对复杂任务进行高效率信息搜索和优化处理的能力,是解决不确定性和复杂性的有力武器。围棋的走法数量比全宇宙的原子数都要多;然而相比于围棋,即时战略任务要更加复杂多变,如今人工智能已经攻破围棋的堡垒,正在向复杂度更高的"星际争霸"游戏发起挑战。

(3)人工智能擅长自我学习实现能力升级。人工智能技术可以通过系统后台进行无监督学习和机器博弈,从而达到系统性能的自我提升和优化目的。以围棋为例,AlphaGo只花了几个月的时间,学习人类对弈的超过3 000万棋局,在通过海量的历史棋谱学习参悟人类棋艺的基础上,进行自我训练,击败了人类顶尖棋手;而AlphaGoZero与AlphaGo有着本质的不同,它不需要通过学习历史棋谱从而掌握人类的先验知识,而仅靠了解围棋对弈的基本规则,通过自我博弈和自我进化，迅速提升棋艺，实现对 AlphaGo 的百战百胜。可以预见，应用人工智能技术，能够在很大程度上提升人类复杂任务和行为活动的观察、判断、决策、行动等关键过程的能力。

目前，我们正处于传统信息技术时代的"黄昏"和人工智能时代的"黎明"的交叉地带。回望过去的数百年，人类社会经历了三次巨大的科技创新浪潮，分别是蒸汽机（第一次科技革命）、电力（第二次科技革命）和信息技术（第三次科技革命），将全球 GDP 提升了近千倍（图 3-1）。每一次科技浪潮都通过某一项先进生产力要素的突破，进而引起大多数行业的变革。第二次世界大战之后，以信息技术为核心的第三次科技革命迄今已超过 70 年，其可分为两个阶段：一是 20 世纪 50 年代到 20 世纪 90 年代，这是半导体产业迅猛发展的时代，推动了大型计算机向个人终端机的小型化；二是 20 世纪 90 年代至今，这是 30 年的互联网全球化时代，按产业渗透规律，又可分为信息互联网、消费互联网和产业互联网三大阶段。但是，随着摩尔定律的失效和信息技术红利彻底用尽，全球 GDP 衰退，引发并加剧了全球地缘政治和军事冲突，开始向逆全球化发展——在当前这种情况下，人工智能技术已经成为引领人类社会走出经济衰退、疫情和战争的影响，并将全球经济体量再向上推动的革命性技术。我们早已处于人工智能时代之中，人工智能其实也已广泛应用。例如，到处遍布的摄像头和手机人脸识别、社交软件语音和文本转换与商品推荐算法、家庭扫地机器人和餐厅送餐机器人等，背后都是人工智能核心技术在过去十年不断取得的巨大突破。

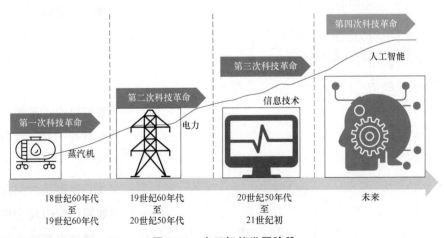

图 3-1 人工智能发展阶段

3.1.2 主要学派

目前，人工智能主要有三大主流学派：符号主义（Symbolism）、联结主义（Connectionism）和行为主义（Actionism）（表3-1）。三者的根源和理论依据存在着较大的差异性，也为后世其他学派发展产生了较为深远的影响。其中，符号主义是本书研究的重点：一是当前人工智能领域的知识图谱构建与应用相关研究源于传统知识工程和专家系统研究，而知识工程研究植根于符号主义；二是深度学习驱动的联结主义逐渐暴露出可解释性差、可信度无法量化等问题，符号主义在解决上述问题上有着天然的优势。

表3-1 人工智能的三大学派

学派	来源	代表人物	代表性成果
符号主义	数理逻辑	纽厄尔（Newell）；赫伯特·西蒙（Herbert A. Simon）；尼尔逊（Nilsson）	专家系统；启发式程序逻辑理论家……
联结主义	仿生学	沃伦·麦卡洛克（Warren S. McCulloch）；沃尔特·皮茨（Walter Pitts）；大卫·鲁梅尔哈特（David Rumelhart）	反向传播BP算法；多层感知机MLP模型……
行为主义	控制论	诺伯特·维纳（Norbert Wiener）；罗德尼·布鲁克斯（Rodney Brooks）	工程控制论和生物控制论；六足行走机器人……

1. 符号主义学派

符号即"模式"，任意模式只要其能与其他模式相区别，就可以称为一个"符号"。从集合论的角度，每个符号可以表征一个群体的集合，不同的符号代表不同的群体，而每个群体中的每个实体就是该集合中的每个元素。符号具有双重属性：一是符号具有表征外部事物的功能，每个符号都具有表征特定的外部事物所属群体的作用，某一群体由于某些相同的特征被相同的符号表征、不同群体由于群体间的不同特征被不同的符号表征；二是符号具有物理或形式上的特征，每个符号都有特定的所指或者意指，对不同的符号进行操作代表着对不同信息进行处理或加工。

符号主义是一种基于逻辑推理的智能模拟方法，又称为"逻辑主义"

（Logicism）。该学派的核心观点为：人类认知和思维的基本单元是符号，而认知过程就是在符号表示上的一系列操作。人类所具有的知识都是具有具象或者抽象的某种形式的信息，所有的知识都可以通过语言或者非语言的符号表征出来，而数理逻辑则是用符号表征知识的典型形式，将符号学理论与人工智能及其应用结合起来，便出现了人工智能领域的符号纲领。假设人类是一个物理符号系统，计算机也是一个物理符号系统，基于物理符号系统的稳定性，计算机可以通过对符号进行操作来模拟人类的认知和思维，完成类人的智能行为。这种方法的实质就是模拟人的左脑抽象逻辑思维：通过研究人类认知系统的功能机理，用某种符号来描述人类的认知过程，并把这种符号输入到能处理符号的计算机中，就可以模拟人类的认知过程，从而实现人工智能。因此，符号主义的核心思想可以归结为"认知即计算"。由于这种对人工智能的解释符合大部分研究者的认知，因此符号主义在人工智能领域一直处于主导地位。在过去很长一段时间里，大量的研究试图创建一个可以模拟人类大脑进行理性推理和数理逻辑运算的符号主义人工智能系统。事实证明，人类许多问题采取的方案都无法进行符号表征，大量研究与实践已经证明符号主义人工智能不完全适合处理图像、音频、自然语言等非结构化数据。

2. 联结主义学派

联结主义学派（又称"仿生学派""生理学派"）的核心是神经元网络与深度学习（Deep Learning）以及仿照人的神经系统，旨在把人的神经系统的模型用计算的方式呈现，并用以仿造智能。目前，人工智能的热潮实际上是联结主义的阶段性重大胜利。

该学派认为人工智能源于仿生学，特别是对人脑模型的研究。联结主义的代表性成果是 1943 年由生理学家沃伦·麦卡洛克（Warren S. McCulloch）和数学家沃尔特·皮茨（Walter Pitts）创立的类脑"M-P"神经元模型，开创了用电子装置模仿人脑结构和功能的新途径。该研究从神经元出发，进而研究神经网络模型和脑模型，开辟了人工智能的又一发展道路。20 世纪 60 年代到 70 年代，联结主义尤其是对以感知机（Perceptron）为代表的类脑模型的研究出现热潮，由于受到当时的理论模型、生物原型和技术条件等限制，类脑模型研究在 20 世纪 70 年代后期至 80 年代初期落入低潮；直到约翰·霍普菲尔德（J. Hopfield）在 1982

年和 1984 年发表两篇里程碑式论文，提出 Hopfield 神经网络等重要成果，实现用硬件模拟神经网络以后，联结主义才又重新被寄予厚望；1986 年，认知心理学家大卫·鲁梅尔哈特（David Rumelhart）等提出多层网络中的反向传播（Back Propagation，BP）算法。此后，联结主义势头大振，从模型到算法、从理论分析到工程实现，为神经网络计算的应用打下坚实的基础。

3. 行为主义学派

行为主义（又称"进化主义""控制论学派"），推崇控制、自适应与进化计算，其原理为控制论及"感知–动作"控制系统等。

控制论思想早在 20 世纪 40 年代到 50 年代就已经成为自科与社科时代思潮的重要部分，深刻影响着早期人工智能的研究者。控制论把神经系统的工作原理与信息理论、控制理论、逻辑以及计算机有机联系起来；早期的研究工作重点是模拟人在控制过程中的智能行为和作用，例如针对自寻优、自适应、自镇定、自组织、自学习等控制论系统的研究，并进行"控制论动物"的研制；20 世纪 60 年代到 70 年代，上述这些控制论系统的研究取得一定进展，播下智能控制和智能机器人的种子，并在 20 世纪 80 年代诞生了智能控制和智能机器人系统。行为主义是 20 世纪末才以人工智能新学派的面孔出现的，引起许多人的兴趣。行为主义学派的代表性成果是包容体系结构的发明者罗德尼·布鲁克斯（Rodney Brooks）的六足机器人，被认为是新一代的"控制论动物"；近期的代表性成果是波士顿动力公司机器人家族，主要包括人形机器人"阿特拉斯"（Atlas）、四足机器人 Spot、双轮机器人 Handle 等。

4. 关于多主义学派交叉的思考

近年来，很多学者提出了将符号主义、联结主义和行为主义三者贯通，最终实现机器通过模拟人类的思考方式，自身可以进行合理思考。三种人工智能主要流派均有自身的局限性，但是倘若可以将各自的优势都结合起来，可以在一定程度上探明人工智能的发展方向。例如，作为联结主义的典型代表，深度学习通过模拟人类大脑的学习方式，学习效果十分突出，但是传统深度学习模型的"黑盒"属性导致无法解释"学习效果为什么好"、对模型或好或坏的结果无法给出合理的解释，因此产生了当前深度学习驱动的人工智能缺乏可解释性的问题。针对上述问题，考虑到符号主义能够提供结构化、直观的逻辑推理过程，以及当前知识图谱相关技术的日趋成熟，因此结合联结主义与符号主义，便可以解释深度学习的学习机制，并且完成海量常识的学习，成为具有无线潜力的技术路线。

3.1.3 核心基石

算力、算法和数据，被认为是人工智能传统的"三大基石"，更确切地说是第二代人工智能（1976—2006 年）及第三代人工智能（2006 年至今）发展初期所仰仗的基石。当下随着人们对认知智能的理解加深与期望增加，知识，正在成为第三代人工智能的第四大基石。

1. 算力

算力包括具备计算能力的硬件和大数据基础设施。历次算力的发展都会显著推动算法层的进步，并促使技术的普及应用。在 CPU 的基础上，出现了擅长并行计算的图形处理器（Graphics Processing Unit，GPU）以及拥有良好运行能效比、更适合深度学习模型的现场可编程门阵列（FPGA）和应用专用集成电路（ASIC），新一代人工智能芯片的出现进一步显著提高了数据处理速度——异构/低功耗芯片兴起带来的运算力提升，与互联网大规模服务集群的出现、搜索和电商业务带来的大数据积累等，促成了人工智能的新一波爆发。

目前，人工智能的算力层面临巨大的挑战。随着 2012 年芯片 28 nm 的工艺出现，原先通过在平面上增加晶体管的数量来提升芯片性能的思路，因为量子隧穿效应而不再可取，摩尔定律开始失效。MOSFET 晶体管里最基础的单元，由平面结构变成立体结构（由 Planar 结构转向 FinFET 结构，2018 年之后进一步从 FinFET 结构转向 GAAFET 结构）——芯片结构的改变直接导致了芯片制造步骤的增加，最终体现为成本的上升：在 2012 年 28 nm 工艺时，处理器的生产大概需要 450 步；到 2021 年的 5 nm 工艺时，生产环节已经增加到 1 200 步（2022 年 7 月，韩国三星公司宣布量产基于 3 nm 制程的芯片）；对应到每 1 亿个栅极的制造成本上，从 90 nm 工艺到 7 nm 工艺，生产成本先下降后上升。这就使得摩尔定律的另一种表述形式——"同样性能的新品价格每 18 个月到 24 个月减半"不再成立。未来很可能见到的情况是，搭载了顶级技术和工艺生产的芯片的电子产品设备价格高昂，超过了一般消费者的承受力度。

要想彻底解决摩尔定律失效的问题，需要跳出当前芯片设计的传统冯•诺依曼（von Neumann）架构。类脑芯片、量子计算等都是潜力巨大的解决方案，但是这些方案距离成熟落地尚存距离，无法解决当下芯片行业的困局。以类脑芯片为例，其和传统结构的差异主要体现在两方面：一是类脑芯片中数据的读取、存储和计算是在同一个单元中同时完成的，即"存算一体"（用"存储"电荷的方式实现"计算"），彻底解决传统冯·诺依曼架构中"存储"和"计算"两个步骤速度不匹配的问题；二是单元之间的连接依靠事件驱动，就像人类神经元之间的连接一样。目前，行业内为了提升芯片性能，从 2012 年开始使用和广泛推广 Chiplet 技术，该技术的原理类似"搭积木"，即把一堆小芯片组合成一块大芯片，能够以较低的成本制造过于复杂的芯片，并且保证足够的优良率。

2. 算法

算法通常指各类机器学习算法。按照训练方法分类，人工智能算法主要可以分成无监督学习、有监督学习和半监督学习。强化学习、元学习、持续学习、自监督学习等最近热议的算法流派也是从上述流派中衍生而来的。按照解决实际问题的类型分类，当下成熟度较高、应用较广的代表性机器学习算法主要包括自然语言处理（Natural Language Processing，NLP）算法、计算机视觉（Computer Vision，CV）算法、自动语音识别（Automatic Speech Recognition，ASR）算法等。

（1）自然语言处理从流程上可以分成自然语言理解（Natural Language Understanding，NLU）和自然语言生成（Natural Language Generation，NLG）两个部分。早在 20 世纪 50 年代就产生了自然语言处理的任务需求，其中最典型的就是机器翻译（Machine Translation）；到 20 世纪 90 年代，随着计算机的计算速度和存储量大幅增加、大规模真实文本的积累产生，以及被互联网产业发展激发出的、以网页搜索为典型代表的基于自然语言的信息检索和信息抽取等需求出现，自然语言处理进入发展繁荣期，这一时期在传统的基于规则的处理技术中引入了更多数据驱动的统计方法，将自然语言处理的研究推向一个新高度；2010年以后，基于大数据和深度学习技术，自然语言处理的效果得到进一步优化，出现了专门的个性化推荐、智能翻译、对话机器人、智能助手等产品，这一时期的代表性里程碑事件主要包括配美国 IBM 公司的 Watson 系统参加综艺问答节目 Jeopardy（危险边缘），美国谷歌公司的神经网络机器翻译系统相比传统的基于词组的机器翻译在翻译的准确率上取得了非常强劲的提升等。本书重点研究的知识图谱相关技术以及基于知识图谱的可解释人工智能相关技术，属于自然语言处理算法研究范畴。

（2）计算机视觉算法主要包括图像处理、图像识别和检测、图像理解等分支算法。计算机视觉算法的历史可以追溯到20世纪60年代，"人工智能创始人"之一马文·明斯基（Marvin Minsky）团队编写程序让计算机向人类呈现它通过摄像头看到的影像。20世纪70年代到80年代，科学家试图从人类看东西的机理中寻求启发与借鉴，这一阶段的研究主要应用于光学字符识别、工件识别、显微/航空图片识别等领域。20世纪90年代，一方面得益于图形处理器、数字信号处理（Digital Signal Processing，DSP）芯片等图像处理硬件技术的飞速进步；另一方面源于人们开始尝试不同的算法（如统计方法和局部特征描述符等），计算机视觉技术取得了跨越式发展，并开始广泛应用于工业领域。进入21世纪，许多基于规则的传统处理方法被数据驱动的机器学习算法所替代，算法能够自行从海量数据中总结归纳物体的特征，然后进行识别和判断，涌现出了相机人脸检测、安防人脸识别、车牌识别等众多兼顾成熟度和实用价值的应用。2010年以后，深度学习技术的应用将各类视觉相关任务的识别精度大幅提升，极大地拓展了计算机视觉技术的应用场景，除了在传统安防领域应用外，也应用于商品拍照搜索、智能影像诊断、照片自动分类聚类等场景。总体而言，计算机视觉算法目前已经达到娱乐用、工具用的初级阶段；未来计算机视觉有望进入自主理解（甚至分析决策）的高级阶段，真正赋予机器"看"的能力，从而在智能家居、无人驾驶等应用场景发挥更大的价值。

（3）一个完整的语音处理算法主要包括前端的信号处理、中间的语音语义识别和对话管理、后期的语音合成等核心环节。第一个真正基于电子计算机的语音识别系统出现在1952年。20世纪80年代，随着全球性电传业务积累了大规模文本可作为机读语料用于模型的训练和统计，语音识别技术取得质的飞跃，研究重点侧重于大词汇量、非特定人的连续语音识别。20世纪90年代，语音识别技术基本成熟，但识别效果离真正实用还有一定距离，语音识别研究的进展也逐渐趋缓。随着深度神经网络被应用到语音的声学建模算法中，研究人员陆续在音素识别任务和大词汇量连续语音识别任务上取得突破；随着循环神经网络（Recurrent Neural Network，RecNN）的引入，语音识别效果进一步得到提升，在许多（近场）语音识别任务上达到了可以进入人们日常生活的标准。以美国苹果公司 Siri 等为代表的智能语音助手等应用的普及又进一步扩充了语料资源的收集渠道，为语言和声学模型的训练储备了丰富的语料，使得构建大规模通用声学模型成为可能。

3. 数据

目前，大部分高质量人工智能的实现和落地，首先需要大量的数据训练，这些数据包括文字、语音、影像以及用户行为等。数据是人工智能为不同的行业提供解决方案时所采集和利用的数据。当今，无时无刻不在产生数据，人工智能产业的飞速发展也萌生了大量垂直领域的数据需求——在人工智能行业技术中，数据相当于人工智能算法几乎无法替代的"饲料"。使用人工智能解决问题的步骤中，涉及数据的环节主要集中于数据收集、数据整理。其中，在数据收集环节中，数据的数量和质量直接决定了模型的质量；在数据整理环节中，在使用数据前需要对数据进行清洗和一系列处理（如标注等）工作。随着互联网、物联网等的普及，获取数据的成本越来越低，然而标注数据的成本、构建高质量大体量数据集的成本却在走高。然而，需要注意的是，大数据本身并不必然意味着大价值——数据是资源，然而要得到资源的价值，就必须进行有效的数据分析与价值凝练，当前最有效的数据分析途径主要依靠机器学习算法（包括深度学习算法）。另外，近年来众多研究已经证明百科类知识、特定业务知识和常识的引入，能够在一定程度上缓解人工智能算法对大规模、高质量数据的过度依赖。

4. 知识

如何将机器学习与逻辑推理相结合，是人工智能领域的"圣杯问题"之一。当前，人工智能技术发挥作用，需要数据、算法和算力三要素，然而现在需要把知识这个重要要素也考虑进来，甚至纳入人工智能智库层基础设施建设——知识凝聚了人的智慧、经验与行为模式。过去十几年，人们都是从数据驱动的角度来研究人工智能，现在需要把数据驱动和知识驱动结合起来：一方面逻辑推理非常容易来利用知识、证据和事实等；另一方面机器学习比较容易来利用数据。同时，利用知识、算力、算法和数据等四个要素，建立新的可解释和鲁棒性的人工智能理论与方法，发展安全、可信、可靠和可扩展的人工智能技术，被认为是当前发展人工智能的必经之路。

（1）理解是智能的基础。向更高级人工智能的发展已经引发一场关于"理解"的讨论，"图灵奖"获得者约书亚·本吉奥（Yoshua Bengio）将拥有人类理解能力的人工智能描述为：明白因果关系，理解世界如何运转；理解抽象的行为；知道如何使用以上知识去控制、推理和规划，即使是在此前未见过的场景中也依然拥有这种能力；解释发生了什么以及为什么会发生这种情况。然而，从以知识为中心的角度，对理解的定义是：用丰富的知识表示创建世界观的能力；获取和解释新信息以增强这种世界观的能力；对现有知识和新信息进行有效推理、决定和解释的能力。这种理解观点的先决条件是以下 4 种功能：具备丰富的知识；获取新的知识；能够跨实体和关系连接知识实例；对知识进行推理。

（2）知识是本书研究的重点。以知识作为重要基石之一的新一代人工智能已经是大势所趋。另外，对知识的重视和深入应用带动了以知识图谱为核心的知识工程相关研究的复兴和革新，知识图谱相关技术为人工智能提供了天然的解释工具和手段，成为通达可解释人工智能的一条重要技术途径。

3.1.4　发展层次

按照通往通用人工智能的发展阶梯，人工智能的发展层次目前经历了计算智能、感知智能和认知智能三个层次。上述发展层次对应着所处理信号的抽象程度的提高，也映射着对人工智能问题理解程度的深化，当前处于计算智能的"中后期"、感知智能的"中期"和认知智能的"早期"三者交叠区段。

1. 计算智能

计算智能，是快速计算和高通量记忆存储的能力。有人将计算智能定义为以计算机为中心，以算法理论为基础，充分利用现代计算机的计算特性，给出了解决实际问题的形式化模型和算法。人工智能所涉及的各项技术的发展是不均衡的，现阶段计算机比较具有优势的是运算能力和存储能力。计算智能早期的典型代表是 1996 年美国 IBM 公司的深蓝计算机战胜了当时的国际象棋世界冠军卡斯帕罗夫，从此人类在这样的强运算型比赛方面就无法战胜机器了。

新一代计算智能发轫于大数据（Big Data）时代，其相关成果是以多源异构大数据互联为基础，以大数据相关性分析和推理为主要手段。大数据的使用、算力的提升和深度模型的发展，为计算智能带来了新的契机。计算智能是当前人工智能发展最为成熟的层次,为感知智能和认知智能奠定了良好的"数据中台"支撑,至今依然保持着旺盛的生命力,当今众多应用依然依赖计算智能。但是,计算智能未来发展也面临着关键瓶颈,其原因主要是当前的计算智能是大数据工程化驱动的,其能力的提升过度依赖于数据规模的增加和计算速度的增长。

2. 感知智能

感知智能侧重于对抽象程度适中的视觉信号、语音信号等进行处理和理解,实现机器对世界的感知和对人类行为模式的识别。在神经网络驱动的深度理论与方法蓬勃发展的当下,在感知智能方面,基于卷积神经网络(Convolutional Neural Networks,CNN)、ResNet 等技术,感知智能在图像分类、人脸识别、语音识别等方面已达到与人相仿(甚至超过人类)的水平,推动了人工智能在安防、质检、医疗、自动驾驶等领域的落地。

正如"图灵奖"获得者约书亚·本吉奥(Yoshua Bengio)等在论文《因果表示学习》中总结的那样:目前人工智能的大多数成功都是源于对适当收集的独立同分布(Independent Identically Distributed,i.i.d.)数据的大规模模式识别——系统吸收可观察到的元素(包括声音信号、图像像素等),并建立模式和相关性,同时在基于识别的任务中产生出色的结果。然而,越来越多的人认为,算法必须超越表面相关性,跨越浅层感知层面,达到真正"理解"的水平,从而实现更高水平的机器智能——这种彻底的转变将使所谓的系统 2(System 2)和"人工智能第三波"(AI 3rd Wave)等成为可能。

3. 认知智能

美国英特尔公司实验室副总裁,被评为人工智能领域 50 位全球思想领袖和影响者之一的加迪·辛格(Gadi Singer)在《认知人工智能的崛起》一文中指出:更高水平的机器智能需要深层次的知识构建,这种知识构建可以将人工智能从表面相关性转化为真正"理解"这个世界。

近年来,基于 RecNN、Transformer、预训练(Pre-Training)、图神经网络(Graph Neural Network,GNN)技术,人工智能正由感知智能快速向认知智能迈进——计算机正在从"能说会看",向"能思考、能回答问题、能决策"等认知能力快速推进。计算机通过感知智能获得的是对世界的感知,而从感知智能过渡到认知智能后,将使得计算机理解人类语言并推理解题的能力大幅度提升。认知智能提供了从数据获取和分类到信息抽取和检索,到知识推理,再到洞见发现、撰写总结报告,最终形成决策的全方位的能力。

认知是一个抽象过程,主要包括了人类对概念的理解、逻辑的推理和自我解释的能力。目前的主流观点认为:人类的认知过程是对符号进行运算、加工等处理操作的过程,用符号操作的过程来模拟人脑对信息处理的过程。因为人类对世界的认知离不开理性的推理过程,而理性的推理过程可以通过形式化的语言(尤其是数理逻辑)来实现,其中数理逻辑的表征归根结底是符号表征。认知智能涉及的领域众多,无论是传统的心理学还是行为主义,在解释认知的过程中都有一定的局限性,因此亟需引入计算科学来解释人的认知行为。根据符号主义的观点,完整的符号操作系统具有 6 种功能:一是输入符号(输入);二是存储符号(储存);三是建立符号结构;四是条件性迁移;五是复制符号(复制);六是输出符号(输出)。而人类的认知过程与符号操作系统可以一一对应,因此可以使用计算机模拟人的认知行为。

对知识的可表示和可计算建模,是当前认知智能的研究重点。知识,通常指的是在一个社会环境中人与人之间普遍存在的日常共识、客观规律、世界事实,无论是任何学术问题或是人与人之间基本交流,都是基于常识来做进一步探讨的。对于人来说,知识的获取是极其容易的,并可以根据自己积累的知识进行认知和决策。然而,对于机器来说,要处理这些知识是极其困难的,原因如下:一是知识是一个整体的产物,与语境、周围的环境有着密切的联系,人类的认知机制可以通过利用知识将环境中的固有特征联系起来,通过某些具象或者抽象的特征迅速做出决策,而机器在决策过程中并没有这种"整体意识",即使是通过大量特征组合,依旧是割裂地进行决策;二是人类跟机器的最大差别就是对意识(尤其是对一些概念的抽象)的规制能力,人类可以自由控制自己的意识,建立认知架构,但是机器只能模拟人类意识的片段。

综上所述,环境和意识是相互作用的,只有人类可以主动地感知环境给意识带来的变化,并将这种变化调整到自我构建的认知过程中。

本书的研究重点是认知智能:知识图谱驱动的知识工程涉及抽象层次更高的语义信号表征、理解与推理,属于认知智能范畴。

3.2 第一代人工智能

1. 概述

按照目前被广泛认可的界定标准，迄今为止人工智能经历了三代，也称为人工智能的"三次浪潮"。1956 年，赫伯特·西蒙（Herbert A. Simon）预测 20 年内诞生完全智能的机器，虽然这并没有发生，但是带来了第一个人工智能的研究热潮——人工智能第一波浪潮是从 1956 年至 1976 年（又称为"古典人工智能"时期）。这个时期出现的"符号主义"与"联结主义"，分别是日后专家系统与深度学习的雏形。这一时期以符号主义为主，符号主义的核心是符号建模与逻辑推理，用符号表达的方式来研究智能、实现推理。例如，用机器证明一个数学定理：首先需要把原来的条件和定义从形式化变成逻辑表达；然后用逻辑的方法去证明最后的结论是对的还是错的。当时，在逻辑的抽象、逻辑的运算和逻辑的表达方面，研究人员花费了大量的精力。第一代人工智能与"计算机科学之父""人工智能之父"艾伦·图灵（Alan Turing）及其提出的"图灵测试"（Turing Test）紧密相关。图灵测试以及为了通过图灵测试而开展的技术研发，都在过去的几十年时间里显著推动了人工智能的发展，特别是自然语言处理技术的飞速发展。

2. 里程碑事件

人工智能正式成为一个学科被广泛研究，起源于 1956 年的达特茅斯会议（又名"人工智能夏季研讨会"）。在两个多月的会议中学者们讨论了用机器来模仿人类学习以及其他方面的智能这个课题，并在会议上首次提出了"人工智能"的概念——从本质上来说，人工智能是用计算机的技术来模拟、延伸和扩展人类的思维、技术和应用系统。人工智能开始以一个崭新学科的身份面世，这次会议被誉为"人工智能的起点"，1956 年也称为"人工智能元年"（图 3-2）。

1958 年，美国国防高级研究计划局（Defense Advanced Research Projects Agency，DARPA）成立，主要负责高新技术的研究、开发和应用。目前，DARPA 已为美军研发成功了大量的先进武器系统，同时为美国积累了雄厚的科技资源储备，并且引领着美国乃至世界高技术研发的潮流。1963 年，DARPA 给麻省理工学院、卡内基梅隆大学的人工智能研究组投入 200 万美元研究经费，开启了"数

图 3-2　1956 年的达特茅斯会议被认为是"人工智能的起点"

学与计算"项目，这个项目是麻省理工学院计算机科学与人工智能实验室的前身，培养了最早期的计算机科学与人工智能人才。

定理证明实际上是人工智能第一个浪潮中实现效果最好的，当时有很多数学家用定理思路证明了数学定理。例如，1958 年，图灵奖获得者约翰·麦卡锡（John McCarthy）就提出名为"纳谏者"的程序构想，将逻辑学引入人工智能研究中用于定理证明。配合这些工作，当时产生了很多与逻辑证明相关的计算机，统称为"逻辑程序语言"。例如，1958 年约翰·麦卡锡开发了适用于符号处理、自动推理、硬件描述和超大规模集成电路设计的程序语言 LISP，成为第一个最流行的人工智能研究程序语言。

这一时期出现了诸多里程碑式研究进展，诸多人工智能研究迈出"第一步"：1964—1966 年，麻省理工学院开发了 ELIZA 系统，这是世界上第一个自然语言对话程序和聊天机器人，能够通过简单的模式匹配和对话规则进行任何主题的英文对话。1942 年，美国科幻小说家艾萨克·阿西莫夫（Isaac Asimov）提出了称为"现代机器人学的基石"的"机器人学三定律"；1967—1972 年，日本早稻田大学发明了世界上第一个人形机器人 Wabot-1，不仅可以进行简单的对话，还能够完成在室内走动和抓取物体的动作，极大推动了计算机视觉的相关研究；同期，美国斯坦福国际研究所研制了移动式机器人 Shakey，成为世界上首台采用人工智能学的移动机器人，引发了人工智能早期工作的大爆炸；1956 年世界上第一家机器人公司"尤尼梅特"创建，1962 年，世界上首款工业机器人"尤尼梅特"开始在通用汽车公司的装配线上服役；1964 年，图灵奖获得者、专家系统之父爱德华·费根鲍姆（Edward A. Feigenbaum）等研究了世界上第一个专家系统 DENDRAL，能够自动做决策和解决有机化学问题；1956 年，世界上第一个字符识别程序研发测试成功，开辟了模式识别这一新的领域；1964 年，美国 IBM 公司的 IBM-360 型计算机成为世界上第一款规模化生产的计算机。

在人工智能研究初期，人们使用传统的人工智能方法进行研究——首先了解人类是如何产生智能的；然后让计算机按照人的思路去做。因此，在语音识别、机器翻译等领域迟迟不能突破，人工智能研究陷入低谷。此外，从 20 世纪 70 年代开始，当时的计算机有限的内存和处理速度不足以解决任何实际的人工智能问题，而公众一开始的预测又过于乐观，导致研究和期望产生了巨大的落差，公众热情和投资削减。20 世纪 70 年代中期进入第一次人工智能研究低谷——"人工智能寒冬"一词于 1974 年诞生，人工智能开始遭遇批评，研究经费也被从无方向的人工智能项目转移到那些目标明确的特定项目上。

3.3 第二代人工智能

1. 概述

第二代人工智能是从 1976 年到 2006 年，专家系统和人工神经网络开始兴起。所谓专家系统，即能够依据一组从专门知识中推演出的逻辑规则在某一特定领域回答或解决问题的程序。专家系统开始为全世界的公司所采纳，而对知识的处理逐渐成为主流人工智能研究的焦点。

2. 里程碑事件

1980 年，美国卡内基梅隆大学开发了 XCON 程序，这是一套基于规则开发的专家系统——当时的专家系统仅限于一个很小的知识领域，从而避免了常识问题；其简单的设计又使它能够较为容易地编程实现或修改。总之，实践证明了这类程序的实用性，直到这时人工智能才开始变得实用起来，但是这一时期专家系统的实用性仅限于某些特定场景或者任务，其能力主要来自它们存储的专业知识。知识库系统和知识工程成为20世纪80年代人工智能研究的主要方向：1984年，第一个试图解决常识问题的知识工程项目Cyc出现，其方法是建立一个容纳一个普通人知道的所有常识的巨型数据库。但是，到20世纪80年代末期，XCON等最初大获成功的专家系统维护费用居高不下、难以升级、难以使用、稳健性差等问题逐渐暴露出来。此外，那一时期的专家系统的实用性仅仅局限于某些特定情景。

（1）深度学习的前身——人工神经网络，取得了革命性的进展，相关研究成果与理论发现使1970年以来一直出于低谷的"联结主义"重获新生。神经网络在20世纪80年代复兴归功于物理学家约翰·霍普菲尔德于1982年证明一种新型的递归神经网络——Hopfield神经网络，能够用一种全新的方式学习和处理信息，可以解决一大类模式识别问题，还可以给出一类组合优化问题的近似解。此后，美国贝尔实验室在1987年成功在Hopfield神经网络的基础上研制出神经网络芯片。1986年，反向传播算法的提出，在世界上首次使得大规模神经网络训练成为可能。这是一种与最优化方法（如梯度下降法等）结合使用的、用来训练人工神经网络的常见方法：反向传播要求有对每个输入值想得到的已知输出，来计算损失函数梯度；开发者可以通过在犯错时纠正错误来训练他们的网络，在完成后模型会修改神经网络中的不同连接，确保下次遇到同样的问题时能得到正确的答案。反向传播算法的出现和优化升级，使得神经网络隐藏层可以学习到数据输入的有效表达，这就是目前成为学术界和产业界主流动力的神经网络乃至深度学习的核心思想，推动人工神经网络成为一种深刻影响时代的潮流。

（2）20世纪80年代末到90年代初，人工智能技术的发展进入其发展史上的第二次沉寂期。商业机构对人工智能的追捧与冷落符合经济泡沫的经典模式，泡沫的破裂也在政府机构和投资者对人工智能的观察之中。1984年，美国人工智能协会年会认为"人工智能寒冬"已经来临，人工智能泡沫很快就会破灭。与此同时，人工智能投资与研究资金也减少，正如人工智能第一次浪潮结尾时期出现的事情一样。1987年，人工智能硬件市场需求突然下跌。20世纪80年代末，DARPA认为人工智能并非"下一个浪潮"，因而大幅削减对人工智能技术的资助。

（3）进入20世纪90年代后，已经走过半个世纪的人工智能终于实现了它最初的一些目标：人工智能已被成功地用在某些技术产业中，不过有时是在幕后。

在经历人工智能的第二次低谷之后，科学家们显然更加理智，也从其他学科中充分汲取营养（包括统计学习理论、概率论、图模型等），这些方法带来了传统的机器学习方法的理论研究和应用。在这一段时间里，统计学习类的机器学习算法称为人工智能的代表。但是，由于它本身是一门数据驱动的应用学科，没有达到人工智能那样广泛的内涵，因此大家不再经常叫人工智能，也降低了对人工智能的期望，更倾向于利用这些方法来做一些更加实际的问题，研究和应用方向也覆盖了计算机视觉到语音识别等。

在这一时期，在现今深度学习驱动的人工智能热潮中扮演关键角色的各类神经网络的原始模型开始陆续出现。1980年，神经认知机（Neocognitron）模型被提出，这是第一个真正意义上的级联卷积神经网络，虽然具体的卷积方式和今天的卷积神经网络还有一定的区别。该模型受到脊椎动物的视觉神经系统的启发，具有位置特征的平移不变性，而且对形状的轻微畸变不敏感，同一时期卷积神经网络模型也被提出并使用（图3-3）。

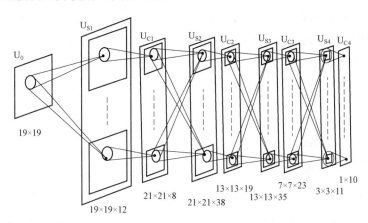

图3-3　1980年第一个真正意义上的级联卷积神经网络神经认知机模型被提出

3.4　第三代人工智能

1. 概述

第三代人工智能起始于2006年，很大程度上归功于深度学习技术的实用化进程。深度学习兴起建立在以图灵奖获得者、深度学习鼻祖杰弗里·辛顿

(Geoffrey Hinton)为代表的科学家数十年的积累基础之上,旨在把计算机要学习的东西看成一大堆数据。首先把这些数据输入进一个复杂的、包含多个层级的数据处理网络(深度神经网络)。然后检查经过这个网络处理得到的结果数据是不是符合要求——如果符合,就保留这个网络作为目标模型;如果不符合,就一次次地动态调整网络的参数设置,直到输出满足要求为止。从本质上,指导深度学习的是一种"实用主义"思想——实用主义思想让深度学习的感知能力和建模能力远强于传统的机器学习方法。但是,也意味着人们难以说出模型中变量的选择、参数的取值与最终的感知能力之间的因果关系,可解释性差的问题凸显。

关于深度学习与机器学习(Machine Learning)从概念范畴层面的区分概述如下。事实上,在 1956 年人工智能的概念第一次被提出后,世界上第一个版本的跳棋程序(被公认为合理人工智能技术的研究和应用的早期模型)的编写者亚瑟·塞缪尔(Arthur Samuel)提出:机器学习研究和构建的是一种"特殊"的算法,而非某一个"特定"的算法。因此,机器学习是一个宽泛的概念,指利用算法使得计算机能够像人一样从数据中挖掘出信息。深度学习只是机器学习的一个子集,是比其他学习方法使用了更多参数、更复杂模型的一系列算法。

2. 里程碑事件

2006 年,杰弗里·辛顿等在《科学》杂志上发表了史诗级论文,被誉为"深度学习领域开山之作"的《神经网络数据降维》(*Reducing the Dimensionality of Data with Neural Networks*),正式揭开了新的训练深层神经网络算法的序幕,通常被认为是人工智能第三次浪潮的发源,其实彼时还远远没有引起学界的重视。2009 年,斯坦福大学的李飞飞等正式发布大型的开源数据库 ImageNet 项目(包含超过 1 000 万数据和 20 000 多个类别),并于 2010 年开始举办 ImageNet 大规模视觉识别挑战赛,从此揭开了计算机视觉研究的新序幕。此后,以深度学习为代表的技术,引领了当下的人工智能热潮。随着近年来数据爆发式的增长、计算能力的大幅提升以及深度学习算法的发展和成熟,我们已经迎来了人工智能概念出现以来的第三个浪潮期。

虽然 2006 年杰弗里·辛顿在《科学》杂志上发表的论文有里程碑式的学术意义,但是人工智能第三次浪潮的兴起还是要从工业界发生的具有足够震撼力的标志性事件开始算起——验证新技术是否足够好的最好方法就是和其他方法以及人类进行博弈——这也是"图灵测试"的精髓所在。2010年后，微软Siri、谷歌Assistant、亚马逊Alexa等移动端个人助手进入大众视野：不再是仅仅基于开发者手动制定的一些规则来"照本宣科"，而是借助了机器学习与自然语言处理等技术达到对语言文字的理解。分析文字中的情感，进而能更好地解决实际应用中复杂的场景。2011年，美国IBM公司开发的自然语言问答计算机Watson在益智类综艺节目危险边缘（Jeopardy）中击败两名前人类冠军（图3-4）。深度学习于2009年被引入语音识别领域，短短几年时间内，其在TIMIT数据集上基于传统的混合高斯模型的错误率就从21.7%下降到17.9%，引起业界广泛关注。2012年，在计算机视觉领域的"圣殿级"竞赛——ImageNet大规模视觉识别挑战赛中，新一代卷积神经网络模型AlexNet，以降低10%错误率的进步力压第二名以特征工程为核心的模型，从此人类设计的特征再也不是机器自主学习特征的对手。

图3-4 2011年，美国IBM公司的Watson系统在益智类综艺节目"危险边缘"中击败两名前人类冠军

围棋在很长一段时间内都被认为是机器不可能超越人类的领域——这是因为围棋具有很高的复杂性，围棋中的棋步组合比宇宙中的原子数量还多，而且每次落子对情势的好坏也飘忽不定。因此，暴力搜索法、Alpha-Beta剪枝、启发式搜索的传统人工智能方法在围棋中很难奏效。2016年，美国DeepMind公司的AlphaGo以4∶1的成绩战胜了世界围棋冠军李世石。AlphaGo使用了蒙特卡罗树

搜索与评估网络和走棋网络两个深度神经网相结合的方法，其中一个是以估值网络来评估大量的选点，而以走棋网络来选择落子。2017 年，AlphaGo Master 与人类实时排名第一的棋手柯洁对决，最终连胜三盘；同年，新一代 AlphaGo Zero 利用自我博弈对抗迅速自学围棋，仅训练 3 天便以 100:0 的成绩完胜初代版本、训练 40 天后以 89:11 的比分战胜 AlphaGo Master。AlphaGo Zero 不依托于人类任何先验成果，完全靠自我对弈学习下棋。此前，AlphaGo Master 等都是用上千盘人类业余和专业棋手的棋谱进行训练。

3. 当前人工智能发展存在的缺陷分析

虽然人工智能已经跨过岁月长河取得长足进展并且为人类社会进步带来实实在在的促进作用，但是当前人工智能还存在很多缺陷。

（1）缺乏可解释性。虽然实用主义思想驱动的深度学习技术与应用的感知能力和建模能力远强于传统的机器学习方法，但其"黑盒属性"十分明显，人们难以明确辨析出模型中变量的选择、参数的取值与最终的感知能力之间的因果关系，直接降低了人工智能的可信性，不利于人工智能未来在"人机互信""人机共生"的人工智能必经之路上的发展。如何提高人工智能的可解释性，是本书研究的重点。

（2）稳健性较差。由于对抗攻击给深度学习模型带来的潜在恶意风险，其攻击不但精准且带有很强的传递性，给深度学习模型的实际应用带来了严重的安全隐患，迫切需要增强深度学习模型自身的安全性，发展相应的深度学习防御算法，降低恶意攻击带来的潜在威胁。目前的深度学习防御算法主要有两类思路：一是基于样本/模型输入控制的对抗防御，在模型的训练或者使用阶段，通过对训练样本的去噪、增广、对抗检测等方法，降低对抗攻击造成的危害；二是基于模型增强的对抗防御，通过修改网络的结构、模型的激活函数、损失函数等，训练更加稳健的深度学习模型，从而提高对对抗攻击的防御能力。

（3）依赖标注数据规模和质量。目前，大部分成熟的人工智能应用都是通过有监督学习模式（利用大规模、高质量的已标注训练数据对分类器的参数进行调整，使其达到所要求的性能）。但是，一方面从理论角度而言有监督学习不足以被称为真正的"智能"；另一方面现实场景下生活中数据稀疏和低质量问题普遍而且标注数据成本较高。反观人类的学习过程，许多都是建立在与事物和环境的交互与不断试错中，通过人类自身的体会、领悟，总结归纳和推理得到对事物的理解，并将之应用于未来的生活中，而当前人工智能的局限就在于缺乏这些"常识"。因此，亟待从有监督学习向半监督学习甚至无监督学习演进，无监督学习领域近期的研究热点包括生成对抗网络（Generative Adversarial Network，GAN）、强化学习（Reinforcement Learning，RL）等。

（4）训练成本过于高昂。美国麻省理工学院在2020年发表了一项基于1 058篇深度学习的论文和数据的研究，得出结论：如果想提升x倍的深度学习性能，最少需要用x^2倍的数据去训练模型，并且这个过程要消耗x^4倍的计算量（这样失衡的比例关系也仅是理论上的，实际上的比例会更加失衡）。因此，可以预见深度学习会随着计算量的限制，在到达某个性能水平后停滞不前。此外，随着10年之前芯片进入28 nm制程后的量子隧穿（效应导致摩尔定律失效，"每提升1倍算力就需要1倍能源"的后摩尔定律或将成为人工智能时代的瓶颈，算力的发展也将极大受制于能源。以今天地球资源状况来看，在"碳中和"大背景下，想把一些常用的模型错误率降低到人们满意的程度，代价可能会高到人类不能承受。因此，人工智能的下一步发展需要关注可大幅降低训练成本的新算法创新。全球如何在减少化石能源、提升清洁能源占比，从而确保减少碳排放遏制全球升温的同时，持续提升能源使用量级，将推动一系列能源技术革命。

（5）缺乏对非凸优化问题的解决能力。目前，机器学习（包括深度学习）研究的大部分问题，都可以通过加上一定的约束条件，转化或近似为一个凸优化问题（凸优化问题是指将所有的考虑因素表示为一组函数，然后从中选出一个最优解），而凸优化问题一个很好的特性是局部最优就是全局最优，这个特性使得人们能通过梯度下降法寻找到下降的方向，找到的局部最优解就会是全局最优解。然而，在现实应用场景中，包含了大量的非凸优化问题，反观真正符合凸优化性质的问题和任务其实并不多，目前人工智能研究集中于对凸优化问题的关注仅仅是因为这类问题更容易被解决。现在还缺乏针对非凸优化问题行之有效的算法，直接限制了人工智能技术在现实生活中应用的深度和广度。因此，亟待从解决凸优化问题到解决非凸优化问题转变。

本书重点针对当前人工智能缺乏可解释性的问题，展开研究和论述，重点讨论知识图谱对于提高人工智能可解释性的重要影响和作用机理。目前，可解释人工智能已经成为人工智能发展历程中不可回避的一个命题,已经成为新一代人工智能发展的一个重要分支。

3.5 可解释人工智能

得益于大数据以及机器学习模型的不断发展,人工智能技术已经可以实现某种程度上的自主决策。例如,自动驾驶汽车仅通过观察人类司机的驾驶方式,自主生成操纵方向盘、刹车和其他行动指令,实现自主驾驶。一方面研究人员发现已经无法完全理解人工智能系统的决策过程,难以分辨人工智能系统某个具体行动背后的逻辑;另一方面人工智能模型所自动选取的特征与人类识别事物的方式也存在差异,而更复杂、更先进人工智能模型的出现,加剧了人工智能系统自动化决策流程的无法解释性。

以当前席卷自然语言处理、计算机视觉、语音识别等多个领域的预训练模型为例。当前,认知智能会同感知智能,正在对提升各行各业的数智化水平产生深远的影响——其中最重要的一项突破是预训练模型技术。作为自然语言理解、计算机图像等诸多人工智能热点领域的新范式,首先通过无监督学习方式从大规模无标注文本(或视觉信号等)中学习语言模型;然后通过迁移学习对下游任务进行端对端的微调(Fine-Tune)。这个新范式大幅度提升了各项自然语言处理、音视频理解任务性能,包括机器翻译、聊天、对话、搜索、摘要、问答、推理和决策等。将这种从开放领域学到的语言知识迁移到下游任务,有利于改善低资源的任务,以及低资源语言(如小语种和少数民族语言等)的任务;在支持一个新任务时,只需要在通用预训练模型支持下,利用该任务的标注数据进行微调即可——这种"预训练-微调"机制有效提升了开发效率,同时标志着自然语言处理进入到工业化实施阶段。然而,这类模型的可解释性比较差,对以常识为代表的知识的建模能力以及逻辑推理能力较弱。

在这种情况下,可解释人工智能应运而生,并被高度重视和广泛研究与应用,其发轫于第三代人工智能的发展过程中(从概念范畴,可解释人工智能属于第三代人工智能),引领第三代人工智能向着新阶段发展和演变。

3.5.1 背景与意义

1. 背景

以深度学习为主的机器学习的巨大成功创造了新的人工智能能力的爆炸式增长，人工智能的持续进步有望产生能够自动化、智能化感知、学习、决策和行动的自主系统。这些系统对于社会、经济、国防等各个方面提供了巨大的益处，但它们的有效性始终受到机器无法向人类用户解释其决策和行动的限制。可解释的人工智能对于用户理解、适当信任和有效管理新一代人工智能合作伙伴至关重要。

可解释性在某种程度上是人工智能成功的结果与标志之一。在人工智能的早期（特别是第一代和第二代人工智能时期），主要的推理方法依托于逻辑和符号，这些早期人工智能系统通过对（某种程度上）人类可读符号执行某种形式的逻辑形式来进行推理。因为这些早期系统可以生成其推理步骤的痕迹，所以可以作为解释的基础。为此，学术界和工业界在如何使人工智能系统可解释方面开展了大量工作。然而，大量实践证明，这些早期的人工智能系统的建造成本太高，对于现实世界的复杂性来说缺乏稳健性，而且性能受限，难以泛化。后来，人工智能不断成熟，伴随着学术界开发了全新的机器学习技术，这些技术可以使用它们自己的内部表示（如支持向量、随机森林、概率模型、深度神经网络等）来构建理解和刻画世界的各种模型。虽然这些新模型相比较于传统基于逻辑和符号的模型更有效，但是"黑盒"属性变得更强、更不透明且难以解释。

特别是 2006—2015 年（2015 年被认为是可解释人工智能需求的转折点），机器学习经历了快速发展的 10 年之后，人类对于即将到来的强人工智能时代充满了期待和猜测，如何理解、信任和管理这些神秘的、看似高深莫测的人工智能系统，成为人类普遍关心的问题。

2. 意义

尽管在机器学习等诸多人工智能技术和系统上已经产生大量创新，但人工智能可解释性问题目前并没有像在其他人工智能子领域那样得到深入研究（图3-5）。然而，人工智能系统的可解释性问题以及与责任、有效性、隐私保护和更广泛的信任相关的问题的答案，将与人工智能在社会、经济、医疗、军事等领域中的大规模应用产生强相关的内在联系，尤其是在使用关键系统的工业中。事实上，可以用来调试智能系统或决定实时遵循建议的解释，将提高用户对人工智能的接受度和信任度（图3-5）。

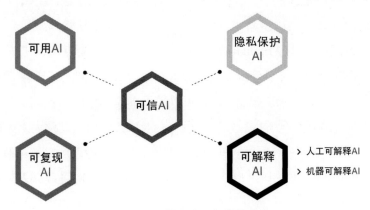

图3-5 可解释人工智能的意义

3.5.2 定义与目标

1. 定义

解释（Explanation或Interpretation）通常以一种人类可理解的方式将实例的特征值与其模型的预测值联系起来。哲学、心理学、计算机科学等不同的学科以不同的视角理解和阐述"可解释性"（Explainability或Interpretability），学者们普遍认为解释与因果推断间存在密切联系，但是"可解释性"目前尚无数学上的定义。澳大利亚墨尔本大学的人工智能专家蒂姆·米勒（Tim Miller）对可解释性给出了相对宽松的定义：展示自己或其他主体做出的决定所依赖的原因。并归纳出可解释性的四个特征：一是解释是对照性的，即人们经常问"为什么结果是这样，而非那样？"；二是人选择性地（或者以有认知偏差的方式）采纳解释；三是概率或许不是最终重要的影响因素；四是解释根植于现实场景，解释者要考虑具体的场景，也要考虑听取解释者的特征。美国谷歌大脑人工智能专家比姆·金（Beem Kim）将可解释性定义为：可解释性是指人们能够一致地预测模型结果的程度，模型的可解释性越高，人们就越容易理解为什么做出某些决策或预测。如果一个模型的决策比另一个模型的决策能让人更容易理解，那么它就比另一个模型有更高的解释性。意大利比萨大学的里卡多·吉多蒂（Riccardo Guidotti）将可解释性定义为：可解释性指使用解释作为人类和智能模型之间的接口与桥梁，作为模型代理能够被人类所理解。美国哈佛大学助理教授多希·维莱兹（F. Doshi Velez）将可解释性定义为：可解释性是一种以人类认识的语言（术语）给人类提供解释的能力。

可解释人工智能（eXplainable AI）是当今广泛采用的术语，目前学术界对于可解释性存在不同视角的定义。本书采用的针对"可解释人工智能"的定义为：针对特定用户，可解释人工智能，是指可以提供细节和原因以使人工智能模型运转能够被简单、清晰地理解的技术，泛指所有能够帮助用户理解人工智能模型行为的技术。目前，业界比较认可的针对"可解释人工智能"的定义包括如下：来自西班牙、法国的 8 家科研机构共计 12 位学者联合发布的可解释人工智能综述论文《可解释人工智能：负责任人工智能的概念、分类、机遇和挑战》（*Explainable Artificial Intelligence（XAI）: Concepts, Taxonomies, Opportunities and Challenges toward Responsible AI*）将可解释人工智能定义为针对特定的听众用户可以提供细节和原因以使模型运转能够被简单、清晰地理解的技术；机器学习是人工智能的重要分支，对可解释机器学习（Interpretable Machine Learning，IML），德国慕尼黑大学可解释机器学习专家克里斯托弗·莫尔纳（Christoph Molnar）给出定义：可解释机器学习是指使机器学习系统的行为和预测对人类可理解的方法和模型。

2. 目标

可解释人工智能旨在创建一套新的或改进的机器学习技术，将"黑盒"人工智能决策转化为可解释的决策推断，保证智能决策高性能的同时给出合理的可解释模型，使人类用户能够理解、信任并有效地管理人工智能。

可解释人工智能的用户依赖于人工智能系统产生的决策（或建议）或者它采取的行动，因此需要了解系统的基本原理。例如，从大数据分析系统接收建议的情报分析师需要了解该大数据分析系统为什么建议某些内容，需要进一步调查。同理，执行自主系统任务的操作员需要了解系统的决策模型的机理，以便在未来的任务中适当地使用它。可解释人工智能需要能够为用户提供解释，使用户能够了解系统的整体优势和劣势，具备对其在不同情况下的表现的理解，并且可能允许用户反馈和纠正人工智能系统的错误。

可解释人工智能的研究通常假设机器学习性能（如预测准确性等）和可解释性之间存在固有的矛盾关系。这个假设与大量的研究结果相向而行：通常，性能最高的算法（如深度学习算法）是最难解释的，而最可解释的算法（如决策树算法）是最不准确的。因此，可解释人工智能也在探索创建一系列新的机器学习和解释技术，涵盖"性能－可解释性"交互与平衡空间。如果实际应用需要更高的性能，那么可解释人工智能将包括更加侧重于性能但是同时兼顾可解释的高性能的深度学习技术；如果应用系统需要更多的可解释性，那么可解释人工智能将包括可解释性更强、性能适中的模型（图3-6）。

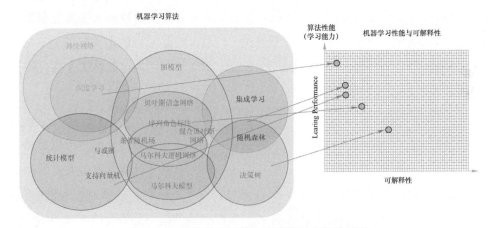

图3-6　机器学习性能和可解释性之间的矛盾

3. 内涵

可解释人工智能的内涵特征存在多样性：一是可信任性，当面对人工智能产生的一个决策时，人类认为模型性能的置信度高，具有鲁棒性和稳定性，还能产生可靠的、可信的解释；二是公平性，从社会角度出发，提供的解释要具有保证模型决策公平的能力，使模型能够进行道德分析，可识别出模型中存在的偏见；三是交互性，构建模型时终端用户能够更多地参与到过程中，终端用户可以对模型施加影响，获得一定的控制权；四是因果性，当前的人工智能模型大多揭示了数据之间的相关关系而没有揭示因果关系，因此除了相关性解释之外还需因果性解释。

可解释人工智能技术所产生的解释应具备的性质，主要包括如下几个方面：一是准确性，用于解释"预测看不见的数据会如何"。如果将解释代替机器学习模型进行预测，那么高准确性尤为重要。如果机器学习模型的准确性也很低，并且目标是解释黑盒模型的作用,在这种情况下保真度比准确性更重要。二是保真度,用于解释"对黑盒模型预测的近似程度如何"。低保真度的解释对解释机器学习模型是无用的。准确性和保真度密切相关,如果黑盒模型具有较高的准确性并且解释有高保真度,则解释也具有较高的准确性。三是一致性,用于衡量经过相同任务训练并产生相似预测的模型之间的解释有多少不同。例如,我们在同一个任务上训练两个模型,两者都产生非常相似的预测,然后我们选择一种解释方法去产生解释,并分析这些解释之间的差异。如果解释非常相似,说明是高度一致的。四是稳定性,用于衡量类似实例之间的解释有多相似。一致性是比较模型之间的解释,而稳定性则比较同一模型的相似实例之间的解释。高稳定性意味着实例特征的细微变化基本上不会改变解释,缺乏稳定性可能导致解释方法受到待解释实例的特征值的微小变化的强烈影响。五是可理解性,用于衡量人类对解释的理解程度如何。该性质较难定义,目前比较容易接受的观点是可理解性取决于受众。衡量可理解性的手段包括测量解释的大小(线性模型中非零权重的特征的数量、决策规则的数量等)或测试人们如何从解释中预测机器学习模型的行为,此外还应考虑解释中使用的特征的可理解性,特征的复杂转换可能还不如原来的特征容易理解。六是确定性,用于解释"是否反映了机器学习模型的确定性",许多机器学习模型只给出预测而没有关于预测正确的模型置信度的描述。七是重要程度,用于解释"在多大程度上反映了解释的特征或部分的重要性",如果生成决策规则作为对单个预测的解释,那么是否清楚该规则的哪个条件最重要。八是覆盖率,用于衡量一个解释能覆盖多少个实例、多少场景等,即衡量解释可以覆盖整个模型还是只覆盖单个预测。

评估可解释人工智能包括三个主要层次。一是应用级(Application-Level)评估,从实际任务层面将解释放入产品中,由最终终端用户进行测试。例如,带有机器学习和人工智能组件的骨折检测软件,可以定位和标记 X 射线片中的骨折。在应用层面,放射科医生将直接测试骨折检测软件来评估模型,这需要一个良好的实验装置和对如何评估质量的理解,一个很好的基准是人类在解释相同决策时的表现。二是人员级(Human-Level)评估,从简单任务层面实施简化的应用级评估。这些实验不是由领域专家进行的,而是由非专业人员进行的。这使得实验更廉价(特别是如果领域专家是放射科医生的话),并且更容易找到更多的测试人员。例如，向用户展示不同的解释，而用户会选择最好的解释。三是功能级（Function-Level）评估，从代理任务层面实施评估，不需要人工介入。当所使用的模型类已经由其他人在人员级评估中进行了评估时，这是最有效的。例如，可能知道最终用户了解决策树。在这种情况下，树的深度可能可以用来表示解释质量的好坏，较短的树将获得更高的可解释性得分。增加这种约束条件是有意义的，即与较深的树相比，树的预测性能保持良好且不会降低太多。

3.5.3 研究内容

可解释人工智能研究内容主要分为 5 类，这 5 类研究内容也绘制出可解释人工智能研究的发展脉络，体现出从感知智能到认知智能的转变（图 3-7）。

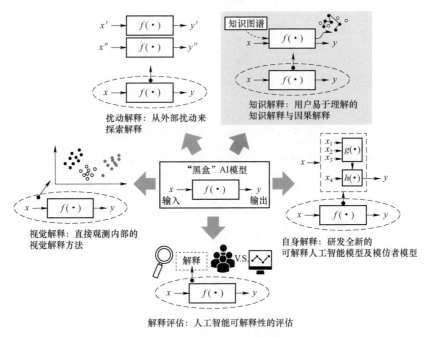

图 3-7 可解释人工智能分类

（1）直观探测内部的视觉解释方法（简称"视觉解释"）：可视化定位和显示对决策有效的关键特征，探寻神经元内部运行规律和工作原理，实现人工智能"黑盒"模型运行机理可视化。对于传统从外界无法窥探到"黑盒"内部逻辑的人工智能模型（以深度神经网络模型为例），通过可视化等技术手段，实现对信息流的流程、关键神经网络层和关键神经元节点核心功能等进行可视。该实现途径是提高可解释性的最直观，也是开展研究时间最早的途径，相关工作在计算机视觉领域实践较多，主要包括使用反卷积网络来可视化卷积网络的层级、基于反向传播的解释、基于激活映射的解释等技术手段。

（2）从外部扰动来探索解释（简称"扰动解释"）：通过扰动输入数据观察输出变化进行解释，从而探索训练数据对决策的影响，无须了解模型的参数和结构，主要包括局部扰动解释、影响函数解释等技术手段。该实现途径目前已实现对图像分类、文本分类等简单任务的解释。

（3）用户易于理解的知识解释与因果解释（简称"知识解释"）：基于知识的解释连接人类知识和人工智能决策，主要包括提取内部知识的解释、引入外部知识的解释等技术手段。另外，阐释决策的前因后果关系以实现动因定位，主要包括基于模型的因果解释、基于实例的因果解释等技术手段。该实现途径是当前研究热点，实现可解释人工智能的主要抓手，侧重探索引入和依托知识图谱资源及相关技术，对人工智能模型的输出决策结果提供解释和动因溯源能力，已能够实现自动生成针对个性化推荐结果的溯源路径等。

（4）研发全新的可解释人工智能模型及模仿者模型（简称"自身解释"）：以模型机理与结果可解释为目标，从理论层面设计和开发全新的具备可解释性的人工智能模型。另外，开发与深度学习模型无关的可解释性技术，用传统具备可解释性的模型"还原"深度学习模型，从模仿者的结构来研究可解释性。该实现途径侧重基础理论研究，是研究难度最大的途径，目前已实现使用一些可解释性的传统机器学习模型（如决策树模型等）去模仿深度学习模型。

（5）人工智能可解释性的评估（简称"评估解释"）：评估可解释交互的心理伦理特征以及人机交互因素，评估前述可解释人工智能所产生的解释的性质。

本书重点研究上述第三点"用户易于理解的知识解释与因果解释（知识解释）"：侧重探索引入和依托知识图谱资源和相关技术，聚焦智能推荐、关系推理、问答对话等应用场景，对人工智能模型的输出决策结果提供解释和进行动因溯源，或者提高人工智能模型的可解释能力。

用于提高人工智能可解释性方法的主要性质如下。一是表达能力，是该解释方法能够产生的解释的"语言"或结构的可被人类用户理解的能力。例如，解释方法可以生成 IF-THEN 规则、决策树、加权和、自然语言或其他形式的解释，上述不同形式的解释的表达能力不同。二是透明度，描述解释方法依赖于查看人工智能模型（如其参数）的程度。例如，依赖于本质上可解释模型（如线性回归模型）的解释方法是高度透明的，而仅依赖于修改输入和观察预测的方法的透明度较低。在现实应用中，根据具体情况可能需要不同程度的半透明度，通常高透明度方法的优点是该方法可以依赖更多的信息来生成解释，低透明度方法的优点是解释方法更易于移植。三是可移植性，描述能够使用解释方法的机器学习模型的范围，低透明度的方法通常具有较高的可移植性，因为它们将机器学习模型视为黑盒。四是算法复杂度，描述了生成解释的方法的计算复杂性，当计算时间成为生成解释的瓶颈时，必须考虑此性质。

3.5.4 典型项目

近年来，欧美等人工智能技术发达的国家和地区，已部署开展多项可解释人工智能相关项目。其中，以美国 DARPA 的可解释人工智能（XAI）项目最具代表性。

1. DARPA 可解释人工智能（XAI）项目

DARPA 认为，机器学习的巨大成功导致了人工智能应用的新浪潮（如交通、安全、医疗、金融、国防等），这些应用提供了巨大的好处，但无法向人类用户解释它们的决定和行动。因此，DARPA 的 XAI 项目致力于创建一种全新的人工智能系统，其学习的模型和决策可以被最终用户理解并适当信任。实现这一目标需要学习更多可解释的模型，设计有效的解释界面和理解有效解释心理诉求的方法。DARPA 于 2015 年制定了 XAI 项目的初步计划，旨在使最终用户能够更好地理解、信任和有效管理人工智能系统；2017 年，为期 4 年的 XAI 研究计划启动；2019 年，DARPA 公布 XAI 发展的中期总结；2021 年，XAI 项目结束。

整体而言，XAI 项目旨在创建一套全新的机器学习技术，能够产生更多可解释的模型同时保持高水平的学习成绩（如预测准确性等），能够使人类用户理解、适当地信任并有效地管理新一代人工智能合作伙伴。XAI 项目分为三个主要技术领域（Technical Areas，TAs），如图 3-8 所示。一是可解释的学习方法（XAI Explainable Learner Approaches），开发新的 XAI 机器学习和可解释技术以产生有效的解释性；二是可解释的心理模型（Psychological Models of Explanation），通过总结、延伸和应用可解释心理学理论，来理解可解释心理；三是可解释的评估，在数据分析和自主系统这两个挑战问题领域评估新的 XAI 技术。

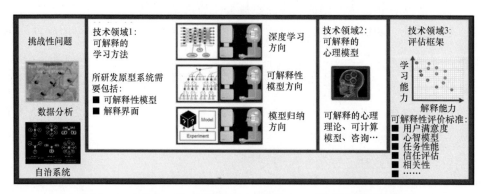

图 3-8　DARPA 的"可解释人工智能（XAI）"项目整体架构

技术领域 1（可解释的学习方法）重点在于研究训练过程、模型表示以及重要的解释交互。可解释的学习方法将寻求开发对机器学习算法专家来说本质上更易于解释和更"内省"的机器学习模型，利用深度学习或混合深度学习方法来产生除预测结果之外的解释，模型归纳技术将从更不透明的"黑盒"模型创建近似可解释的模型；此外解释交互被认为是 XAI 的一个关键元素，能够将人工智能用户连接到模型，使用户理解决策过程并与之交互。XAI 项目选择了 11 个研究团队来开发可解释学习方法，探索了许多机器学习方法。例如，易处理的概率模型和因果模型、强化学习算法生成的状态机、贝叶斯教学、视觉显著图、生成对抗网络结构解剖等解释技术，其中最具挑战性和最独特的贡献来自机器学习和解释技术的有机结合，以进行精心设计的心理实验来评估解释的有效性。

技术领域 2（可解释的心理模型）旨在总结当前的解释的心理学理论，以协助 XAI 开发人员和评估团队。这项工作始于对解释心理学的广泛文献调查以及之前关于人工智能可解释性的工作，重点在于对当前的解释理论进行总结。首先根据这些理论开发解释的计算与量化模型，然后根据 XAI 开发人员的评估结果验证计算模型，XAI 项目选择了一个团队来开发可解释的心理模型。

技术领域 3（可解释的评估）由美国海军研究实验室（NRL）领导的评估小组开发了一个解释评分系统，基于一组领域专家的建议并使用内容有效性比进行验证，该解释评分系统提供了一种用于评估 XAI 项目用户研究设计的定量机制。评估用户研究的多个要素，包括任务、领域、解释、解释的交互、用户、假设、数据收集和分析等。可解释人工智能评价指标主要包括功能性指标、学习绩效指标、解释有效性指标等。通常评估可解释人工智能算法的性能需要多种类型的度量，包括性能、功能、解释有效性等。XAI 研究原型在整个项目过程中经过测试和持续评估。

XAI 项目所产生的新的机器学习系统将能够解释它们的基本原理，表征它们的优点和缺点，并传达对它们将来如何表现的理解。实现该目标的策略是开发新的或改进机器学习技术，以产生更多可解释的模型。这些模型将结合最先进的人机界面技术，能够将模型转化为最终用户可理解和有用的解释对话（图 3-9）。

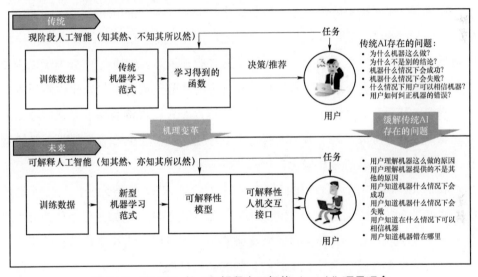

图 3-9　DARPA 的"可解释人工智能（XAI）"项目理念

XAI 项目通过解决两个技术领域的挑战问题，专注于多系统的开发：一是数据分析问题（重点针对分类学习问题等），用于对异构、多媒体数据中感兴趣的事件进行分类；二是自主性问题（重点针对强化学习问题），为自主系统构建决策策略，以执行各种模拟任务。这两个挑战问题领域被选择来代表两个重要的机器学习方法（分类和强化学习）和两个重要的国防部操作问题领域（情报分析和自主系统）的交叉点。

XAI 计划的主要结论如下。一是可解释性可以在一定程度上提高性能。训练人工智能模型以产生解释,通过额外的损失函数、训练数据或其他机制来提供额外的监督,以鼓励系统学习更有效的世界表征。虽然这可能并非在所有情况下都是正确的,并且在可解释的技术何时将具有更高性能时仍有大量工作要做,但XAI项目论证了一个前景:未来的可解释人工智能系统可以在满足用户解释需求的同时比当前系统具有更高的性能。二是可解释人工智能没有通用的解决方案。不同的用户类型需要不同类型的解释,这与我们与其他人互动时所面临的没有什么不同。例如,考虑一名医生需要向其他医生、患者或医学审查委员会以不同的方式解释诊断,或许未来的可解释人工智能系统将能够自动校准并向大量用户类型中的特定用户传达解释,但这仍然远远超出了当前的技术水平。

2. DARPA"人工智能探索(AIE)"项目

2018年,DARPA启动"人工智能探索"(Artificial Intelligence Exploration,AIE)项目,探索人工智能类人水平的交流和推理能力,使系统能够解释自身做出的决定。AIE项目延续了DARPA在人工智能领域开创性研发的50年路线图。过去的DARPA投资促进了"第一波"人工智能(基于规则为主)和"第二波"人工智能(基于统计学习为主)相关技术发展,AIE项目将专注于"第三波"人工智能(侧重于可解释人工智能)的应用及理论,旨在让机器适应不断变化的情况,提出并论证新人工智能概念的可行性。

以AIE项目中的"自动化科学知识提取"(ASKE)任务为例,其目标是开发能够使科学知识的探索、整理和应用的一些过程更加自动化的或者代替人工的人工智能技术,确定人工智能如何以及在哪些方面可以加速科学建模的过程,并最终提高研究人员进行严格和及时的实验和验证的能力。

科学模型(或者复杂系统)的概念表述,被无数的科研团队用来理解和解释我们周围的世界。通过计算创建这些模型在很大程度上是一项手工操作的、耗费精力的烦琐任务,需要从堆积如山的研究中寻找相关内容,然后执行多步骤流程来建立、验证和测试所产生的模型。在这个过程的每一步都有很多机会遗失信息或者发生其他错误,这使创建模型的挑战更加复杂。ASKE任务通过开发定位新数据和科学资源的方法来应对这些挑战,梳理有用的信息,首先将这些发现与现有的研究进行比较;然后将相关数据整合到机器收集的专家模型中,并以高效的方式执行。

ASKE 任务研究内容分为两个技术领域：一是研究人员探索如何使用人工智能从研究中提取有用的信息并将其纳入新的模型；二是人工智能使用这些新开发的模型来帮助研究人员理解建模系统，用于回答复杂的问题或进行预测。相关研究成果包括：设计了从现有模型中自动提取知识和信息的方法（包括不同的数据类型，如书面文本、方程式和软件代码等），并创造了查询和链接跨文献信息的技术；创造了普遍表示和解释不同建模框架的方法，同时还开发了允许计算模型在新发现和信息出现时自动维护和更新的工具。

以面向新冠肺炎数据分析与预测的算法模型开发为例。当新冠肺炎疫情发生时，研究人员测试他们的开发成果并证明其有效性：世界各地的科学家、研究人员和医学专家产生了数百个模型，以帮助理解和预测病毒传播和影响的各个方面，导致了难以比较、核实和验证的科学知识的激增。许多知识被锁定在代码（特别是传统的代码）中，这使得人们更难理解模型中的参数选择和假设。随着新的信息和见解的出现，本已具有挑战性的情况又因提取和表现这些新的发现，以及模拟它们对不断发展的新冠肺炎疫情知识库的影响的困难而变得更加严重。某些国家和地区依靠专家产生的见解来制定公共政策干预措施，使得这些模型的质量和验证极为重要。基于上述问题，ASKE 任务的研究人员试图通过应用他们的工具来评估、比较、完善和验证从代码和文档中提取的模型，从而实现更好的模型理解、相互比较和背景化。所开发的工具被用来从出版物中快速自动提取多模式信息，并将机理片段同化为知识图谱和可执行模型，以告知社区对病毒的理解和可能的治疗方法。通过与科学界和政府机构合作，ASKE 工具被证明在多个领域都很有效。

ASKE 的成功牵引和孵化了一个更大任务的建立——"自动化科学知识提取和建模"（ASKEM）任务。ASKEM 任务旨在创建一个"知识–建模–模拟"生态系统，并赋予其必要的人工智能方法和工具，以敏捷地创建、维持和增强复杂的模型和模拟器，从而支持专家在不同任务和科学领域的知识和数据知情决策。目标是使专家能够维护、重用和改编大量的异质数据、知识和模型，具有跨知识源、模型假设和模型适应性的可追溯性和可解释性。

3. 欧盟《通用数据保护条例》（GDPR）

2018 年，欧盟《通用数据保护条例》（*The EU General Data Protection*

Regulation，GDPR）生效，强制要求人工智能模型具有可解释性，认为只有使人工智能具有可解释其决策的能力才可以推动人工智能战略的实施。该条例规定数据主体对于自动化决定不满意时，可以要求人工干预，并可以表达意见，获取对相关自动化决定有关解释。

通用数据保护条例在条例适用范围、个人数据处理方式和监督管理上有九大主要特点。

从条例适用范围方面：一是重新定义"个人信息"，1995 年欧洲议会通过的"资料保护指令"仅将个人信息定义为姓名、地址、照片等直接信息；而 GDPR 对个人信息的定义不仅包括直接信息（姓名、住址、电话号码等），还包括网络信息（IP 地址、cookies 等）和间接信息（包括所有可追溯至某一特定个人的生理、心理、基因、文化等特征）。二是适用范围增大，资料保护指令的适用范围为所有欧盟境内运营的企业和所有使用位于欧盟内的设备处理数据的企业；而 GDPR 的适用范围扩大为所有处理欧盟成员国公民个人信息的企业，无论该公民的现居住地是否在欧盟境内。

从个人数据处理方式方面：三是优化数据处理体系，GDPR 规定企业必须将保护个人信息和数据融入对于产品的最初设计和公司日常的运营中，推荐方法包括拟定假名或加密个人数据。四是责任共担，过去收集和使用数据的数据拥有者需要对数据保护负责，现今数据处理者（如提供数据处理服务的云服务提供商等）也将需要直接承担合规风险和义务，在数据保护上数据供应链自上而下的各方都会被问责，网络公司必须与合作伙伴明确各自的责任和义务。五是取得用户批准，GDPR 规定企业必须获得数据提供者关于某明确合法用途的授权，并可出示数据获取方法的证明，在企业申请用户授权时需阐明用户数据使用方的身份与联系方式、取得数据的目的与使用方式、数据是否会被跨境传输、数据存储时长等。六是保护消费者权益，用户可随时查看、修改、移动、删除数据，并要求企业开具数据备份及数据使用方式。用户也拥有随时取消授权和抗议的权利。当获取数据时所述的目的不再适用或用户不再允许企业使用该数据时，GDPR 规定企业必须删除用户信息，同时将用户的数据清除请求告知第三方处理机构。七是对于儿童的特殊保护，由于儿童相较于成人对于个人隐私泄露的风险更不敏感，GDPR 规定对于 16 岁及以下的儿童的个人信息处理需经过其监护人同意。

从监督管理方面：八是发现违规后及时通知监管人员，GDPR 规定欧盟成员国每国设一位监督人员并建立相应的执行机制，需要处理大量敏感数据的企业亦需聘用一位数据保护官（Data Protection Officer）监督企业操作的合规性，若企业发生数据泄露并可能危害用户的个人权利和自由时，企业必须在发现数据泄露 72 h 内通知监管人员。但由于该法案刚刚投入实施，具体的监管体系还有待完善。九是处罚力度增强，GDPR 建立了严格的处罚机制，若企业违规记录用户个人数据、违规后未及时通知监管人员、存在数据安全问题、违反隐私影响评估等相关条例，最高可获 1 000 万欧元或其全球年营业额 2%的罚款；若企业违规内容涉及未经用户同意使用数据、侵犯用户人权、或非法跨境流通数据，最高可获 2 000 万欧元或其全球年营业额 4%的罚款（两者取较高值）。

3.5.5　面临挑战与发展趋势

1. 面临挑战

发展可解释人工智能，目前面临如下几方面的挑战。

（1）可解释人工智能缺乏通用的解决方案。因为不同类型的用户需要不同类型的解释，这与我们与不同人互动时所面临的情况一致。例如，一名医生需要向其他医生、患者或医学审查委员会等不同类型的受众解释诊断结果。未来潜在的可解释人工智能系统的发展方向之一，便是自动校准并向大量用户类型中的特定用户传达解释。

（2）衡量解释的有效性的手段缺位。很好地建立易理解、易实施的解释有效性衡量标准，才能使有效的解释成为机器学习系统的核心能力。虽然 DARPA 的 XAI 项目为衡量和评估解释的有效性已经奠定了基础性工作，但是依然需要做很多工作，包括从人为因素和心理学界中汲取更多信息，此外解释有效性的衡量标准会随着时间而变化。例如，美国加州大学伯克利分校证明了"可取性"（Abvisability）（人工智能系统从用户那里获取建议的能力）能够提高用户的信任度，这种可以产生和消费解释的、可取的人工系统将是实现人类和人工智能系统之间更密切合作的关键。

（3）可解释人工智能的进一步发展面临学科领域局限。可解释人工智能技术的进一步高效发展，离不开多学科、多领域的密切合作，主要包括计算机科学、人文社会科学、心理科学等。预计不久的将来，有可能会在多个当前学科的交叉点上创建一个个特定的、具有交叉特色的可解释人工智能研究学科。

2. 发展趋势

可解释性是人类与人工智能关系发展的核心，人工智能系统必须向人类用户解释行为决策原因，以获得人类信任。随着人工智能技术在各类领域应用的深度和广度与日俱增，为人工智能技术所产生的结果结论（特别是诊疗方案、金融投资方案、作战行动方案等高风险决策）提供"可解释性"的需求日益突出。以可解释人工智能在未来战争方面的应用为例，未来可解释人工智能将有望最先在观察 – 判断 – 决策 – 行动（OODA）环路上的"判断"（Orientation）与"决策"（Decision）环节开展应用。现代战场环境错综复杂，作战环境的微小改变都有可能让智能化算法不再"智能"，对牵一发而动全身的作战决策的采纳需要慎之又慎，因此加强军用人工智能模型、系统和应用的可解释性，是发展军事领域通用人工智能迫切需要解决的问题，能够实现人机互操作，便于将作战人员的经验融入决策中，做到决策可追溯、可引导、可纠正，从而提升系统的智能性和稳健性。

对人工智能决策可解释的未来研究趋势展望如下。

（1）可解释人工智能从感知走向认知，伴随着人工智能发展层次从"感知智能"向更高层次"认知智能"迈进，人工智能决策要做出更加智能的认知决策，同时也要更好地决策认知解释，对高风险人工智能决策的合理解释，并且趋向以自然语言形式给出解释结果。

（2）可解释人工智能和人类决策协作互补，决策涉及人的经验和行为，深入研究智能决策和人的决策之间的关系和交互作用，确保人工智能系统不会侵蚀人类的自主性。

（3）发展"神经 – 符号"结合、过程可解释的架构，将符号知识与神经网络结合，赋予深度学习模型（如预训练语言模型）强大的认知推理能力，增强求解过程的可解释性。人脑在处理熟悉的事情时，依赖数据和直觉，速度比较快，缺乏解释性，这个能力通常被称作系统 1（System 1）的能力；而在遇到不太熟悉的事情时，依赖规则、逻辑和推理，速度比较慢，但是具备可解释性，这个能力通常被称作系统 2（System 2）的能力。可以把前者类比于神经网络方法，后者类比于符号系统（符号主义）。为了改进目前的神经网络系统，应该把这两个系统融合起来，也就是数据和知识融合起来寻找解决思路。本书重点探索符号主义中具有代表性的知识图谱与联结主义中具有代表性的深度神经网络（深度学习）的融合，探索使用知识图谱强化提升学习模型的可解释性。

（4）人工智能决策可解释和系统运行相结合，确保人工适当参与到人工智能高风险应用中，实现可信赖、合伦理和"以人为核心"的人工智能目标。同时，使机器能够以合理、和谐的方式汲取人类的反馈而实现算法性能和伦理等层面的迭代升级。

（5）人工智能可解释从事后解释向"自解释"发展，事后解释黑盒模型始终难以从内在逻辑上准确直接地解释模型决策的依据，因此在发展事后解释（以上述"知识解释"为例）的同时，需开发自解释的复杂决策模型（以上述"自身解释"为例）。

（6）对终端用户的背景和需求进行解释，针对不同背景知识的用户（如不同军兵种作战参谋等），提供针对决策的不同利益相关者的解释，发展个性化、定制化和常识结合的智能决策可解释。

第 4 章

基于知识图谱的可解释人工智能

4.1 引言

一方面因为深度学习模型是当前自然语言处理等任务的核心技术手段，另一方面相较于传统机器学习模型而言深度学习模型的"黑盒"属性更强、可解释性更弱，因此可解释人工智能成为人工智能发展过程中不可避免的议题和研究任务。传承"符号主义"和专家系统强推理、强逻辑等优势的知识图谱相关技术，凭借在算法表达能力、质量可靠性、建模便捷性、解释直观性上的先天优势，当前已经成为实现可解释人工智能的重要技术手段，本书重点探讨如何利用知识图谱来提高深度学习驱动的人工智能技术与应用的可解释性。目前，基于知识图谱的可解释人工智能主要应用于智能推荐、对话问答、关系推理等应用任务。

4.2 知识图谱对于可解释人工智能的优势分析

2012 年，谷歌公司推出了一款从 Metaweb 中衍生而来的产品，名称为"知识图谱"（Knowledge Graph），彼时其功能在于搜索内容时提供附加的衍生结果。随着人工智能技术的发展、数据资源的丰富，知识图谱开始应用于更多的场景，关注度不断攀升。知识图谱当前已经被广泛应用于多种不同的领域与任务，如智能推荐系统、关系推理、对话问答等。目前，已经成为认知智能领域的核心技术和基础设施之一，已经成为人工智能应用的强大助力。

现将知识图谱对于可解释人工智能的优势概述如下。

(1) 从算法表达能力角度：由于知识图谱大多数属于异构图（Heterogeneous Graph）结构，对比其他类型的数据结构（如关系型数据库等）有更强的表达能力以及对应的更多用途的图算法。

(2) 从质量可靠性角度：相比普通的传统知识表示范式，知识图谱具有专家知识结构化程度高、质量精良等优点。

(3) 从建模便捷性角度：知识图谱可以从不同领域的数据源中以统一的结构抽取知识，具有数据类型多样性的优点。通过节点（代表实体）和边（代表关系）把所有不同种类的异构信息连接在一起得到一个关系网络，为真实世界的各个场景直观建模。

(4) 从解释直观性角度：相比于其他结构知识库，知识图谱的构建以及使用都更加接近人类的认知学习行为，因此对于人类直观阅读会更加友好。例如，基于知识图谱的可解释性通常比之前的解释方法（如基于决策树的可解释性）更有深度，更容易让人类理解（图4-1）。图4-1（a）是决策树中抽出的规则，总结食物的健康原因；图4-1（b）是人工智能模型借助医疗生物领域知识图谱，如基于路径得出的解释（其解释形式的一条多跳的推理路径），显然比图（a）更容易理解，更有说服力。

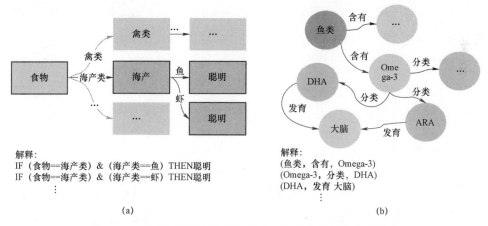

图4-1 基于知识图谱的可解释人工智能在直观性上的优势

对于知识图谱在可解释人工智能上的优势，以及它们当前方法理论、限制以及机遇，综述论文 *On the role of knowledge graphs in explainable AI* 从人工智能的机器学习（Machine Learning）、知识表示与推理（Knowledge Representation and

Reasoning，KRR)、博弈理论（Game Theory)、不确定人工智能（Uncertainty in AI，UAI)、机器人学（Robotics)、计算机视觉（Computer Vision)、自然语言处理（Natural Language Processing，NLP）等方面对人工智能的主要研究与应用分类做了介绍，详细分析了当前研究方法，可解释性面对的挑战、限制以及机遇。

4.3 基于知识图谱的可解释人工智能的研究内容

利用知识图谱进行可解释人工智能的第一步，是利用分布式语义学将知识图谱进行表示学习（Representation Learning，RL)，使其可以被机器用于计算和处理。目前，学术界对分布式语义学的关注要求在深层神经模型中注入知识图谱形式领域知识，以获得更好的预测性能和生成可解释的描述。深度学习模型中的领域知识注入（Knowledge Infusion）可分为浅层注入（Shallow Infusion)、半深层注入（Semi-Deep Infusion)、深层注入（Deep Infusion)。其中，在浅层注入策略中，外部信息和知识注入方法都是浅层的，如 Word2Vec 模型或 Glove 模型使用领域知识作为特征进行重建；深层注入策略则是一种新型范式，将深层神经网络学习到的潜在表征与强调实体间语义关系的知识图谱相结合。目前，已有一系列研究尝试使用不同的技术路线将包含百科类知识、常识、领域规则约束等的知识图谱注入基于深度神经网络的人工智能模型，以提高人工智能的可解释性。深层注入策略，是当前基于知识图谱的可解释人工智能的研究焦点。下面从是否强调以路径作为解释依据（结果视角)、知识注入方式（过程视角）两个维度，对于深层注入策略的目前研究内容进行分类。

4.3.1 结果视角分类：是否强调以路径作为解释依据

知识图谱在可解释性上的重要优势在于，其最终能够衍生出多跳推理路径，进而揭示出决策结论背后的依据，因此从是否基于路径角度，对基于知识图谱的可解释人工智能技术分类如下。

1. 基于路径的方法

基于路径的方法是知识图谱应用于提高人工智能模型可解释性的最直观方法，因为在知识图谱中众多三元组相连构成途径，反映出多条复杂关联关系，形成一条天然的因果链条。基于路径的解释方法主要应用在智能推荐系统上：通常创建"用户–商品"图并与百科式知识图谱融合，并利用知识图谱中实体的连接模式和连通性、相似性（用户–用户、商品–商品、用户–商品）提供推荐建议；在大多数情况下，可以利用不同元路径（Meta-Path）中实体的语义相似性作为正则化，以细化用户和商品的潜在向量表示。此类模型的主要缺点之一是元路径的数量和类型对特定应用领域的依赖性很高，元路径的编制主要依赖人工。另外，基于路径的方法本质上通过元路径级别上用户和商品之间的相似性来保持其建议的可解释性。从整体而言，基于路径的算法的优点在于解释直观、结构简单、适用于推荐系统，其缺点在于计算效率较低、不适合于复杂逻辑推理。

典型工作包括以下内容。

（1）*Explainable Reasoning over Knowledge Graphs for Recommendation* 提出知识路径递归网络（Knowledge-aware Path Recurrent Network，KPRN）模型，是基于路径的、知识图谱增强智能推荐可解释性的早期代表性工作，实现了通过路径表示来对关联关系进行显式推理，在推理用户兴趣时能够自动研判不同路径的不同贡献，最终对推荐结果优劣实现了解释。

（2）*Reinforcement Knowledge Graph Reasoning for Explainable Recommendation* 提出策略引导的路径推理（Policy-Guided Path Reasoning，PGPR）模型，其特色在于推荐过程和路径形式的解释生成过程是交互的、并行的。

（3）*Meta-Graph Based Recommendation Fusion over Heterogeneous Information Networks* 提出基于 Group Lasso 策略的矩阵分解（Matrix Factorization with Group Lasso，FMG）模型，是基于元路径和元图（Meta-Graph）的推荐模型的典型代表，将知识图谱视为异构信息网络，并提取基于元图的潜在特征来表示用户之间的连接性以及沿着不同类型的关系图的商品。

（4）*Reinforcement Learning Over Knowledge Graphs for Explainable Dialogue Intent Mining* 基于策略引导的多轮路径推理（Policy Guided Multi-Turn Path Reasoning，PGMD）的强化学习方法，智能体从当前多轮对话中的用户话语开始，迭代地搜索知识图谱，目标是在图谱中获得精确且可解释的路径以进行意图识别，能够为用户提供关于"多轮对话如何产生特定意图识别结果"的清晰解释。

（5）*Towards Large-Scale Interpretable Knowledge Graph Reasoning for Dialogue Systems* 提出对话可微知识图谱（Dialogue differentiable Knowledge Graph，

DiffKG）模型，能直接生成一系列关系进行多跳推理，并使用检索到的实体生成回答。这被认为是第一个可以直接在大型知识图谱上执行的可解释性问答对话模型，由于推理路径由预测的关系组成，因此具有透明度和可解释性。

（6）*Interaction embeddings for prediction and explanation in knowledge graphs* 中提出嵌入间交叉交互（Crossover interactions between Embeddings，CrossE）模型，将对一个三元组生成解释的过程建模为搜索从头实体到尾实体的可靠路径或者类似结构，以支持路径解释，这被认为是第一个解决链接预测并且对知识图谱表示学习进行解释的工作。

2. 基于表示学习的方法

作为深度学习技术的一种，虽然表示学习技术因其低秩（Low-Rank）和次符号（Sub-Symbolic）特点而在一定程度上是不可解释的，但是并不妨碍基于表示学习的方法利用注意力机制等手段来影射出产生对于决策结果起到关键影响的知识图谱里的要素，作为解释依据。此外，相比于基于路径的方法，基于表示学习的方法在处理复杂推理、提高计算等方面具备较大优势。以基于表示的智能推荐为例，基于表示学习的方法生成实体及其关系的密集低秩向量表示，之后可以使用相似性度量对其进行比较，以模拟用户偏好并产生商品建议，具备偶然性（Serendipity）和新颖性（Novelty）等，即能够推荐对用户来说是新的，甚至是不寻常的和意外的但仍然与用户相关的商品。基于表示学习的方法的优点是适应于更高级逻辑推理且准确率和效率均有保证，其缺点在于对于解释的直观性不如基于路径的方法。

典型工作包括以下内容。

（1）*Embedding Logical Queries on Knowledge Graphs* 提出图查询向量（Graph Query Embedding，GQE）模型解决可解释性问答对话任务重合取查询的推理问题，是通过学一阶逻辑规则作为解释依据的表示学习代表性工作。

（2）Query2Box：*Reasoning over Knowledge Graphs in Vector Space using Box Embeddings* 提出针对实体集合建模和推理的 Query2Box 模型，在延续 GQE 模型的解释能力的同时实现在向量空间中处理存在正一阶（Existential Positive First-order，EPFO）逻辑查询问题的突破。

（3）DKN：*Deep Knowledge-Aware Network for News Recommendation* 提出深度知识感知网络（Deep Knowledge-Aware Network，DKN），将实体向量和向量

入视为不同的信号通道,通过设计一个卷积神经网络框架将它们组合在一起用于可解释性新闻推荐。

(4)*Collaborative Knowledge Base Embedding for Recommender Systems* 提出协同知识图谱嵌入(Collaborative Knowledge base Embedding,CKE)模型,将协同过滤模块与商品的知识向量、文本向量和图像向量结合在一个统一的贝叶斯框架中用于完成可解释性推荐。

(5)*Leveraging Conceptualization for Short-Text Embedding* 提出基于注意力机制的概念化短文本嵌入(Attention-Based Conceptual Short-text Embedding,ACSE)模型,通过将词汇语义知识图谱和注意力机制引入词嵌入表示学习框架(以 Word2Vec 为基础),实现对短文本理解任务的可解释性提升。

3. 基于路径和表示相结合的方法

此方法融会贯通了基于路径和基于表示学习方法各自的优势,通常网络架构中既有基于路径的组件,也有基于表示学习的组件。以基于路径和表示学习混合的智能推荐为例,此类方法综合了语义图向量化和语义路径模式的优点,通常利用嵌入传播的思想,以改进知识图谱中具有多跳邻居的商品或用户的表示。此类方法有效继承了基于路径的方法的强可解释性。

典型工作包括以下内容。

(1)*Propagating User Preferences on the Knowledge Graph for Recommender Systems* 提出涟漪经网络(RippleNet)模型:一方面通过偏好传播将知识图谱表示学习方法自然地融入推荐中;另一方面实现了自动发现从用户历史中的商品到候选商品的可能路径,是近期融合基于路径方法和基于表示学习方法的典型代表。

(2)*Leveraging Meta-path based Context for Top-N Recommendation with a Neural Co-Attention Model* 在实体的表示学习过程中,使用卷积神经网络和协同注意力机制同时建模原路径的向量表示,建模了元路径及其相关用户和商品的交互和互相影响。

(3)*Recurrent Knowledge Graph Embedding for Effective Recommendation* 提出递归知识图谱嵌入(Recurrent Knowledge Graph Embedding,RKGE)模型,协同学习实体的语义表示和实体之间的路径,以此作为解释依据来描述用户对商品的偏好,同时使用池算子来区分不同路径的显著性。

4.3.2　过程角度分类：知识注入方式

从对知识图谱中结构化知识的使用方式角度，对基于知识图谱的可解释人工智能技术分类如下。

1. 外部资源支撑方式

将相关外部知识视为查询中的附加上下文或基于外部知识的特征，进而完成融合。典型工作包括以下内容。

（1）*Query Expansion With Local Conceptual Word Embeddings in Microblog Retrieval* 提出基于 k 近邻（k-Nearest Neighbor based Query Expansion，kNN-QE）模型，使用词汇语义知识图谱对查询进行扩展，并利用全局和局部词表示学习，应用于微博检索任务。

（2）*Towards Large-Scale Interpretable Knowledge Graph Reasoning for Dialogue Systems* 提出对话可微知识图谱（Dialogue differentiable Knowledge Graph，DiffKG）模型，将知识图谱融入问答对话历史中，并依托 Transformer 架构生成一系列关系组成的可解释性路径进行多跳推理，完成大规模可解释性问答任务。

（3）*BERT for Knowledge Graph Completion* 提出基于知识图谱的 BERT 模型（KG-BERT），将富含人类经验的知识图谱作为预训练语言模型的额外数据，完成关系推理任务。

2. 路径子图提取方式

通过拼接（Concatenation）、池化（Pooling）或非线性转换等方式，从知识图谱提取相关子图或路径，注入到上下文或者时间序列表示，或者将知识融入深度神经网络模型的隐藏层中，用于解释决策。典型工作包括以下内容。

（1）*Graph Convolutional Transformer: Learning the Graphical Structure of Electronic Health Records* 从电子病例结构化知识中提取子图并注入 Transformer 架构中，来提高疾病预测任务的性能和可解释性。

（2）*Explainable Reasoning over Knowledge Graphs for Recommendation* 提出知识路径递归网络（Knowledge-aware Path Recurrent Network，KPRN）模型，实现了通过路径表示来对关联关系进行显式推理，在推理用户兴趣时能够自动研判不同路径的不同贡献，最终对推荐结果优劣实现了解释。

（3）*Reinforcement Knowledge Graph Reasoning for Explainable Recommendation* 提出策略引导的路径推理（Policy-Guided Path Reasoning，PGPR）模型，其特色在于推荐过程和路径形式的解释生成过程是交互的、并行的。

（4）*Meta-Graph Based Recommendation Fusion over Heterogeneous Information Networks* 提出基于 Group Lasso 策略的矩阵分解（Matrix Factorization with Group Lasso，FMG）模型，提取基于元路径和元图的潜在特征来表示用户之间的连接性以及沿着不同类型的关系图的商品，是基于元路径和元图的推荐模型的典型代表。

3. 知识注意力方式

利用知识图谱改变深度学习模型的注意机制和预训练策略。典型工作包括以下内容。

（1）*Leveraging Knowledge Bases in LSTMs for Improving Machine Reading* 提出基于知识图谱的 LSTM（Knowledge Based LSTM，KBLSTM）模型，利用外部知识库改进机器阅读任务中的递归神经网络，通过知识图谱的连续表示来增强机器阅读递归神经网络的学习性能，并采用注意机制来自适应地决定是否关注背景知识以及知识图谱中的哪些信息是有用的，以此作为解释依据。

（2）*Leveraging Conceptualization for Short-Text Embedding* 提出基于注意力机制的概念化短文本嵌入（Attention-Based Conceptual Short-text Embedding，ACSE）模型，通过将词汇语义知识图谱和注意力机制引入词嵌入表示学习框架，实现对短文本理解任务的可解释性提升。

（3）*An Interpretable Knowledge Transfer Model for Knowledge Base Completion* 提出可解释的知识迁移模型（Interpretable knowledge TransFer model，ITransF），鼓励在关系投影矩阵之间共享统计规律，并缓解数据稀疏问题，同时为关系推理结果提供解释性证据。其核心是具备可解释性的稀疏注意力机制，将共享概念矩阵组合成特定关系的投影矩阵，从而获得更好的泛化特性、可解释性。此外，学习到的稀疏注意力向量清楚地表明了参数共享，解释了知识迁移是如何进行的。

（4）*Reinforcement Learning Over Knowledge Graphs for Explainable Dialogue Intent Mining* 基于策略引导的多轮路径推理（Policy Guided Multi-Turn Path Reasoning，PGMD）的强化学习方法，在生成可解释性推理路径过程中，使用具有注意力机制的 BiLSTM 网络来获取路径的状态特征，以对多轮对话具有明显的

时序特征进行建模。

4. 融入结构化推理框架方式

依托以整型线性规划（Integer Linear Programming，ILP）经典的结构化推理框架，对知识图谱中的结构化知识进行复杂自然语言推理，进而实现对领域知识图谱的利用。典型工作包括以下内容。

（1）Knowledge-Infused Abstractive Summarization of Clinical Diagnostic Interviews: Framework Development Study 提出基于知识注入的摘要（Knowledge-infused Abstractive Summarization，KiAS）模型，将医学与心理健康领域知识纳入整型线性规划框架，优化自动文摘任务的语言质量和信息量，并通过了可解释的定性和定量评估。

（2）Question Answering via Integer Programming over Semi-Structured Knowledge 提出结构化表格整数型性规划（Integer Linear Programming，TableILP）模型，使用来自文本的半结构化知识图谱回答自然语言问题，包括需要多步骤推理和多个事实组合的问题。

（3）Knowledge-Aware Interpretable Recommender System 提出知识驱动的因式分解（knowledge-aware Factorization Machine，kaHFM）模型，将知识图谱引入因式分解机框架，实现可解释性智能推荐。

本书重点以智能推荐、对话问答、关系推理三个重点任务作为应用，分别概述基于知识图谱的可解释性智能推荐、可解释性对话问答、可解释性关系推理的代表性技术。

4.4 符号定义

知识图谱 $G=\{E,R\}$，E 表示实体集合，R 表示关系集合。知识图谱 G 包含多个三元组，知识图谱以三元组的形式存储事实，描述实体之间的关系，如三元组（Paris，capital of，France）表示巴黎（Paris）是法国（France）的首都（capital of）。三元组表示为 $\tau=(e_h,r,e_t)$，其中，$e_h \in E$，$r \in R$，$e_t \in E$ 分别是头实体、关系和尾实体，即头实体 e_h 通过关系 r 与尾实体 e_t 相关。真实的三元组（真实的事实）构成的三元组集合用 T 表示，T' 表示由假的三元组构成的集合。三元组、实体和关系的总数分别表示为 $|T|$，$|E|$，$|R|$。

对于知识图谱上关系的各类性质，定义如下。

定义 4.1　自反关系　如果对于所有实体 $e \in E$ 存在 $(e,r,e) \in T$，则关系 r 是自反的。

定义 4.2　对称关系　对于所有实体对 $e_1, e_2 \in E$，如果 $(e_1,r,e_2) \in T \Leftrightarrow (e_2,r,e_1) \in T$，则关系 r 是对称的；如果 $(e_1,r,e_2) \in T \Leftrightarrow (e_2,r,e_1) \in T'$，则关系 r 是反对称的。

定义 4.3　可传递关系　如果对于 $e_1, e_2, e_3 \in E$ 存在 $(e_1,r,e_2) \in T \wedge (e_2,r,e_3) \in T \Rightarrow (e_1,r,e_3) \in T$，则关系 r 是可传递的。

定义 4.4　双向关系　关系 r 的反向，表示为 r^{-1}，对于任何两个实体 e_i 和 e_j，$(e_i,r,e_j) \in T \Leftrightarrow (e_j, r^{-1}, e_i) \in T$。

4.5　基于知识图谱的可解释智能推荐

在线内容和服务（如新闻、电影、音乐、餐厅和书籍等）的爆炸式增长为用户提供了种类繁多的选择，同时也给用户带来很大的选择时间开销。推荐系统（Recommendation System）旨在通过为用户找到一小组商品来满足他们的个性化兴趣以解决信息爆炸问题。

利用知识图谱来提高推荐系统的性能的示意图，如图 4-2 所示。知识图谱可以从三个方面为推荐系统带来增益：一是知识图谱引入商品之间的语义相关性，有助于发现它们的潜在联系，提高推荐商品的精确性；二是知识图谱由多种类型的关系组成，有利于合理扩展用户兴趣，增加推荐商品的多样性；三是知识图谱将用户的历史记录和推荐的历史记录联系起来，从而为推荐系统带来可解释性。因此，为推荐系统装备利用知识图谱的能力，不仅有助于更好地利用各种结构化信息来提高推荐性能，而且由于实体之间关系的直观易理解，还增强了推荐模型的可解释性。

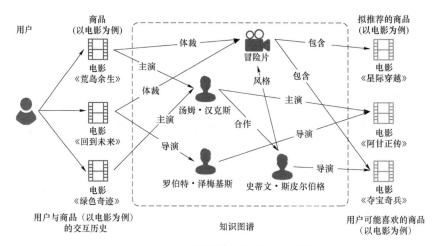

图 4-2　知识图谱增强型推荐系统示意图

4.5.1　基于可解释性知识路径递归的智能推荐

1. 概述

基于知识图谱来完成推荐系统构建，不仅能够更有效表示和建模用户和商品之间连接的语义关系，而且有助于揭示用户的兴趣。然而，现有的研究还没有完全探索出如何利用这种连通性（Connectivity）来推断用户的偏好。传统基于知识图谱的智能推荐相关研究可以分为基于路径的方式和基于表示嵌入的方式。前者利用知识图谱表示学习的方法来完成商品的表示学习，使得具有相似连接实体的商品具有相似的表示，这有助于用户兴趣的联合学习，但是此类方法并不能完全挖掘"用户-商品"间的连通关系，一方面因为传统方法只考虑直接连接关系，然而实际上有些连通性是多跳的；另一方面因为传统基于表示学习方法得到的向量表示缺乏推理能力，不能解释为什么要向用户推荐这个商品。后者主要侧重于考察路径的连通模式，也称为元路径（Meta-Path）方法（元路径通常被定义为实体类型的序列，如 user-movie-direct-movie 等，以获取知识图谱中的"用户-商品"之间的关联性）。此类研究通过"用户-商品"的连通关系来更新相似度而不是通过路径做推理。

新加坡国立大学在论文 *Explainable Reasoning over Knowledge Graphs for Recommendation* 中提出知识路径递归网络（Knowledge-aware Path Recurrent Network，KPRN），以利用知识图谱进行可解释性推荐。这项工作是基于知识图谱

的可解释性智能推荐的早期代表性工作：通过"用户-商品"构成的异构知识图谱，可以通过找到的关联路径作解释。这类关联路径不仅表述了知识图谱中实体和关系的语义，还能够帮助我们理解用户的兴趣偏好，赋予推荐系统推理能力和可解释性。

知识图谱能够提供的用户和商品之间的连通信息，为推荐系统提供了推理能力和解释能力。以音乐推荐为例，如图4-3所示。因为用户艾丽丝喜欢歌曲《你的身姿》，而歌曲《你的身姿》和歌曲《赤炎当前》的演唱者是同一个人，因此用户艾丽丝与歌曲《赤炎当前》之间可以连通，进而将歌曲《赤炎当前》推荐给用户艾丽丝。所以，由路径（艾丽丝，交互，你的身姿）（你的身姿，演唱者，艾德·希兰）（艾德·希兰，演唱，赤炎当前）推导出用户艾丽丝对歌曲《赤炎当前》潜在的兴趣，上述过程可以形式化表示为（艾丽丝，交互，你的身姿）∧（你的身姿，演唱者，艾德·希兰）∧（艾德·希兰，演唱，赤炎当前））→（艾丽丝，交互，赤炎当前）。因此，推理揭示了交互背后可能的用户意图，并同时提供了对结果的解释。如何在知识图谱中对这种连通性进行建模，对于将知识注入推荐系统至关重要。

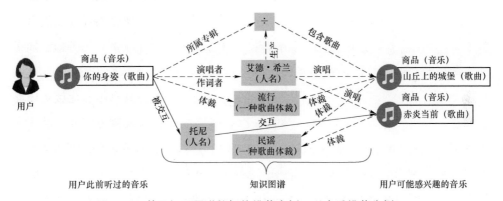

图4-3 基于知识图谱的智能推荐实例（以音乐推荐为例）
（虚线箭头表示原始知识图谱中实体之间的关系，实线箭头表示用户和商品之间的交互行为）

2. 技术路线

KPRN模型架构如图4-4所示，包括三层：一是向量表示层（Embedding Layer）；二是LSTM层（LSTM Layer）；三是带权池化层（Weighted Pooling Layer）。该模型首先从知识图谱中提取<用户，商品>对之间的合格路径，每个路径由相关实体和关系组成；然后，采用长短时记忆（Long Short-Term Memory，LSTM）

网络来建模实体和关系的顺序依赖关系;此后,执行池化操作以聚合路径的表示,最终获得<用户,商品>对的预测信号。其中,池化操作能够区分不同路径对预测的贡献,作为注意机制。由于这种注意力效果的实现,模型可以提供路径方面的解释——提供之所以推荐这条路径的理由,如因为用户已经听过歌手艾德·希兰演唱和创作的《你的身姿》,所以将歌曲《山丘上的城堡》推荐给该用户。

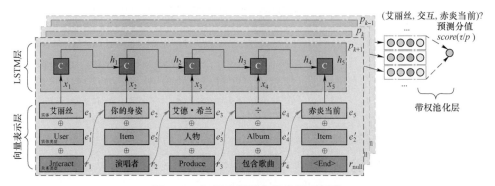

图4-4 知识路径递归网络模型架构

<用户-商品>交互数据通常表示为二部图(Bipartite Graph)形式。使用 $U = \{u_i \mid i \in [1,2,\cdots,|U|]\}$ 和 $O = \{o_i \mid i \in [1,2,\cdots,|O|]\}$ 分别表示用户集合和商品集合,其中 $|U|$ 和 $|O|$ 分别表示用户和商品的数量。进而,将"交互"定义为一种新的关系类型(记为"interact"),如果用户 u 和商品 o 之间存在一个可观测到的交互(即此前用户与商品此前产生过交互),那么将用户 u 和商品 o 之间的交互表示为三元组形式:$\tau = (u, \text{interact}, o)$。将用户集合 U 和商品集合 O 融入到知识图谱的实体集合 E,实现对原始知识图谱实体集合的更新:$E = E \cup U \cup O$,将新增的关系类型融入知识图谱的关系集合 $R = R \cup \{\text{interact}\}$。至此,知识图谱中的三元组可以清晰地描述用户和商品之间的或直接或间接(多跳)的关系,即给定<用户-实体>对之间存在一条或者多条路径。用符号 p 表示路径,将用户 u 和商品 o 之间的路径定义为实体和关系的序列:

$$p = \left[u \xrightarrow{r_1} e_2 \xrightarrow{r_2} \cdots \xrightarrow{r_{L-1}} o \right]$$

其中,三元组 (e_i, r_i, e_{i+1}) 是路径 p 上的第 i 个三元组,路径 p 上的三元组总数是 $L-1$。接下来,将使用一个现实的例子来展示用户和他们可能的交互背后的商品之间复杂的关系(即路径),这启发了该研究通过考虑实体和多跳关系来对路径的高级语义进行组合建模。用户艾丽丝可能喜欢听歌曲《山丘上的城堡》这个趋向，可以通过如下路径来推理得到：

p_1 = [艾丽丝 —交互→ 你的身姿 —演唱→ ÷ —包含歌曲→ 山丘上的城堡]

p_2 = [艾丽丝 —交互→ 你的身姿 —演唱者→ 艾德·希兰 —演唱→ 山丘上的城堡]

p_3 = [艾丽丝 —交互→ 你的身姿 —被交互→ 托尼 —交互→ 山丘上的城堡]

综上所述，从同一个用户艾丽丝到同一首歌曲《山丘上的城堡》的这些路径显式地表达了它们不同的多步关系，并暗示了不同的合成语义和对"可能喜欢听"这个行为的可能的解释。特别是，路径 p_1 和路径 p_2 推断用户艾丽丝可能更喜欢属于专辑《÷》的歌曲和歌手艾德·希兰演唱的歌曲，而路径 p_3 则反映了协同过滤（Collaborative Filtering，CF）效应：相似的用户（用户艾丽丝和用户托尼）往往有相似的偏好。

因此，从推理的角度来看，使用所有路径上的连通性来学习组成关系表示，并将它们加权合并在一起以预测用户与目标商品之间的交互关系。该任务可以形式化描述为：给定一个用户 u、目标商品 o，及它们之间存在的一系列路径 $p(u,o) = \{p_1, p_2, \cdots, p_K\}$，该任务的目标是预测用户 u 和商品 o 之间是否存在交换以及对这种交互进行打分（置信水平）：

$$\hat{y}_{(u,o)} = f(u,o \mid P(u,o), \Theta)$$

式中，Θ 表示模型的参数集合，$f(\cdot \mid \cdot, \Theta)$ 表示以 Θ 为参数集合的函数，$\hat{y}_{(u,o)}$ 表示用户 u 和商品 o 之间交互的预测分值。与传统基于表示学习的推荐模型不同，该模型能够将 $\hat{y}_{(u,o)}$ 解释为由路径集合 $P(u,i)$ 推理出的三元组 $\tau = (u, \text{interact}, i)$ 的置信水平。

1) 向量表示层（Embedding Layer）

向量表示层包含三个独立的层，分别用于表示实体（蓝色方框）、实体类型（白色方框）、关系类型（红色方框）。将这三个嵌入向量拼接起来即路径的表示向量，作为 LSTM 层（LSTM Layer）的输入。

给定路径 p_k，实体 e_i（如导演 Peter Jackson、电影《霍比特人2》等）和实体类型 t_i，将实体类型（如 Movie、Person 等）分别表示为两个向量 $e_i \in \mathbb{R}^d$ 和 $t_i \in \mathbb{R}^d$

（d 表示向量维度）。在现实中，相同的<实体–实体>对在不同的连接关系（或不同的路径）下经常具有不同的语义。上述差异性可能会揭示关于用户为何选择商品的不同意图。例如，三元（艾德·希兰，演唱，你的身姿）和三元组（艾德·希兰，所属专辑，你的身姿）是两条不同的关于用户偏好的路径中的三元组。该研究认为将关系的语义明确地、显式地纳入路径表示学习过程中是至关重要的。为此，将路径 p_k 中的关系 r_i 的表示向量定义为 r_i，至此路径 p_k 对应一组向量为 $\{e_1; r_1; e_2; \cdots; e_{L-1}; e_L\}$。

2）LSTM 层（LSTM Layer）

该模型通过嵌入序列来描述路径，使用 RNN 模型探索顺序信息，并生成用于对其整体语义进行编码的单个表示向量。在众多 RNN 方法中，采用 LSTM 模型，因为它能够存储和捕获序列中的长期（长距离）依赖关系——这种长期的顺序模式对于在连接用户和商品的路径上进行推理以估计交互关系的置信水平至关重要。

在第 $i-1$ 个时间步，LSTM 层输出隐状态向量 h_{i-1}，该隐状态向量实现了对子序列 $\{e_1, r_1, \cdots, e_{i-1}, r_{i-1}\}$ 的建模。同步地，执行如下拼接操作，生成输入向量 x_{i-1}：

$$x_{i-1} = e_{i-1} \oplus t_{i-1} \oplus r_{i-1}$$

式中，操作符 $\oplus$ 表示向量串联拼接操作。

需要注意的是，对于最后一个实体，使用一个空的关系向量 r_{NULL} 补在路径最后。通过上述设定，输入向量不仅包括了序列化的信息，而且包含了实体及其与下一个实体之间关系的语义信息。进而，隐状态向量 h_{i-1} 和输入向量 x_{i-1} 被用于学习下一个时间步（第 i 个时间步）的隐状态向量：

$$z_i = \tanh(W_z x_i + W_h h_{i-1} + b_z)$$
$$f_i = \sigma(W_f x_i + W_h h_{i-1} + b_f)$$
$$input_i = \sigma(W_{\text{input}} x_i + W_h h_{i-1} + b_{\text{input}})$$
$$output_i = \sigma(W_{\text{output}} x_i + W_h h_{i-1} + b_{\text{output}})$$
$$c_i = f_i \odot c_{i-1} + input_i \odot z_i$$
$$h_i = output_i \odot \tanh(c_i)$$

式中，c_i 和 z_i 分别表示细胞记忆状态向量和信息转移向量；$input_i$、$output_i$、f_i 分别表示输入门、输出门、遗忘门对应的输出向量；矩阵 W_z、W_f、W_{input}、W_{output}

均为权重矩阵；向量 b_z、b_f、b_{input}、b_{output} 均为偏差向量；函数 $\sigma(\cdot)$ 表示 sigmoid 激活函数；操作符 $\odot$ 表示两个向量之间执行 Hadamard 乘积操作。

综上所述，经过多层 LSTM 之后，LSTM 最后一层的隐状态向量 h_L 可以表示整个路径 p_k，因此取 $p_k = h_L$。

为了量化三元组 $\tau = (u, \text{interact}, i)$ 的合理性程度，使用了两层全连接层将该状态投影到输出的预测分值中：

$$\text{score}(\tau|p_k) = W_2^T \cdot \text{ReLU}(W_1^T \cdot p_k + b_1) + b_2$$

式中，矩阵 W_1 和 W_2 分别为第一个全连接层和第二个全连接层的权重矩阵（又称为映射矩阵）；向量 b_1 和 b_2 分别是相应层的偏差向量；函数 $\text{ReLU}(\cdot)$ 表示 ReLU 激活函数。

3）带权池化层（Weighted Pooling Layer）

在知识图谱中，一个<用户 – 商品>对通常包括多条连接二者的多跳路径。因此，将 $\{\text{score}_1, \text{score}_2, \cdots, \text{score}_K\}$ 定义为这 K 条路径分别对应的预测分值。在带权池化层中，获得最终预测的分值函数的一个直观方式，可以是所有 K 条路径预测结果的平均值：

$$\hat{y}_{(u,o)} = \sigma\left(\frac{1}{K}\sum_{k=1}^{K}\text{score}_k\right)$$

然而，从可解释性的角度，不同的路径对用户偏好的贡献是不同的，然而上式并没有体现出这种重要性的差异。因此，该模型设计了一个带权池化操作，来聚合所有路径的分值。池化操作定义为

$$g(\text{score}_1, \text{score}_2, \cdots, \text{score}_K) = \log\left[\sum_{k=1}^{K}\exp\left(\frac{\text{score}_k}{\gamma}\right)\right]$$

式中，参数 γ 是用于控制指数权重的超参数。

这个池化操作能够区分路径的重要性，这是因为存在下述梯度：

$$\frac{\partial g}{\partial \text{score}_k} = \frac{\exp\left(\dfrac{\text{score}_k}{\gamma}\right)}{\gamma \sum_{k'=1}^{K}\exp\left(\dfrac{\text{score}_{k'}}{\gamma}\right)}$$

这与反向传播（Back Propagation）步骤中每条路径的分值成正比。此外，池

化操作赋予最终预测更大的灵活性：当参数 γ 设为 0 时，对应最大池化（Max-Pooling）；当参数 γ 设为很大的值时，对应平均池化（Mean-Pooling）。综上可知，最终的预测分值表示为

$$\hat{y}_{(u,o)} = \sigma(g(\text{score}_1, \text{score}_2, \cdots, \text{score}_K))$$

最终，该研究将可解释性推荐任务视为二分类问题，其中给观察到的用户与商品的交互分配目标值 1，否则为 0。使用 Point-Wise 学习方法来训练和学习参数，将目标函数设计为负 log-likelihood 形式：

$$L = -\sum_{(u,o)\in \Delta^+} \log \hat{y}_{(u,o)} + \sum_{(u,o')\in \Delta^-} \log(1-\hat{y}_{(u,o')})$$

式中，$\Delta^+ = \{(u,o)\,|\,\hat{y}_{(u,o)}=1\}$ 表示用户-商品交互对的正样例，即 $(u,o)\in \Delta^+$ 中用户 u 和产品 o 之间确实存在交互；$\Delta^- = \{(u,o')\,|\,\hat{y}_{(u,o')}=0\}$ 表示用户-商品交互对的负样例，即 $(u,o')\in \Delta^-$ 中用户 u 和产品 o' 之间不存在交互。

模型训练好之后，可以使用这种模型对用户进行商品推荐的同时追溯推荐的原因。例如，图 4-5 中路径 p_3 的分值 score_3 最高。这条路径得出的一个解释是：用户 u5448 喜欢电影《莎翁情史》，她也喜欢电影《一猫二狗三分亲》，而这部电影刚好也是由用户 u4825 喜欢的电影《幻想曲》的导演 Jams Algar 执导的，因此不妨将电影《莎翁情史》推荐给用户 u4825。

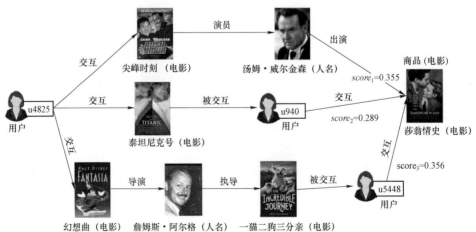

图 4-5　知识路径递归网络模型对于智能推荐的一个解释

3. 总结

KPRN 模型不仅通过考虑实体和关系来生成路径的表示向量，而且还能够基于路径进行推理以推断用户的偏好。该模型通过一个端对端的神经网络模型来学习路径的语义表示，并将其融入商品推荐中，实现了通过路径表示来对关联关系进行显式推理。从可解释角度，该模型在推理用户兴趣时能够自动研判不同路径的不同贡献，最终对推荐结果优劣实现了解释。该研究的训练数据主要来源于用户的历史记录 CTR，然而单纯依据用户 CTR 历史信息作为可解释性的训练数据并不一定是最佳选择，因为用户点击或者进行其他行为（如评论或者收藏等）不一定是有意的，因此需要进行甄别或者过滤掉一些可能是用户随心所欲的行为，例如研判点击的时间频率等。此外该研究对于路径的选择主要基于路径的长度来筛选，然而解释与长度未必有较强的关系——长路径的解释未必比短路径要差，如何对路径进行选择和排序，是后续可以重点研究的方向。此外，全面探索和遍历大规模知识图谱中每个<用户–商品>对的所有路径的计算开销比较高。

4.5.2 基于可解释性知识图谱强化学习的智能推荐

1. 概述

最近相关学者探究了知识图谱推理在个性化推荐中的重要性，其中一个重要的研究方向是研究使用知识图谱表示学习模型（如 TransE 和 node2vec 等）进行推荐，这些方法在正则化向量空间中对齐知识图谱，并通过计算实体的表示距离来揭示实体之间的相似度。然而，单纯的知识图谱表示学习方法缺乏发现多跳关系路径的能力，于是马萨诸塞大学阿默斯特分校联合团队在论文 *Learning Heterogeneous Knowledge Base Embeddings for Explainable Recommendation* 中提出在知识图谱表示学习的基础上增强协同过滤（Collaborative Filtering，CF）以实现个性化推荐，然后采用软匹配机制来查找用户和商品之间的延伸路径。但是这种策略的一个问题是：解释不是根据推理过程生成的，而是后来通过用户和商品向量之间的经验相似度匹配生成的，因此他们的解释在一定程度上只是试图为已经选定的建议找到一个"事后"解释。另一个方向是研究基于路径的推荐，但是要全面探索大规模知识图谱中每个<用户–商品>对的所有路径是不切实际的。

罗格斯大学在 *Reinforcement Knowledge Graph Reasoning for Explainable Recommendation* 论文中认为智能化推荐中的智能体应能对知识图谱进行显式推理以做出决策，而不仅仅是将图谱向量用于相似度匹配中。该研究提出策略引导的路径推理（Policy-Guided Path Reasoning，PGPR）模型，这是一套全新的用于可解释推荐的强化学习框架，将知识图谱视为一种通用结构，用于维护智能体关于用户、商品以及其他实体及其关系的知识。智能体从用户开始，在图谱上进行显式的多步路径推理，以便在图谱中发现合适的商品以向目标用户推荐。其基本思想是，如果智能体基于明确的推理路径得出结论，那么很容易解释给出每个推荐的推理过程，从而系统可以提供因果证据来支持推荐的商品。相对应的，该研究的目标不仅是为推荐选择一组候选项，而且还要在图谱中提供相应的推理路径作为给出推荐原因的可解释证据。如图 4-6 所示的示例，给定用户 A，该算法期望找到候选商品 B 和 F 以及它们在知识图谱中的推理路径，如路径 {User A → Item A → Brand A → Item B} 和 {User A → Freure B → Item F}。该研究为了克服以往工作方法的缺点，将推荐问题转换为知识图谱上的确定性马尔可夫决策过程（Markov Decision Process，MDP）；同时该研究采用强化学习（Reinforcement Learning，RL）方法，在这种方法中智能体从给定的用户开始，学习找到感兴趣的潜在商品，这样路径历史可以作为向用户推荐商品的真实解释。

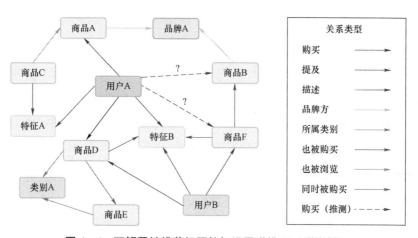

图 4-6　可解释性推荐问题的知识图谱推理（附彩插）

2. 技术路线

该研究将一个推荐问题形式化为用于可解释推荐的知识图谱推理，然后提出了基于知识图谱的强化学习方法来解决这个问题。通常一个带有实体集 E 和关系集 R 的知识图谱 G 定义为 $G = \{(e_h, r, e_t) | e_h, e_t \in E, r \in R\}$，其中每个三元组 (e_h, r, e_t) 表示从头实体 e_h 到尾实体 e_t 之间关系 r 的一个事实。该研究定义了一种特殊类型的可解释推荐知识图谱——$G_{\text{Rec.}}$，它包含一个用户实体子集 U 和一个商品实体子集 O，其中 $U, O \subseteq E$ 且 $U \cap O = \emptyset$。这两种实体通过关系 $r_{u,o}$ 连接在一起。该研究给出了图 $G_{\text{Rec.}}$ 上 k 跳路径的宽松定义。

定义 4–5　k 跳路径（k-hop path）　从实体 e_0 到实体 e_k 的 k 跳路径定义为由 k 个关系连接的 $k+1$ 个实体序列，记为

$$p_k(e_0, e_k) = \{e_0 \xleftrightarrow{r_1} e_1 \xleftrightarrow{r_2} \cdots \xleftrightarrow{r_k} e_k\}$$

式中，$e_{i-1} \xleftrightarrow{r_i} e_i$ 表示 $(e_{i-1}, r_i, e_i) \in G_{\text{Rec.}}$ 或者 $(e_i, r_i, e_{i-1}) \in G_{\text{Rec.}}$，$i \in [1, k]$。

进而，面向可解释推荐的知识图谱推理问题形式化定义为：给定知识图谱 $G_{\text{Rec.}}$，用户 $u \in U$ 和整数 K 和 N，目标是找到商品的推荐集 $\{o_n\}_{n \in [1, N]} \in O$ 使得每对 (u, o_n) 与一条推理路径 $p_k(u, o_n)(2 \leqslant k \leqslant K)$ 相关联，N 是推荐的商品数量。

为了同时进行商品推荐和路径查找，该研究从以下三个方面进行了考虑以更好地解决问题。首先，给定任何用户，在面向可解释性推荐的知识图谱推理问题中都没有预先知道的目标商品，该研究认为使用二元奖励（Binary Reward）来指示用户是否与商品交互是不适用的。因此，奖励函数的一个更好的设计是在知识图谱给出的丰富异构信息基础上，结合商品与用户相关的不确定性。其次，某些实体在图谱中的出度可能非常大，这会降低用户到潜在商品实体的路径查找效率。在体量非常大的知识图谱上，枚举每个用户和所有商品之间的所有可能路径是不现实的。因此，关键挑战是如何有效地进行边缘剪枝，并使用奖励作为启发式规则，进而有效地搜索通往潜在商品的相关路径。最后，对于每个用户都应该保证推荐商品的推理路径的多样性，始终坚持特定类型的推理路径来提供可解释的推荐是不合理的。对于这种问题，传统的解决方案会首先根据某种相似度度量生成候选商品，然后从用户到候选商品在知识图谱上的单独路径中查找推荐过程。然而，这样做的主要缺点是推荐过程未能利用知识图谱中丰富的异构元数据，并且生成的路径与推荐算法采用的实际决策过程脱节，因此这样仍然无法实现可

解释推荐。

针对上述三个主要挑战，该研究探索通过在知识图谱丰富异构信息的上下文中搜索路径的同时产生推荐，通过强化学习来解决问题。该研究所提出的 PGPR 算法的架构如图 4-7 所示，其主要思想是训练一个强化学习智能体，该智能体学习导航到知识图谱环境中以起始用户为条件的潜在"好"商品，然后利用智能体为每个用户有效地采样导航到推荐商品的推理路径，这些采样路径自然可以作为推荐商品的解释。

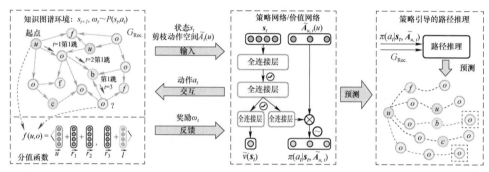

图 4-7　策略引导的路径推理模型架构

1）马尔可夫决策过程的构建

该研究首先将面向可解释性推荐的知识图谱推荐问题形式化为马尔可夫决策过程（Markov Decision Process，MDP）。为了保证路径的连通性，该研究在知识图谱 $G_{Rec.}$ 中添加了两种特殊的边：一是反向边（Reverse Edge），即如果 $(e_h, r, e_t) \in G_{Rec.}$，则 $(e_t, r, e_h) \in G_{Rec.}$，主要用来进行路径定义；二是自循环边（Self-Loop Edge），即如果 $e \in E$，则 $(e, r_{noop}, e) \in G_{Rec.}$，其中 r_{noop} 表示一类空操作（No Operation）关系。

（1）状态（State）。步骤 $t \in [1, T]$ 的状态 s_t 被定义为一个三元组 (u, e_t, h_t)，其中 $u \in U$ 是起始用户实体，e_t 是智能体在步骤 t 到达的实体，h_t 是步骤 t 之前的历史。将过去 k 步中所有实体和关系的组合定义为 k 跳历史（k-hop history），即 $\{e_{t-k}, r_{t-k+1}, \cdots, e_{t-1}, r_t\}$。以某个用户 u 为条件，初始状态表示为 $s_0 = (u, u, \varnothing)$。给定固定的最大步数范围 T，最终状态是 $s_T = (u, e_T, h_T)$。

（2）动作（Action）。状态 s_t 的完整动作空间 A_t 定义为实体 e_t 的所有可能出边，其中不包括历史上的实体和关系。形式上，$A_t = \{(r, e) | (e_t, r, e) \in G_{Rec.}, e \notin \{e_0, e_1, \cdots, e_{t-1}\}\}$。

由于出度遵循长尾分布（Long-Tail Distribution），因此与其他节点相比，某些节点的出度会大得多，因此根据最大出度来维持动作空间的大小是相当低效的。为了解决该问题，该研究引入了一种用户条件动作剪枝策略，该策略基于分值函数有效地将有希望的边保持在起始用户的条件下。具体来说，分值函数 $f((r,e)|u)$ 将任何边 $(u,r,e)(\forall_r \in R, \forall_e \in E)$ 映射到以用户 u 为条件的实值分数。然后，状态 s_t 的用户条件剪枝动作空间用 $\tilde{A}_t(u)$ 表示，定义为

$$\tilde{A}_t(u) = \{(r,e)|\mathrm{rank}(f((r,e)|u)) \leqslant \alpha, (r,e) \in A_t\}$$

式中，参数 α 是一个预先定义的整数，它是动作空间大小的上限。

（3）奖励（Reward）。给定任何用户，在面向可解释性推荐的知识图谱推理问题中都没有预先知道的目标商品，因此考虑二元奖励来指示智能体是否达到目标是不可行的。反过来说，本质上应该鼓励智能体探索尽可能多的"好"的路径。在推荐的语境中，一条"好"的路径是指向用户 u 很有可能与之交互的商品 o 的路径。为此考虑基于另一个分值函数 $f(u,o)$ 仅对最终状态 $s_T = (u, e_T, h_T)$ 给予软奖励。将最终奖励 ω_T 定义为

$$\omega_T = \begin{cases} \max\left(0, \dfrac{f(u, e_T)}{\max_{o \in O} f(u, o)}\right), & e_T \in O \\ 0, & \text{其他} \end{cases}$$

式中，ω_T 的值被归一化为 $[0, 1]$ 的范围。

（4）转移（Transition）。由于知识图谱的特定属性，状态由实体的位置确定。因此，给定状态 $s_t = (u, e_t, h_t)$ 和动作 $a_t = (r_{t+1}, e_{t+1})$，到下一个状态 s_{t+1} 的转移概率为

$$P(s_{t+1} = (u, e_{t+1}, h_{t+1}) | s_t = (u, e_t, h_t), a_t = (r_{t+1}, e_{t+1})) = 1$$

需要注意的是，初始状态 $s_0 = (u, u, \varnothing)$ 是随机的，由起始用户实体确定。为简单起见，该研究假设用户的先验分布遵循均匀分布，因此每个用户在开始时都被平等地抽样。

（5）优化（Optimization）。该研究的马尔可夫决策过程目标是学习一个随机策略 π，对于任何初始用户 u，最大化期望累积奖励：

$$L(\varTheta) = \mathbb{E}_\pi\left[\sum_{t=0}^{T-1} \gamma^t \omega_{t+1} \middle| s_0 = (u, u, \varnothing)\right]$$

式中，$\gamma \in (0,1]$ 是折扣因子。

该研究设计一个共享相同特征层的策略网络和价值网络，通过 REINFORCE 算法来解决此问题：策略网络 $\pi(\cdot|s,\tilde{A}_u)$ 将剪枝后的动作空间 $\tilde{A}(u)$ 的状态向量 s 和二值化向量 $\tilde{A}_u$ 作为输入，并发出每个动作的概率，对于不在 $\tilde{A}(u)$ 中的动作的概率置为 0。价值网络 $\hat{v}(s)$ 将状态向量 s 映射到一个实数值，该实数值将作用于 REINFORCE 算法。上述两个网络的结构定义如下：

$$h = \text{dropout}(\sigma(\text{dropout}(\sigma(sW_1))W_2))$$
$$\pi(\cdot|s,\tilde{A}_u) = \text{softmax}(\tilde{A}_u \odot (hW_p))$$
$$\hat{v}(s) = hW_v$$

式中，$h \in \mathbb{R}^{d_h}$ 是学习到的状态隐藏特征；$\odot$ 是 Hadamard 乘积，用于屏蔽此处的无效动作；$\sigma(\cdot)$ 是非线性激活函数，在该研究中选用的是指数线性单元（Exponential Linear Unit，ELU）函数。

状态向量 $s \in \mathbb{R}^{d_s}$ 表示 u, e_t 和历史 h_t 三者向量的拼接。对于二值化的剪枝动作空间 $\tilde{A}_u \in \{0,1\}^{d_A}$，在所有剪枝动作空间中设置最大尺寸为 d_A。两个网络的模型参数表示为 $\Theta = \{W_1, W_2, W_p, W_v\}$。此外，该研究添加了一个正则化项，使策略的熵最大化，以鼓励智能体探索更多不同的、多样性路径。最后，策略梯度 $\nabla_\Theta J(\Theta)$ 定义为

$$\nabla_\Theta J(\Theta) = \mathbb{E}_\pi[\nabla_\Theta \log \pi_\Theta(\cdot|s,\tilde{A}_u)(\omega_s^{s_T} - \hat{v}(s))]$$

式中，$\omega_s^{s_T}$ 是从状态 s 到终端状态 s_T 的折扣累积奖励。

2）面向复杂关系推理的多跳分值函数

知识图谱 $G_{\text{Rec.}}$ 的一个属性是，给定头部实体的类型和有效关系，那么尾部实体的类型也是确定的。可以通过创建实体和关系类型的链式规则来扩展此属性：$\{e_0, r_1, e_1, r_2, \cdots, r_k, e_k\}$。如果实体 e_0 的类型和所有关系 $r_1, r_2, \cdots, r_k$ 是给定的，那么所有其他实体的类型 $\{e_1, e_2, \cdots, e_k\}$ 也是唯一确定的。根据这个规则，定义 k 跳模式如下。

定义 4.6 k 跳模式（k - Hop Pattern） 如果存在一组类型唯一确定的实体 $\{e_1, e_2, \cdots, e_{k-1}\}$，使 $\{e_0 \xleftrightarrow{r_1} e_1 \xleftrightarrow{r_2} \cdots \xleftrightarrow{r_k} e_k\}$ 在 $G_{\text{Rec.}}$ 上形成有效的 k 跳路径，则含 k 个关系的序列 $\tilde{R}_k = \{r_1, r_2, \cdots, r_k\}$ 称为两个实体 $\{e_0, e_k\}$ 的有效 k 跳模式。

k 跳模式的一个注意事项是每个关系的方向，该研究在路径中允许反向边。

对于实体 e_h, e_t 和关系 r，$e_h \xleftrightarrow{r} e_t$ 表示路径中的 $e_h \xrightarrow{r} e_t$ 或 $e_h \xleftarrow{r} e_t$。如果 $(e_h, r, e_t) \in G_{\text{Rec}}$，且 $e_h \xleftrightarrow{r} e_t$，将关系 r 称为前向关系，或者如果 $(e_t, r, e_h) \in G_{\text{Rec}}$ 且 $e_h \xleftrightarrow{r} e_t$，则称为反向关系。

为了定义动作剪枝和奖励的分值函数，该研究考虑了一种同时具有前向关系和反向关系模式的特例。

定义 4.7 1-反向 k 跳模式（1-Reverse k-Hop Pattern） 如果 $\{r_1, r_2, \cdots, r_j\}$ 是向前的且 $\{r_{j+1}, r_{j+2}, \cdots, r_k\}$ 是向后的，则称 k 跳范式是"1-反向"的，记为 $\tilde{R}_{k,j} = \{r_1, \cdots, r_j, r_{j+1}, \cdots, r_k\} (j \in [0, k])$。换言之，具有 1-反向 k 跳模式的路径具有以下形式：

$$\{e_0 \xrightarrow{r_1} \cdots \xrightarrow{r_j} e_j \xleftarrow{r_{j+1}} e_{j+1} \xleftarrow{r_{j+2}} \cdots \xleftarrow{r_k} e_k\}$$

当 $j = 0$ 时，该范式包含所有反向关系；当 $j = k$ 时，包含所有前向关系。

给定 1-反向 k 跳范式 $\tilde{R}_{k,j}$，定义两个实体 e_0 和 e_k 的多跳分值函数 $f(e_0, e_k | \tilde{R}_{k,j})$ 为

$$f(e_0, e_k | \tilde{R}_{k,j}) = \left(\boldsymbol{e}_0 + \sum_{i=1}^{j} \boldsymbol{r}_i\right)\left(\boldsymbol{e}_k + \sum_{i=j+1}^{k} \boldsymbol{r}_i\right) + b_{e_k}$$

式中，$\boldsymbol{e}, \boldsymbol{r} \in \mathbb{R}^d$ 是实体 e 和关系 r 的 d 维向量表示；$b_e \in \mathbb{R}$ 是实体 e 的偏差。当 $k = 0$ 且 $j = 0$ 时，分值函数只计算两个向量之间的余弦相似度：

$$f(e_0, e_k | \tilde{R}_{0,0}) = \boldsymbol{e}_0 \cdot \boldsymbol{e}_k + b_{e_k}$$

当 $k = 1$ 且 $j = 1$ 时，分值函数通过平移嵌入计算两个实体之间的相似度：

$$f(e_0, e_k | \tilde{R}_{1,1}) = (\boldsymbol{e}_0 + \boldsymbol{r}_1) \cdot \boldsymbol{e}_k + b_{e_k}$$

对于 $k \geq 1, 1 \leq j \leq k$ 时，上述的一般多跳分值函数基于 1-反向 k 跳范式量化两个实体的相似度。

（1）动作剪枝分值函数。假设对于用户实体 u 和另一个其他类型的实体 e，对于某个整数 k，只存在一个 1-反向 k 跳模式 $\tilde{R}_{k,j}$。对于实体 $e \notin U$，将 k_e 表示为使得 $\tilde{R}_{k,j}$ 是实体 (u, e) 的有效范式的最小的 k 的取值。因此，动作剪枝分值函数定义为 $f((r, e) | u) = f(u, e | \tilde{R}_{k_e, j})$。

（2）奖励分值函数。只需在用户实体和商品实体之间使用 1-跳模式，即 $(u, r_{u,o}, o) \in G_{\text{Rec}}$。奖励分值函数定义为 $f(u, o) = f(u, o | \tilde{R}_{1,1})$。

（3）学习分值函数。训练每个实体和关系的向量表示的过程，通过如下学习分值函数的过程实现。对于任何具有有效 k 跳模式 $\tilde{R}_{k,j}$ 的实体对 (e_h, e_t)，寻求最大化条件概率 $P(e_t|e_h, \tilde{R}_{k,j})$，定义为

$$P(e_t|e_h, \tilde{R}_{k,j}) = \frac{\exp(f(e_h, e_t | \tilde{R}_{k,j}))}{\sum_{e'_t \in \mathcal{E}} \exp(f(e_h, e'_t | \tilde{R}_{k,j}))}$$

然而，由于实体集 E 的巨大规模，采用负采样技术来近似 $\log P(e_t|e_h, \tilde{R}_{k,j})$：

$$\log P(e_t|e_h, \tilde{R}_{k,j}) \approx \log \sigma(f(e_h, e_t|\tilde{R}_{k,j})) + \alpha \cdot \mathbb{E}_{e_{tt}}[\log \sigma(-f(e_h, e_{tt}|\tilde{R}_{k,j}))]$$

将需要最大化的目标函数 $L(G_{\text{Rec.}})$ 定义为

$$L(G_{\text{Rec.}}) = \sum_{e_h, e_t \in E} \sum_{k=1}^{K} \mathbb{I}(e_h, \tilde{R}_{k,j}, e_t) \log P(e_t|e_h, \tilde{R}_{k,j})$$

式中，如果 $\tilde{R}_{k,j}$ 是实体 (e_h, e_t) 的有效范式，则指示函数 $\mathbb{I}(e_h, \tilde{R}_{k,j}, e_t)$ 为 1，否则为 0。

3）策略引导的路径推理

最后一步是在经过训练的策略网络引导的知识图谱上解决知识图谱推理问题。给定用户 u，核心目标是找到一组候选商品 $\{o_n\}$ 和相应的推理路径 $\{p_n(u, o_n)\}$。一种直观的方法是根据策略网络 $\pi(\cdot|s, \tilde{A}_u)$ 为每个用户 u 采样 n 条路径。然而，这种方法不能保证路径的多样性，因为策略网络引导的智能体很可能会重复搜索具有最大累积奖励的相同路径。因此，采用由动作概率和奖励引导的束搜索（Beam Search）算法来探索候选路径以及为每个用户推荐的商品。该算法过程如下。

该模型将给定的用户 u、策略网络 $\pi(\cdot|s, \tilde{A}_u)$、最大跳数范围 T 和每一跳的预定义采样大小 $\{K_1, K_2, \cdots, K_T\}$ 作为输入。在输出端，该模型为用户提供一组候选的 T 跳路径 p_T 以及相应的路径生成概率集合 P_T 和路径奖励集合 ω_T。每条路径 p_T 都以与路径生成概率和路径奖励相关联的商品实体结束。

对于获取的候选路径，用户 u 和商品 o_n 之间可能存在多条路径。因此对于候选集中的每一对 (u, o_n)，从多条候选 T 跳路径 p_T 中选择基于 P_T 生成概率最高的路径为解释为什么向用户 u 推荐商品 o_n 的推理过程。最后，根据 ω_T 中的路径奖励对选择的可解释路径进行排名，并向用户推荐相应的商品。

3. 结论

该研究旨在通过与知识图谱环境交互，学习从用户导航到潜在兴趣商品的策

略，然后在路径推理阶段采用经过训练的策略向用户提出建议。其特色在于推荐过程和解释生成过程是交互的、并行的。该研究面临的挑战及相应解决办法总结为以下三个方面：首先，为用户衡量商品的正确性并非易事，因此需要仔细考虑终端条件和强化学习奖励。为了解决这个问题，该研究设计了一种基于多跳分值函数的软奖励策略，该策略利用了知识图中丰富的异构信息。其次，动作空间的规模取决于图谱中的出度，然而对于某些节点来说其出度可能非常大，因此进行有效的探索以在图谱中找到有希望的推理路径非常重要。在这方面，该研究提出了一种用户条件动作剪枝策略，以在保证推荐性能的同时减小动作空间的大小。最后，强化学习框架中的智能体在探索知识图谱进行推荐时必须保持商品和路径的多样性，以避免被困在有限的商品区域中。为了实现这一点，该研究设计了一种策略引导搜索算法，用于在知识图谱推理阶段对推理路径进行采样以进行推荐。

4.5.3 基于可解释性用户偏好传播的智能推荐

1. 概述

在各种推荐策略中，协同过滤（Collaborative Filtering，CF）模型已取得巨大的成功，该方法考虑用户的历史交互信息并根据他们潜在的共同偏好进行推荐。然而，基于协同过滤的方法通常会遇到"用户–商品"交互的稀疏性和冷启动问题。为了解决这些问题，研究人员尝试将一些辅助信息（如社交网络信息、用户/商品属性、图像和上下文等）合并到协同过滤中。在各种类型的辅助信息中，知识图谱通常包含丰富的有关用户和商品的事实和关系，因此成为较为常用的辅助信息。

在众多基于知识图谱的可解释性智能推荐方法中，基于表示学习的方法使用知识图谱表示学习算法对知识图谱进行预处理，并将学习到的实体向量合并到推荐框架中。此类方法在知识图谱辅助智能推荐系统方面表现出很高的灵活性，但这些方法中采用的知识图谱表示学习算法通常更适合于图内应用（如链接预测等），而不是推荐，因此学习到的实体向量在描述商品间关系时不够直观和有效；基于路径建模的方法通过探索知识图谱中商品之间的各种连接模式，为推荐提供额外的指导可解释性路径。此类方法以更自然和直观的方式使用知识图谱，但该类方法严重依赖手动设计的元路径，导致实践中很难优化，另一个严峻挑战是在实体和关系不在一个域内的某些场景（如新闻推荐等）中，难以设计手工制作的元路径。

为了解决现有方法的局限性，上海交通大学和微软公司亚洲研究院等联合团队在论文 *RippleNet: Propagating User Preferences on the Knowledge Graph for Recommender Systems* 中提出了 RippleNet（涟漪网络）模型，这是一种用于知识图谱驱动可解释性智能推荐的端到端框架。该研究是基于表示学习和基于路径建模的可解释性智能推荐的代表性工作。RippleNet 专为点击率（Click-Through Rate，CTR）预测而设计，以"用户–商品"对作为输入，并输出用户参与（如点击、浏览等）商品的概率。RippleNet 的关键思想是偏好传播（Preference Propagation）：对于每个用户，将其历史兴趣视为知识图谱中的种子集，然后沿着知识图谱链接迭代地扩展用户的兴趣，以发现他对候选商品的分层潜在兴趣。该研究将偏好传播与自然界中雨滴在水面上传播产生的实际涟漪进行类比，多个"涟漪"叠加在一起，形成用户在知识图谱上的最终偏好分布。

2. 技术路线

在一个典型的推荐系统中，$U = \{u_1, u_2, \cdots, u_{|U|}\}$ 和 $O = \{o_1, o_2, \cdots, o_{|O|}\}$ 分别表示用户和商品的集合。根据用户的隐式反馈定义"用户–商品"交互集合 $Y = \{y_{u,o} | u \in U, o \in O\}$，即

$$y_{u,o} = \begin{cases} 1, & \text{用户}\, u\, \text{和商品}\, o\, \text{之间存在交互} \\ 0, & \text{用户}\, u\, \text{和商品}\, o\, \text{之间不存在交互} \end{cases}$$

$y_{u,o}$ 的值为 1 表示用户 u 和商品 o 之间存在隐式交互，如点击、观看、浏览等行为。除了上述交互集合 Y，还有一个辅助智能推荐的知识图谱 G，由大量（头实体，关系，尾实体）三元组 (e_h, r, e_t) 构成，$e_h \in E$，$r \in R$，$e_t \in E$ 分别表示知识三元组的头实体、关系和尾实体，E 和 R 表示知识图谱中实体和关系的集合。例如，三元组（Jurassic Park，film.film.director，Steven Spielberg）表示史蒂文·斯皮尔伯格（Steven Spielberg）是电影 *Jurassic Park*（《侏罗纪公园》）的导演。在很多推荐场景中，一个商品 $o \in O$ 可能与 G 中的一个或多个实体相关联。例如，电影 *Jurassic Park*（《侏罗纪公园》）也会与知识图谱中同名实体相关联。给定交互集合 Y 以及知识图谱 G，该研究的目标是预测用户 u 是否对他之前没有交互过

的商品 o 存在潜在的兴趣：学习一个预测函数 $\hat{y}_{u,o} = f(u,o;\Theta)$，其中 $\hat{y}_{u,o}$ 表示用户 u 会点击商品 o 的概率，Θ 表示函数 $f(\cdot)$ 的模型参数。

1）RippleNet 框架

该研究提出用户偏好传播模型 RippleNet，模型架构如图 4-8 所示，图顶部的知识图谱显示了由用户点击历史激活的相应涟漪集（该模型借鉴自然界中水面涟漪向外扩散的灵感）。RippleNet 以用户 u 和商品 o 作为输入，输出用户 u 将点击商品 o 的预测概率。对于输入用户 u，其历史兴趣集合 O_u 被视为知识图谱中的种子节点集合，然后沿着链接扩展以形成多个涟漪集（Ripple Set）$S_u^k(k=1,2,\cdots,K)$，其中 K 表示最大跳数。涟漪集 S_u^k 是与种子集 O_u 距离 k 跳的三元组集合；这些涟漪集用于迭代地与商品向量（黄色块）交互，以获得用户 u 对商品 o（绿色块）的响应，然后将它们组合形成最终的用户向量（灰色块）；最后，使用用户 u 和商品 o 的嵌入来计算预测概率 $\hat{y}_{u,o}$。

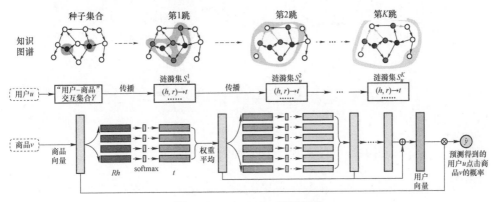

图 4-8 RippleNet 模型架构

2）涟漪集合

知识图谱通常包含丰富的事实以及实体之间的关系。电影知识图谱中的电影 *Forrest Gump*（《阿甘正传》）的涟漪集示例图如图 4-9 所示，同心圆表示具有不同跃点的涟漪集：淡蓝色表示中心实体和周围实体之间的相关性降低，在实际应用中不同跃点的涟漪集不一定是不相交的。如图 4-9 所示，电影 *Forrest Gump*（《阿甘正传》）与其导演 Robert Zemeckis（罗伯特·泽米吉斯）、演员 Tom Hanks（汤姆·汉克斯）、出品国 U.S.（美国）以及电影类型 Drama（剧情）相关联，上述为第一跳涟漪；而演员 Tom Hanks（汤姆·汉克斯）则与他主演的电影 *The Terminal*

(《幸福终点站》)和 Cast Away(《荒岛余生》)进一步联系在一起,上述为第二跳涟漪。知识图谱中这些复杂的联系提供了一个深刻且潜在的视角来探索用户偏好。例如,如果用户曾经看过 Forrest Gump(《阿甘正传》),他可能会成为 Tom Hanks(汤姆·汉克斯)的粉丝,并对电影 The Terminal(《幸福终点站》)和 Cast Away(《荒岛余生》)感兴趣。为了用知识图谱来表征用户的层次化、可扩展的偏好,RippleNet 递归地为用户 u 定义一组 k 跳(k – hop)相关实体:

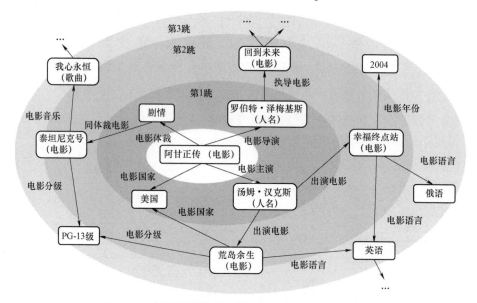

图 4-9 电影知识图谱中的电影《阿甘正传》涟漪集

定义 4.8 相关实体(Relevant Entity) 给定交互集合 Y 和知识图谱 G,用户 u 的 k 跳相关实体集合定义为

$$E_u^k = \{e_t \mid (e_h, r, e_t) \in G, e_h \in E_u^{k-1}\}, k = 1, 2, \cdots, K$$

式中,$E_u^0 = O_u = \{o \mid \hat{y}_{u,o} = 1\}$ 是用户 u 过去点击过的商品集合,可以看成是用户 u 在知识图谱中的种子集。相关实体可以看作是用户历史兴趣相对于知识图谱的自然延伸。

定义 4.9 涟漪集(Ripple Set) 用户 u 的 k 跳涟漪集合定义为从 E_u^{k-1} 开始的知识三元组集合:

$$S_u^k = \{(e_h, r, e_t) \mid (e_h, r, e_t) \in G, e_h \in E_u^{k-1}\}, k = 1, 2, \cdots, K$$

"涟漪"一词有两个含义:第一,类似于自然界中由多个雨滴激起的真实涟漪,用户对实体的潜在兴趣被他的历史偏好激活,然后沿着知识图谱中的链接从近到远逐层传播，如图4-9（电影知识图谱中的 *Forrest Gump*（《阿甘正传》）涟漪集示例图）中所示的同心圆。第二，用户在涟漪集合中的潜在偏好强度随着跳数 k 的增加而减弱，这类似于真实涟漪的逐渐衰减幅度。例如，图4-9中逐渐消失的蓝色表示中心和周围实体之间的相关性正在下降。

关于涟漪集合的一个问题是它们的大小可能会随着跳数 k 的增加而变得太大。从以下几个方面降低这个问题的影响：第一，真实知识图谱中的大量实体只有传入链接而没有传出链接，如图4-9中的"2004"和"PG-13"（一种电影分级制度）；第二，在电影或书籍推荐等特定推荐场景中，可以将关系限制在与场景相关的类别中，从而减少涟漪集的规模，同时提高实体之间的相关性，如在图4-9中所有关系都与电影相关，并且在其名称中包含"film"（电影）一词；第三，最大跳数 K 在实践中通常不会太大，因为距离用户历史太远的实体可能会带来比正信号更多的噪声；第四，对一组固定大小的邻居进行采样，而不是对完整的涟漪集进行采样，从而进一步降低计算开销。

3）偏好传播

传统的基于协同过滤的模型及其变体模型均旨在学习用户和商品的表示向量，然后通过直接将特定函数应用于其表示向量（如内积）来预测未知评分。RippleNet 为了以更细粒度的方式对用户和商品之间的交互进行建模，提出了一种偏好传播策略来探索用户对其涟漪集合的潜在兴趣。

在 RippleNet 框架下，每个商品 o 对应一个商品向量 $\boldsymbol{o} \in \mathbb{R}^d$（$d$ 是向量的维度）。通常，商品向量可以根据应用场景结合商品的独热（One-Hot）编码、属性、词袋（bag-of-words）或上下文信息来生成。给定商品向量 $\boldsymbol{o}$ 和用户 u 的 1 跳涟漪集 S_u^1，通过将商品 o 与 S_u^1 中三元组的头实体 e_{h_i} 和该三元组中的关系 r_i 进行比较，为 S_u^1 中的每个三元组 (e_{h_i}, r_i, e_{t_i}) 分配一个相关概率：

$$P_i = \mathrm{softmax}(\boldsymbol{o}^\mathrm{T} \boldsymbol{R}_i \boldsymbol{e}_{h_i}) = \frac{\exp(\boldsymbol{o}^\mathrm{T} \boldsymbol{R}_i \boldsymbol{e}_{h_i})}{\sum_{(e_h', r', e_t) \in S_u^1} \exp(\boldsymbol{o}^\mathrm{T} \boldsymbol{R}' \boldsymbol{e}_h')}$$

式中，$\boldsymbol{R}_i \in \mathbb{R}^{d \times d}$ 和 $\boldsymbol{e}_{h_i} \in \mathbb{R}^d$ 分别是关系 r_i 的矩阵表示和头实体 e_{h_i} 的向量表示。

相关概率 P_i 可以看作是商品 o 和实体 e_{h_i} 在关系 r_i 的空间中估量的相似度或相关性。请注意，在计算商品 o 和实体 e_{h_i} 的相关性时，矩阵 $\boldsymbol{R}_i$ 是十分重要的，因为在通过不同的关系衡量时，"商品-实体"对可能具有不同的相似度。例如，

电影 *Forrest Gump*（《阿甘正传》）和 *Cast Away*（《荒岛余生》）在考虑其导演或演员时非常相似，但如果按电影类型关系或编剧关系衡量，则它们的共同点较少。

得到相关概率 P_i 后，取 S_u^1 中的尾实体和对应的相关概率加权，得到向量 z_u^1：

$$z_u^1 = \sum_{(e_{h_i}, r_i, e_{t_i}) \in S_u^1} P_i \cdot e_{t_i}$$

式中，$e_{t_i} \in \mathbb{R}^d$ 是尾实体 e_{t_i} 的向量。

向量 z_u^1 可以看作是用户的点击历史 O_u 对商品 o 的一阶响应。这类似于基于商品的协同过滤方法，用户由他的相关商品进行表示，而不是独立的特征向量，这样可以减小参数的规模。通过上述两个方程式的操作，用户的兴趣沿着 S_u^1 中的链接从他的历史集 O_u 转移到他的 1 跳相关实体 E_u^1 的集合，即完成了 RippleNet 中的偏好传播。

将 z_u^1 代入上述相关概率 P_i 等式中替换为 o，可以重复偏好传播的过程来获得用户 u 的二阶响应 z_u^2，并且该过程可以在用户 u 的涟漪集 S_u^i 上迭代执行（$i = 1, 2, \cdots, K$）。因此用户的偏好被传播到远离他的点击历史的 K 跳处，并且可以观察到用户 u 以不同顺序的多个响应 $\{z_u^1, z_u^2, \cdots, z_u^K\}$。用户 u 相对于商品 o 的向量，通过组合所有响应来计算：

$$u = z_u^1 + z_u^2 + \cdots + z_u^K$$

尽管理论上最后一跳 z_u^H 的用户响应包含来自前一跳的所有信息，但在计算用户向量时仍然需要结合此前各跳 k 的 z_u^k，因为它们可能会在偏好传播过程中被不断稀释。最后，将用户向量和商品向量结合起来，输出预测的点击概率：

$$\hat{y}_{u,o} = \sigma(u^T o)$$

式中，$\sigma(x) = \dfrac{1}{1 + \exp(-x)}$，是 Sigmoid 函数。

4）目标函数

RippleNet 在观察到知识图谱 G 和隐式反馈集 Y 后，最大化模型参数集合 Θ 的以下后验概率：$P(\Theta | G, Y)$。其中，参数集合 Θ 包括所有实体、关系和商品的向量（或矩阵）表示。根据贝叶斯定理，这相当于最大化如下概率：

$$P(\Theta | G, Y) = \frac{P(\Theta, G, Y)}{P(G, Y)} \propto P(\Theta) \cdot P(G | \Theta) \cdot P(Y | \Theta, G)$$

式中，第一项 $P(\Theta)$ 测量模型参数集合 Θ 的先验概率。

将 $P(\Theta)$ 设置为具有零均值和对角协方差矩阵的高斯分布 $P(\Theta) = N(0, \lambda_1^{-1} \boldsymbol{I})$，其中 λ 表示正则化参数（后续推导的损失函数中其用于防止过拟合）。第二项 $P(G|\Theta)$ 是给定 Θ 观察到的知识图谱 G 的似然函数。使用三路张量分解（Three-Way Tensor Factorization）方法来定义知识图谱的似然函数：

$$P(G|\Theta) = \prod_{(e_h, r, e_t) \in E \times R \times E} P((e_h, r, e_t)|\Theta)$$
$$= \prod_{(e_h, r, e_t) \in E \times R \times E} N(\mathbb{I}_{e_h, r, e_t} - \boldsymbol{e}_h^\mathsf{T} \boldsymbol{R} \boldsymbol{e}_t, \lambda_2^{-1})$$

如果 $(e_h, r, e_t) \in T$，指示符 $\mathbb{I}_{e_h, r, e_t}$ 等于 1，否则为 0。基于上述似然函数中的定义，可以在相同的计算模型下统一知识图谱表示方法中的实体对和偏好传播中的"商品–实体"对的分值函数。上述模型参数 Θ 的后验概率 $P(\Theta|G, Y)$ 等式的最后一项 $P(Y|\Theta, G)$，是给定 Θ 和知识图谱 G 后观察到的隐式反馈的似然函数，它定义为伯努利分布的乘积：

$$P(Y|\Theta, G) = \prod_{y_{u,o} \in Y} \sigma(\boldsymbol{u}^\mathsf{T} \boldsymbol{o})^{y_{u,o}} \cdot (1 - \sigma(\boldsymbol{u}^\mathsf{T} \boldsymbol{o}))^{1 - y_{u,o}}$$

对上述模型参数 Θ 的后验概率 $P(\Theta|G, Y)$ 等式取负对数，得到 RippleNet 的损失函数：

$$L = -\log P(\Theta|G, Y) = -\log P(Y|\Theta, G) \cdot P(G|\Theta) \cdot P(\Theta)$$
$$= \sum_{y_{u,o} \in Y} -(y_{u,o} \log \sigma(\boldsymbol{u}^\mathsf{T} \boldsymbol{o}) + (1 - y_{u,o}) \log(1 - \sigma(\boldsymbol{u}^\mathsf{T} \boldsymbol{o}))) +$$
$$\frac{\lambda_2}{2} \sum_{r \in R} \| \mathbb{I}_r - \boldsymbol{E}^\mathsf{T} \boldsymbol{R} \boldsymbol{E} \|_2^2 + \frac{\lambda_1}{2} \left(\| \boldsymbol{O} \|_2^2 + \| \boldsymbol{E} \|_2^2 + \sum_{r \in R} \| \boldsymbol{R} \|_2^2 \right)$$

式中，矩阵 $\boldsymbol{O}$ 和矩阵 $\boldsymbol{E}$ 分别是所有商品和实体的矩阵，指示矩阵 $\mathbb{I}_r$ 是知识图谱中关系 r 对应的指示张量 $\mathbb{I}$ 的切片；$\boldsymbol{R}$ 是关系 r 的矩阵。

在上述公式中，第一项度量交互作用 Y 的金标准（Ground-Truth）与 RippleNet 预测值之间的交叉熵损失（Cross-Entropy Loss），第二项度量指示矩阵 $\mathbb{I}_r$ 的真实值与重建的指标矩阵 $\boldsymbol{E}^\mathsf{T} \boldsymbol{R} \boldsymbol{E}$ 之间的平方误差，第三项度量是防止过拟合的正则化项。RippleNet 采用随机梯度下降（Stochastic Gradient Descent，SGD）算法迭代优化该损失函数。在每次训练迭代中，为了提高计算效率，从 Y 中随机抽取一小批正/负交互作用，从 G 中随机抽取真/假三元组，然后计算损失 L 相对于模型参数集合 Θ 的梯度，并基于采样得到的最小批（Mini-Batch），通过反向传播更新所有参数。

3. 总结

RippleNet 模型与传统的基于知识图谱的可解释智能推荐模型的主要区别在于，充分结合了基于表示学习方法和基于路径建模方法的优点：一是通过偏好传播将知识图谱表示学习方法自然地融入推荐中；二是可以自动发现从用户历史中的商品到候选项商品的可能路径，而无须任何手工设计。如何提高在涟漪集合的采样效率是该研究未来的一个重要方向，特别是非均匀采样机制能够更好地捕捉用户分层化的、潜在的兴趣。

4.5.4 面向知识图谱智能推荐的可解释人机交互

1. 概述

推荐系统、用户自适应系统（User-Adaptive System）以及搜索引擎（Search Engine）可能被认为是当前数字信息时代最流行的技术。从电子商务到学术研究，推荐系统的出现和快速传播极大地促进了人们在多种场景中检索个性化信息的兴趣的增长。其中，对于学术研究场景，主要是进行专家推荐和学术论文推荐。现在除了内容定制化的需求，从最终用户的角度对系统结果进行可解释性的需求也在日益增长。可解释人工智能是计算机科学的一个关键研究领域，其目标是以系统化和可解释的方式向人类展示复杂的人工智能模型，从而创建透明、人类可理解和值得信赖的智能系统。在这样的场景下，人机交互界面的设计也起到向最终用户提供正确解释的基础性作用，在许多情况下甚至比系统本身的实现更重要、更直观。但在以用户为中心的研究领域，什么是"正确的解释"或"好的解释"，其相关概念和标准依然在不断的研究和演变中：一些工作已表明，不同的目标和认知能力会影响对解释的感知和判断，不同的用户需要不同的解释细节，同时不同的个体特征甚至可以改变对透明度的感知。

德国马格德堡大学和德国国际教科书研究所联合团队发表的 *Evaluating Explainable Interfaces for a Knowledge Graph-Based Recommender System* 论文中，设计实现了一个面向基于知识图谱的推荐系统的可解释性人机交互界面，为与推荐系统交互的用户提供不同的解释。该研究面向学术推荐领域，重点关注于论文推荐。该研究的目标是评估不同方式的显示结果和相关解释中，哪种方式最容易理解，旨在增加研究人员（如推荐系统的用户群体）使用该系统的信心和可信度。该研究所面向的科研工作者涵盖不同的研究领域，如计算机科学、教育媒体、语言学、社会科学和人文学科。

该研究使用爱思唯尔（Elsevier）出版社的学术信息管理系统 Pure，该系统提供了一个结构化的关系数据模型将系统内的所有内容类型链接在一起，并全面提供学术机构的学术研究活动和产出以及整个研究生命周期的详细报告。此外，该研究要求参与人员更新他们自己的数据，包括他们的部门隶属关系、工作信息、发表的作品、研究兴趣、参与的项目以及与外部的现有关系（如共同作者等）。综上，该研究基于上述信息构建智能推荐系统。

该研究提出两个可解释的人机交互模式（以下简称"系统 A"和"系统 B"），分别设计如下：系统 A 强调定性，提供单行解释，表达对特定推荐的主要贡献（如"根据您的研究兴趣和活动的推荐"），然后在知识图谱上显示来自用户和推荐论文的路径；系统 B 强调定量、显示百分比形式的对推荐结果的所有贡献的平均分值，然后通过显示每个属性的个体分值的条形图来提供详细解释。最后该研究通过用户调研的方式评估两个可解释界面的有效性，并通过 5 级李克特量表（5-Point Likert Scale）进行定性评估。

2. 技术路线

1）学术知识图谱架构设计与初步构建

该研究工作使用的知识图谱主要来源于德国国际教科书研究所的 Pure 管理系统实例。系统除了德国国际教科书研究所成员的个人资料，还包含用户的工作信息、已发表的论著、研究兴趣、参与的项目以及与外部人员的现有关系（如合著等）。通过使用 Pure 的 Web 服务来检索与人员、项目、研究成果、组织单位和实体之间的每个连接相关的数据，并将其存储在 Neo4j 图形数据库中。当前版本的德国国际教科书研究所知识图谱由 6 921 个节点和 8 988 个关系组成。

鉴于构建论文推荐系统的工作范围，该研究主要关注研究成果与个人（或外部人员）之间的作者关系，并围绕该关系制定后续步骤。对几类主要实体概述如下。

（1）研究成果（Research Output）实体：代表德国国际教科书研究所成员发表的研究论文，它们在知识图谱中以标题、摘要、语言和作者身份等内容进行表示。有 984 份研究成果分散在各种语言中（53%德语，38%英语，其他为其他语种）。标题适用于所有节点，而摘要仅适用于其中 219 个节点。

（2）人员（Person）实体：代表德国国际教科书研究所的员工，提供有关其个人数据及其工作职位的详细信息。共有 343 名员工，有学术和非学术人员类型，其中只有 92 人有研究产出贡献，他们构成了该推荐系统的用户集合。

（3）外部人员（External Person）实体：属于与德国国际教科书研究所的研究人员合作并产生属于知识图谱一部分的研究成果的人员。虽然推荐系统只关注德国国际教科书研究所的员工，但外部人员节点也被考虑在内，因为它们直接链接到研究成果节点。外部人员共计 559 人，其中至少有一次署名关系的 368 人。

除了研究成果外，人员节点还直接与组织单位、研究兴趣和活动相关联，这在推荐系统构建中可能对生成用户档案至关重要，通过这些用户档案可以产生推荐。

（4）组织单位（Organisational Unit）实体：基本上代表德国国际教科书研究所的内部部门。在所有部门中，只考虑那些与至少一个作者有联系的部门。在提出的系统和案例研究中，没有考虑外部组织单位及其与外部人员的联系。需要注意的是，部分员工分属两个或两个以上的部门，在这 92 名有署名关系的人中，只有 85 人属于一个部门。

（5）研究兴趣（Research Interest）实体：表示用户感兴趣的研究领域。在有研究论文贡献的 92 人中，只有 30 人对知识图谱有研究兴趣。共计有 23 个研究方向，包括人工智能、机器学习、推荐系统、可用性、教育、历史、数字、人文等。尽管研究兴趣实体是该推荐系统的一个基本特征，但这些关于人的节点的稀疏性质在实际工作中无法在系统实现过程中正确使用它们。因此，该研究决定将它们与活动节点合并，这些活动节点代表德国国际教科书研究所成员参与的所有活动，如客座讲座、会议、研讨会以及他们在其中的角色。值得注意的是，在 92 名具有作者关系的员工中，只有 74 人与某些活动相关。

图 4-10 展示了通过数据准备工作产生的德国国际教科书研究所学术知识图谱。

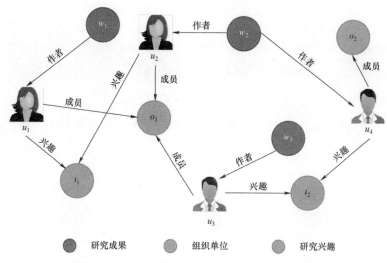

图4-10　德国国际教科书研究所学术知识图谱

2）基于研究成果的主题构建的知识图谱增强

为了进一步表征研究成果并据此增强学术知识图谱，该研究对这些实体采用了主题建模（Topic Modelling）算法来生成最适合数据的5个广泛主题。

对于语料库的准备，标题和摘要（如果可用）已合并形成代表研究论文的单个文档。由于最常见的主题建模算法是为英语开发的，因此每个文档都已翻译成英语（如果需要）以创建统一的语料库。在该研究中，用于推导不同主题的算法是 BERTopic，这是一种基于 BERT 的主题建模技术。一旦通过句子转换器（Sentence-Transformer）生成嵌入，它们就会使用 UMAP 算法映射为低维向量，然后进一步传递给 HDBSAN 算法以执行基于密度的聚类。对于主题的可视化，使用基于类的词频−逆文档频率算法，同时在主题描述中保留重要的词。

所采用的算法已经能够将 638 个研究成果分类为 5 个不同的主题：① 信息抽取（Information Retrieval），关键词包括 information、user、semantic 等；② 国际和德国历史（International and German History），关键词包括 german、polish、czech、history 等；③ 德国国际教科书研究所（GEI），关键词包括 eckert、institution、education 等；④ 教育和教科书（Educational and Textbook），关键词包括 research、studies、education 等；⑤ 社会、环境和政治（Social，Environment and Politics），关键词包括 moral、prejudice、conflict、threat 等。在主题建模之后，在学术知识图谱中为每个主题创建一个新节点，添加到知识图谱并链接到相关研究论文。主

题建模后的学术知识图谱如图 4-11 所示。

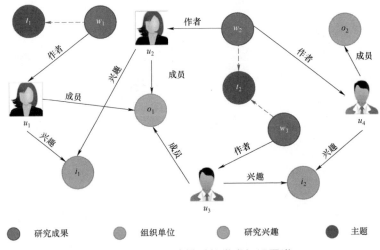

图 4-11　主题建模后的学术知识图谱

3）学术推荐系统实现

该研究提出的基于知识图谱的推荐系统基于 Entity2Rec 模型，这是一种从知识图谱中学习"用户-商品"（对应于该研究中是"人员-研究成果"）相关性以进行 top-N 推荐的方法。从增强后的学术知识图谱开始，对于每个关系，通过利用 node2vec 算法学习实体对于特定关系的向量表示，然后使用生成的向量表示计算关系特定相关性分数。

上述对于特定关系的向量表示学习过程可以看作是一次考虑一个关系，将图嵌入算法应用于从知识图谱中提取的子图上。鉴于作者关系是关键的（始终存在并对所有子图通用），该研究生成了三个子图。

（1）主题子图，包含由主题建模算法生成的人员、研究成果和相关主题（图 4-12）。

（2）研究兴趣和活动子图，包括研究成果、人员、他们的研究兴趣和他们参与的活动（图 4-13）。

（3）部门子图，包含研究成果、人员和他们所属的组织单位（图 4-14）。

该研究的目标是为知识图谱中的 92 位具有作者关系的人中的每一位制作一份推荐论文列表。使用 node2vec 算法为每个子图生成嵌入，使用余弦相似度对向量进行实际计算，在子图级别计算每个人员 u 表示向量与研究成果 o 表示向量之间、

第4章 基于知识图谱的可解释人工智能 133

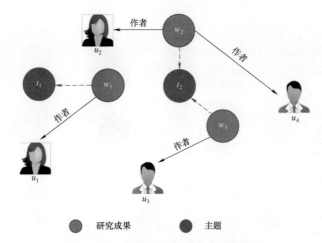

图 4-12 学术知识图谱中的主题子图

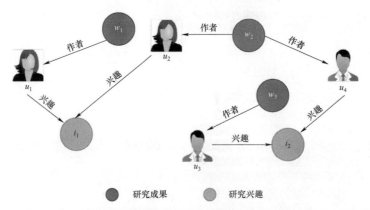

图 4-13 学术知识图谱中的研究兴趣和活动子图

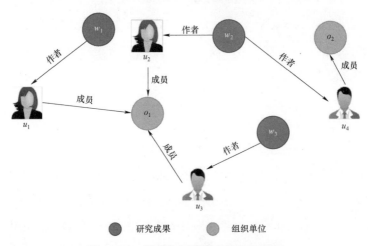

图 4-14 学术知识图谱中的部门子图

在第 i 个子图上的相似度分值 $\text{sim}_i(u,o)$。对人员-研究成果组合的每个子图的分数进行平均,以获得最终的总体相似度分数,该分数将用于对推荐进行排名:

$$\text{sim}(u,o) = \frac{1}{|M|} \sum_{i \in [1,M]} \text{sim}_i(u,o)$$

式中,u 和 o 分别是通用用户和通用研究成果;M 是生成的子图的数量。

4) 可解释性推荐界面设计

可解释的界面旨在为与系统交互的用户提供不同类型的解释,以评估显示推荐和相关解释的不同方式中哪一种是最容易理解的,并且可能会向研究人员灌输(或增加)使用该系统的信心和可信度。该研究设计实现了两个可解释的界面,称为系统 A 和系统 B,如图 4-15 所示。

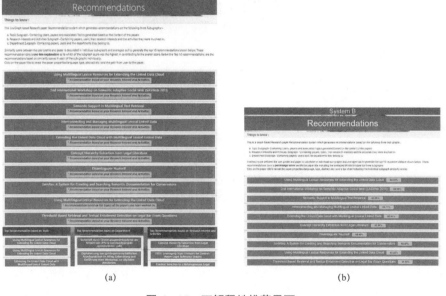

图 4-15 可解释性推荐界面
(a) 系统 A;(b) 系统 B

系统 A 如图 4-15 (a) 所示,分为两个部分:第一部分显示前 10 篇推荐论文并提供单行解释,表示用户和研究成果之间的哪个子图相似度占主导地位(图 4-16)。此外,在单击一个推荐时系统会提供对该推荐的解释依据,用户会获知系统遍历的知识图谱中的路径,从人员节点开始到达该研究成果节点(图 4-17);第二部分(图 4-18)展示了每个单独子图的前三篇论文推荐。

第 4 章　基于知识图谱的可解释人工智能　　135

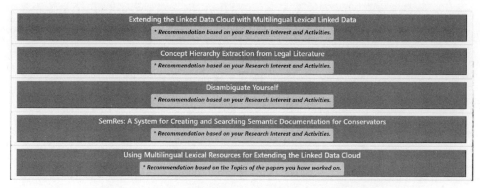

图 4-16　系统 A 提供推荐结果，显示前 10 名推荐研究成果中的 5 项及推荐依据

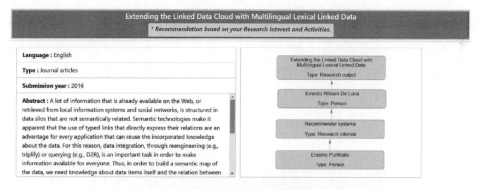

图 4-17　系统 A 提供可解释路径，显示研究人员与特定研究成果的知识图谱路径解释

图 4-18　系统 A 提供子图推荐结果，显示每个子图的前三个推荐研究结果

系统 B 由一个单独的部分组成，该部分展示了推荐研究成果的前 10 名列表，如上述可解释界面图右侧所示。这里的解释是由百分比分数提供的，表示该研究成果与所有子图相似度的平均相似度（图 4-19）。单击一个项目后，系统会显示柱状图，展示人员与子图级别的研究成果的相似度（图 4-20）。

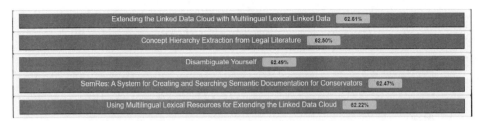

图 4-19　系统 B 提供推荐结果，显示了前 10 名推荐研究
成果中的 5 项及平均相似度

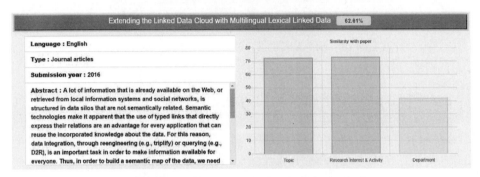

图 4-20　系统 B 提供相似度衡量的可解释性可视化，
显示特定研究成果与特定子图的相似度柱状图

3. 总结

该研究利用研究机构的真实数据，在学术背景下开发了基于知识图谱的论文推荐系统。除了推荐系统外，还提供了两个不同的可解释性界面，用于结果的可视化，旨在向与已实现推荐系统交互的用户提供不同类型的解释，并评估显示结果和相关解释的不同方式中哪一种最容易理解，并尽可能提高涵盖不同研究领域（如计算机科学、教育媒体、语言学、社会科学和人文科学）的研究人员使用该系统的信心和信任感。通过对实战结果的评估和受试者反馈表明，系统 A（以自然语言形式提供解释并显示图谱连接路径）被认为比系统 B（以用户和论文之间的相似度分值为解释依据并提供柱状图可视化）在可解释性层面更有效。该研究是近年来基于知识图谱的可解释性推荐领域比较有代表性的应用系统和示范案例。该研究中，研究人员涵盖了不同的研究领域，如计算机科学、教育媒体、语言学、社会科学和人文科学等，因此面向不同背景、不同需求的用户提供不同的、个性化的、定制化的解释是未来的研究方向，以让每个用户都能获得对推荐系统的信任。此外，该研究也反映出可解释人工智能目前一个比较突出的研究现状：

生成自然语言形式的解释的相关研究还比较少，目前主流研究依然集中在以图形方式（图谱里的多跳连接）进行解释，而前者是人们更期望的解释方式。

4.5.5 基于可解释性知识增强图神经网络的智能推荐

1. 概述

随着在线信息的爆炸式增长，推荐系统在解决信息过载问题方面发挥了至关重要的作用。传统的推荐系统通常依赖于协同过滤方法，协同过滤利用用户的历史记录来生成推荐。协同过滤方法可以分为两类。一是基于记忆的技术，包括基于用户的协同过滤和基于商品的协同过滤，其中基于用户的协同过滤通过使用一些相似性度量（如余弦相似性等）比较他们的商品评级向量，找到与目标用户最相似的用户，目标用户对未评分商品的预测分数是其他用户对该商品的偏好相似度加权平均值。基于商品的协同过滤通常采用基于用户的协同过滤的转移视角。二是基于模型的技术，通常基于学习模型（如采用矩阵分解的潜在因子模型等）给出推荐结论。

最近，深度学习技术在应用于信息检索和推荐系统研究时已经证明了其有效性和便捷性，已经提出许多基于深度学习的推荐方法并取得了很高的推荐性能。然而包含数百层和数百万参数的深度学习推荐模型是复杂的黑盒模型，缺乏决策的可解释性和透明度。尽管这些模型推荐的准确性很高，但阐明"为什么推荐此类商品"的推荐可解释性正得到越来越多的关注，也因此出现了可解释推荐等新任务，它可以向用户或系统设计人员提供带有解释的推荐结果。可解释推荐不仅提高了推荐系统的透明度、可解释性和可信度，还能有效提高用户满意度。

中国科学院联合科研团队在 *Knowledge Enhanced Graph Neural Networks for Explainable Recommendation* 论文中提出了一个新颖的知识增强图神经网络（Knowledge Enhanced Graph Neural Networks，KEGNN）来进行可解释的推荐。KEGNN 模型利用外部知识图谱中的语义知识，从用户、商品和用户–商品交互三个方面学习知识增强语义向量表示。首先，从用户–商品交互中构建用户行为图并使用知识增强语义向量表示初始化用户行为图。其次，提出了一种基于图神经网络的用户行为学习和推理模型，通过连接的用户/商品传播用户偏好并在用户行为图上执行多跳推理，从而全面了解用户行为。最后，该研究为推荐预测设计了层次化协同过滤层,并将拷贝机制与基于门控循环单元的生成器相结合,以生成高质量、人类可读的语义解释。

2. 技术路线

对于一组用户 U 和一组商品 O,用户数为 m,商品数为 n,则定义用户–商品评分矩阵为 $W_{u,o} \in \mathbb{R}^{m \times n}$,其中每个非零元素 $y_{i,j}$ 表示对用户 u_i 和商品 o_j 之间交互的观测(如评分),且都与文本评论 $x_{i,j} = \{w_1, w_2, \cdots, w_{|x_{i,j}|}\}$ 关联,它展示了用户 u_i 对商品 o_j 的感受或评论。其中 w_i 表示评论中的上下文词,$|x_{i,j}|$ 是评论文档 $x_{i,j}$ 的长度。评论集记为 X,评论集的词汇表为 V_x。并且常识知识库 G_{com}(如 ConceptNet)用于增强用户、商品和用户–商品交互的语义表示学习。在此基础上,将问题定义为:给定用户集合 U、商品集合 O、用户–商品交互矩阵 $W_{u,o}$、评论集 X 和常识知识图谱 G_{com},根据给定用户 u_i 预测推荐商品 o_j(未评级商品)的评分 $\hat{y}_{i,j}$,并生成文本解释 $\{\tilde{w}_{i,j,1}, \tilde{w}_{i,j,2}, \cdots, \tilde{w}_{i,j,T}\}$。

该研究提出了用于可解释推荐的知识增强图神经网络,该方法的架构如图 4–21 所示,主要由 4 个模块组成:知识增强语义表示学习模块、基于图神经网络的用户行为学习和推理模块、层次化协同过滤模块和文本形式解释生成模块。知识增强语义表示学习模块旨在学习用户、商品和用户–商品交互的分层语义表示学习,通过知识图谱实现语义概念增强。用户行为学习与推理模块用于对用户行为进行建模,学习构建的用户行为图谱之间的底层关系,通过多跳知识

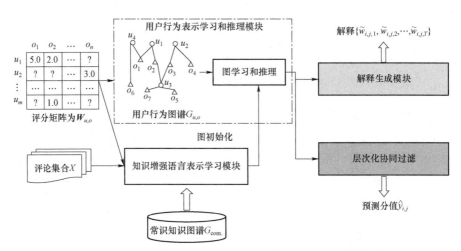

图 4–21 面向可解释性推荐的知识增强图神经网络模型架构

推理得到用户/商品的综合表示和用户–商品交互的关系表示。在用户行为学习和推理的基础上,该研究设计了一个用于精确评分预测的层次化协同过滤模块和一个用于解释生成的解释生成模块。解释生成模块结合了基于 GRU 的生成器和拷贝机制,以生成高质量的人类可读解释。

1) 知识增强语义表示学习

为了学习用户、商品和用户–商品交互的语义表示学习,按照时间顺序池化用户和商品文档。对于用户 u 或商品 o,根据与数据集中每个评论相关联的评论时间,将与该商品相关联或用户评论的历史评论按时间顺序聚合为用户评论文档 x^u 和商品评论文档 x^o。通过时间顺序评论,聚合文档可能具有语义顺序依赖关系。因此,该研究为用户、商品和用户–商品交互提供了三种类型的文本文档,分别为 x^u、x^o、$x^{u,o}$。对这三种类型的文档进行进一步的知识增强语义表示学习,图 4–22 显示了知识增强语义表示学习模块的架构。

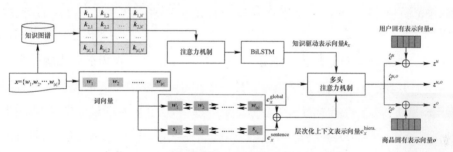

图 4–22 知识增强语义表示学习模块的架构

(1) 上下文语境表示。对于任意类型的文档 x(任何类型的文档),首先获取词语向量序列为 $\{w_1, w_2, \cdots, w_{|x|}\}$。$w_i \in \mathbb{R}^{d_w}$ 是从预训练语言模型(如 Word2Vec 模型等)生成的词 w_i 的词语向量,d_w 表示词语向量的维度。

将每个文档 x 的词语向量序列 $\{w_1, w_2, \cdots, w_{|x|}\}$ 输入到一个双向长短期记忆网络(Bidirectional Long Short-Term Memory Network,BiLSTM)模型,用于捕获全局上下文表示向量 $c_x^{\text{global}} = \text{BiLSTM}(w_1, w_2, \cdots, w_{|x|})$。此外该研究也考虑了句子级上下文嵌入:文档 x 中第 i 个句子 s_i 的句子向量表示 $s_i = \sum_j^{|s_i|} w_j$ 相加,然后得到句子向量的序列 $\{s_1, s_2, \cdots, s_{s_x}\}$。其中,$s_x$ 是文档 x 中的句子数。在句子向量序列上采用另一个 BiLSTM 模型,以获得句子级上下文表示向量 $c_d^{\text{sentence}} = \text{BiLSTM}$

$(s_1, s_2, \cdots, s_{s_d})$。将全局上下文表示向量和句子级上下文表示向量拼接起来,得到层次化上下文表示向量 $c_x^{\text{hiera.}} = [c_x^{\text{global}}, c_x^{\text{sentence}}]$。

(2) 知识驱动表示。该研究利用知识图谱来驱动语义表示学习。对于评论文档 x 的每个单词 $w_{x,i}$,从知识图谱中检索前 N 个相关概念 c,k 表示知识概念 c 的向量表示。注意力机制用于学习前 N 个概念的不同相关性。单词 $w_{x,i}$ 的知识增强向量 $k_{x,i}^{KG}$ 通过如下公式计算:

$$k_{x,i}^{KG} = \sum_j^{|N|} \alpha_{x,i,j} \cdot k_{x,i,j}^{KG}$$

$$\alpha_{x,i,j} = \text{softmax}(Q_{dij})$$

$$Q_{x,i,j} = \tanh(W_1 w_{x,i} + W_2 k_{x,i,j} + b^{KG})$$

式中,$\{W_1, W_2\}$ 和 b^{KG} 是可训练的权重矩阵和偏差向量。

由于 top-1 概念是原始单词,所以直接将知识增强向量序列 $\{k_{x,1}^{KG}, k_{x,2}^{KG}, \cdots, k_{x,|x|}^{KG}\}$ 输入 BiLSTM 层,并获得对于文档 x 的知识驱动表示 $k_x = \text{BiLSTM}(k_{x,1}^{KG}, k_{x,2}^{KG}, \cdots, k_{x,|x|}^{KG})$。

(3) 知识增强语义表示。采用多头(Multi-Head)注意力进一步融合上述知识驱动语义表示和上下文语义表示,多头注意力可以学习不同语义空间上的知识表示,并获得深度知识增强的语义表示。在多头注意力框架中,将融合表示 $c_x^{\text{fusion}} = c_x^{\text{global}} + k_x$ 视为键(Key),将知识驱动表示 k_x 视为值(Value),将层次化上下文向量表示 $c_d^{\text{hiera.}}$ 视为查询(Query)。进而通过多头注意力,获得高级语义表示 $\hat{c}_x$,即

$$\hat{c}_x = W^{MH}[h_1, h_2, \cdots, h_h]$$

$$h_i = \text{Attention}(c_x^{\text{hiera.}} W_i^{\text{Query}}, c_x^{\text{fusion}} W_i^{\text{Key}}, k_x W_i^{\text{Value}})$$

式中,$\{W_i^{MH}, W_i^{\text{Query}}, W_i^{\text{Key}}, W_i^{\text{Value}}\}$ 是多头注意力的学习参数;h 是头数。

因此,对于三类文本文 x^u、x^o、$x^{u,o}$,执行相同的语义学习过程,得到高级语义表示 $\hat{c}^u$、$\hat{c}^o$、$\hat{c}^{u,o}$。

此外,该研究用独热编码方式表示用户/商品,并采用全连接层将稀疏的独热编码表示映射为密集表示作为用户/商品固有向量表示 u 和 v。对于用户 u_i,将其高级语义表示 $\hat{c}_i^u$ 和其用户固有表示 u_i 组合起来,得到知识增强语义表示 z_i^u。其中,组合函数可以是线性组合(如加和聚合等)或非线性组合(如在向量的连

接上使用多层感知器层),该研究选择前者。同理,将商品高级语义表示 $\hat{c}_j^o$ 和商品固有表示 o_j 组合起来得到商品 o_j 的知识增强语义表示 z_j^o。用户–商品交互 $z_{i,j}^{u,o}$(用户 u_i 和商品 o_j 之间)的知识增强语义表示直接设置为 $\hat{c}_{i,j}^{u,o}$。知识增强语义表示将作为用户/商品节点和用户–商品关系在后续用户行为图谱中的初始化向量。

2)用户行为学习与推理

为了全面了解用户偏好,该研究设计了一个基于图神经网络的用户行为学习和推理模块(图 4–23)。

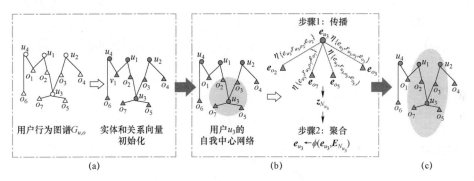

图 4–23 用户行为学习与推理架构
(a)用户行为图;(b)信息传播层;(c)多跳推理

(1)用户行为图谱构建。从用户–商品交互关系出发,该研究构建用户行为图谱 $G_{u,o}$,其中节点包括用户和商品,边表示用户–商品交互,即 $G = \{(e_h, r, e_t) | e_h \in U, e_t \in O\}$。如果用户 $e_h \in U$ 和商品 $e_t \in O$ 之间存在交互,则上述三元组成立(关系 r 存在)。节点集记为 $E = \{U \cup O\}$,关系集记为 R。

该研究利用上述知识增强语义表示来初始化用户行为图谱的节点表示和边表示。用户节点向量 e_{u_i} 初始化为 $e_{u_i} = z_i^u$,商品节点向量 e_{o_j} 初始化为 $e_{o_j} = z_j^o$。对于用户–商品交互关系向量,初始化为 $r_{i,j} = x_{i,j}^{u,o}$。

(2)信息传播层。基于图卷积神经网络的架构,该研究设计了基于图神经网络的信息传播层来捕捉用户行为图谱的高阶结构语义。首先找到一个用户节点的邻居,并考虑自我中心网络(Ego-Network)中的一阶信息传播,如图 4.23(b)所示(以用户节点 u_3 为例来说明这个过程)。自我中心网络表示为 $N_{e_i} = \{(e_i, r_{i,j}, e_j) | (e_i, r_{i,j}, e_j) \in G\}$,其中 e_i 是头节点。为了表征节点 e_i 的一阶邻近结构,自我中心网络的组合计算如下:

$$\eta_{\{e_i, r_{ij}, e_j\}} = W_t \cdot \sigma(W_{at} \cdot e_i + W_{bt} \cdot r_{i,j} + W_{ct} \cdot e_j + b)$$

$$\beta_{i,j} = \frac{\exp(\eta_{\{e_i, r_{ij}, e_j\}})}{\sum_{(e_i, r_{i,j}, e_j) \in N_{e_i}} \exp(\eta_{\{e_i, r_{ij}, e_j\}})}$$

$$z_{N_{e_i}} = \sum_{(e_i, r_{i,j}, e_j) \in N_{e_i}} \beta_{i,j} \cdot e_j$$

式中，$\eta_{\{e_i, r_{i,j}, e_j\}}$ 根据关系 $r_{i,j}$ 测量从头节点 e_i 传播到连接节点 e_j 的信息；$\sigma(\cdot)$ 表示非线性激活函数，如 $\tanh(\cdot)$、$\text{ReLU}(\cdot)$ 等；β 是通过归一化 $\pi_{\{e_i, r_{ij}, e_j\}}$ 对节点 e_i 的自我中心网络中所有三元组的归一化注意力分值。

最后，通过将自我中心网络中邻居表示与 β 聚合，获得从自我中心网络传播的信息表示 $z_{N_{e_i}}$。

在得到一阶信息传播后，下一步是通过聚合函数 $\phi(e_i, z_{N_{e_i}})$ 聚合节点向量 e_i 以及它的自我网络表示 $z_{N_{e_i}}$。由于加和聚合函数具有优越的性能，所以采用加和聚合算法对两种向量进行求和，并利用如下非线性变换：

$$\phi(e_i, E_{N_{e_i}}) = \sigma(W_3 \cdot (e_i + z_{N_{e_i}}) + b_3)$$

式中，W_3 和 b_3 是可训练的权重矩阵和偏差；σ 是非线性函数，如 $\text{ReLU}(\cdot)$ 等。

（3）多跳推理。为了进一步探索高阶邻近性，通过堆叠多个传播层来执行多跳推理，并递归地收集从多跳邻居传输的信息。在第 l 次迭代中，节点表示如下定义：

$$e_i^l = \phi(e_i^{l-1}, z_{e_i}^{l-1})$$

式中，e_i^{l-1} 是从先前传播层获得的节点 e_i 的表示，收集了从 $l-1$ 跳邻居传递的消息。

图 4-23（c）显示了 2 跳推理的示例。执行多跳推理后，从最后一层获得节点（用户/商品）向量表示和关系向量表示，它们将进一步用于评分预测和解释生成。

3）层次化协同过滤

该研究提出了一种用于精确评分预测的层次化协同过滤模块，如图 4-24（a）所示。在层次化协同过滤模块中，该研究设计了三个神经协同过滤层来分层执行用户-商品交互预测。在第一个神经协作层中，将用户表示向量 e_{u_i} 和从用户行为

图谱学习和推理中获得的商品表示向量 e_o 连接起来。非线性变换函数用于用户–商品交互变换，即

$$z_{i,j}^{\text{Level}_1} = \text{ReLU}(W_4[e_{u_i}, e_{o_j}] + b_4)$$

式中，W_4 和 b_4 是可训练的参数；$z_{i,j}^{\text{Level}_1}$ 表示第一层输出的用户–商品交互表示。

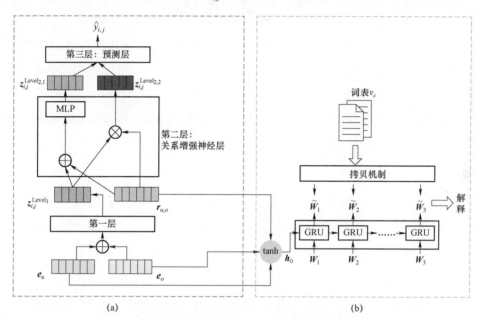

图 4-24　层次化协同过滤和解释生成架构
（a）层次化协同过滤；（b）解释生成

在第二层，该研究设计了一个关系增强神经层，将用户–商品关系表示集成到用户–商品交互预测中。来自第一层的交互表示 $z_{i,j}^{\text{Level}_1}$ 和用户–商品关系表示 r_{u_i,o_j}，通过 Hadamard 积组合，得到关系增强的用户–商品交互表示 $z_{i,j}^{\text{Level}_{2,1}}$：

$$z_{i,j}^{\text{Level}_{2,1}} = z_{i,j}^{\text{Level}_1} \odot r_{u_i,o_j}$$

进而利用多层感知（Multiple Layer Perception，MLP）模型，进一步融合用户–商品交互和关系表示，得到第二层的高级交互表示 $z_{i,j}^{\text{Level}_{2,2}}$：

$$z_{i,j}^{\text{Level}_{2,2}} = \text{MLP}([z_{i,j}^{\text{Level}_1}; r_{u_i,o_j}])$$

最后一个神经层将来自第二层的关系增强的用户–商品交互表示和高级交互表示作为输入，并根据用户 u_i 预测商品 o_j 的评分 $\hat{y}_{i,j}$：

$$\hat{y}_{i,j} = \sigma(W_5[z_{i,j}^{\text{Level}_{2,1}}; z_{i,j}^{\text{Level}_{2,2}}])$$

式中，W_5 是可训练参数；$\hat{y}_{i,j}$ 是用户 u_i 对商品 o_j 的预测评分。

4）解释生成

该研究设计了一种新颖的文本形式解释生成模块，通过结合基于生成的模型和拷贝机制来生成高质量的、自然语言形式的、人类可读的解释。图 4-24（b）展示了该模块的详细信息。采用 GRU 来生成文本解释。此外复制机制与 GRU 生成器集成，以从原始文本源中选择部分片段。复制模式下的词汇表 V_c 是用户评论文档 x_u 和商品评论文档 x_o 中出现的单词的并集，即 $V_c = x_u \cup x_o$。

该研究通过一个 tanh(·) 变换融合用户表示向量 e_u、商品表示向量 e_o 和用户-商品关系表示向量 $r_{u,o}$，其中，h_0 在解码过程中作为初始状态：

$$h_0 = \tanh(W_u \cdot e_u + W_o \cdot e_o + W_r \cdot r_{u,o})$$

式中，W_u、W_o 和 W_r 是可训练的参数。

（1）解释生成器。在生成模式中，采用 GRU 作为生成器。$h_t^{\text{gen.}}$ 是 GRU 在第 t 步的隐藏状态，并且 $h_t^{\text{gen.}} = \text{GRU}(h_{t-1}^{\text{gen.}}, w_t)$。当向给定用户 u_i 推荐商品 o_j 时，第 t 步的词生成概率 $P_{\text{gen.}}(\tilde{w}_{i,j,t} = w_t)$ 计算如下：

$$P_{\text{gen.}}(\tilde{w}_{i,j,t} = w_t) = \text{softmax}(h_t^{\text{gen.}}), w_t \in V_g$$

词语 w_t 来自生成词汇表 $V_g = V_x / V_c$，其中包括不在源词汇表中的剩余单词，w_t 是单词 w_t 的单词语向量。

（2）复制机制。该研究利用复制机制将拷贝模式集成到解释生成过程中。复制模式允许从用户文档 x^u 或商品文档 x^o 的源评论中选择原始单词。拷贝模式 $P_{\text{copy}}(\tilde{w}_{i,j,t} = w_t)$ 下第 t 步的单词生成概率计算如下：

$$P_{\text{copy}}(\tilde{w}_{i,j,t} = w_t) = \text{softmax}(w_t \cdot W^{\text{copy}} \cdot [h_t^g; h_t^0]), w_t \in V_c$$

式中，W^{copy} 是可学习的参数。

结合生成模式和拷贝模式，当从给定用户 u_i 预测商品 o_j 的评分 $\hat{y}_{i,j}$ 时，最终解释词 $\tilde{w}_{i,j,t}$ 的生成定义为

$$P(\tilde{w}_{i,j,t} = w_t) = P_{\text{gen.}}(\tilde{w}_{i,j,t} = w_t) + p_{\text{copy}}(\tilde{w}_{i,j,t} = w_t)$$

生成的解释是 $\{\tilde{w}_{i,j,1}, \tilde{w}_{i,j,2}, \cdots, \tilde{w}_{i,j,T}\}$，其中 T 是生成的解释的长度。

(5）模型优化。将评分预测损失 L_1 定义为

$$L_1 = \frac{1}{2N} \sum_{i=1}^{|U|} \sum_{o_j \in O, y_{i,j} \neq 0} (y_{i,j} - \hat{y}_{i,j})^2$$

将解释生成损失定义为

$$L_2 = \frac{1}{\left|\sum_{y_{i,j} \neq 0} 1\right|} \sum_{y_{i,j} \neq 0} \sum_{t=1}^{T} -P(\tilde{w}_{i,j,t}) \log P(w_{i,j,t})$$

式中，$\left|\sum_{y_{i,j} \neq 0} 1\right|$ 表示用户－商品交互矩阵中的所有非零条目总数，与文本评论 $x_{i,j}$ 相关联；$\tilde{w}_{i,j,t}$ 是生成的词；$w_{i,j,t}$ 是评论文档 $x_{i,j}$ 中的真实词；T 是生成的文本解释的长度。

该研究利用多任务学习的方式来执行模型优化。通过从评分预测和解释生成中获取损失，如下公式中定义了一个统一的目标函数，最终通过最小化统一目标函数来实现模型优化：

$$L = \lambda_1 \cdot L_1 + \lambda_2 \cdot L_2 + \lambda \|\Theta\|^2$$

式中，L_1、L_2 分别是上述中的评分预测损失和解释生成损失；Θ 表示所有可学习参数；λ_1、λ_2 控制不同部分影响的权重，λ 是正则化权重。

3. 总结

该研究提出了一种用于解释性推荐的知识增强图神经网络，利用外部常识知识图谱中的语义知识来增强用户、商品和用户－商品交互三方面的表示学习，成功地将图神经网络、知识图谱、可解释性等技术点融入智能化推荐任务中。此外，该任务也是近年来生成自然语言形式的、人类可理解的解释的代表性工作之一。该研究首先构建了一个用户行为图，并设计了一个基于图神经网络的用户行为学习和推理模块，用于全面理解用户行为；然后，开发了用于精确评级预测的分层神经层，通过 GRU 生成器和拷贝机制的组合生成类人语义解释。尽管该研究成果在真实数据验证中表现出的性能优于最先进的方法，但在小样本环境下性能受限，难以得到较高的推荐准确性。此外，该研究只使用了用户与商品的交互这一种交互关系，因此纳入更多类型的关系、建模更加丰富的语义，将是未来的一个拓展方向。

4.6 基于知识图谱的可解释问答对话

问答对话任务是指在知识图谱上回答逻辑查询和进行多轮对话。给定一个任意复杂的逻辑问题，我们需要直接预测答案对应的实体。例如针对问题"获得图灵奖的加拿大公民在哪里毕业？"反馈答案，这是知识图谱推理应用以及人工智能中的一项基本任务。知识图谱以三元组的形式存储有关现实世界实体的事实（如人、地点、组织及其关系等），并且当前知识图谱的规模越来越大（如 Freebase 知识图谱包含数百万个实体和数十亿个三元组形式的事实并涉及大量谓词）——这种大规模的多关系数据为改进包括问答对话在内的一系列任务提供了巨大的潜力。

4.6.1 基于可解释性逻辑查询向量建模的问答对话

1. 概述

基于知识图谱的问答对话领域的一个公开挑战是研究预测更加复杂的图形查询方法，这些查询涉及多个未观察到的边、节点甚至变量——而不仅仅是单个边。复杂查询问答的目标是回答针对知识图谱的逻辑查询，查询语句由逻辑符号组成，包括存在量词（∃）、逻辑合取（∧）、逻辑析取（∨）、逻辑否定（¬）等。

复杂查询问答任务面临的两个重要挑战如下。一是知识图谱不完备：知识图谱往往是不全的，完备性无法保证，因此查询语句中的原子可能涉及虽然不存在于知识图谱中，但是在实际中是正确的三元组，因此依靠纯符号匹配的方法无法保证查询结果的完整性。二是知识图谱关系复杂：知识图谱中包含实体之间错综复杂的关系，因此知识图谱中可能有很多满足给定查询的子图，当知识图谱规模较大时，会导致查询效率较低。因此，众多研究正在寻求通过计算来解决复杂查询问答任务，将查询问答从符号匹配的范式迁移到基于计算的范式上。

一组特别有用的复杂查询问答对话方法是合取查询（Conjunctive Queries），它对应于仅使用合取（∧）和存在（∃）操作符的一阶逻辑子集。在图结构方面，合取查询允许人们推断节点集之间是否存在子图关系，这使得合取查询成为基于知识图谱的可解释性对话问答应用的焦点,也成为基于知识图谱的可解释性问答对话领域较早开展研究的一个方向。例如,给定一个包含药物、疾病和蛋白质之间已知相互作用的不完整生物学知识图谱,人们可能会提出合取查询:"哪些蛋白质节点可能与同时具有症状 X 和 Y 的疾病相关(What protein nodes are likely to be associated with diseases that have both symptoms X and Y)?"在这个查询中,疾病节点是一个存在的可量化变量,即我们只关心某些疾病将蛋白质节点连接到了症状节点 X 和 Y 上——此类查询的有效答案可以从子图中体现。然而,在生物交互网络中,任何边都存在未被观察到的可能,因此回答这个查询需要枚举所有可能的疾病。

因此,面向对话问答的复杂查询预测任务通常是困难的,这是因为我们希望预测的查询答案会涉及未观察到的边,同时可能存在感兴趣的查询是由一系列查询组合起来的,并且任何给定的合取查询都可以由多个未观察到的子图来满足(图 4-25)。例如,对合取查询进行预测的简单方法如下:首先对所有可能的节点对执行链接预测模型;然后在获得这些边可能性后,枚举可能满足查询的所有候选子图并对其评分。然而,这种简单的枚举方法可能需要大量计算时间,该计算时间与查询中存在量化变量的数量成指数关系。

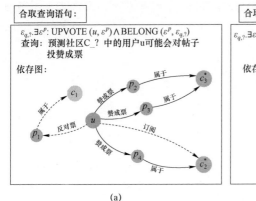
(a)

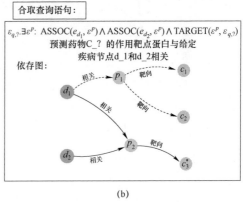
(b)

图 4-25 合取图查询

斯坦福大学团队在 *Embedding Logical Queries on Knowledge Graphs* 论文中首先提出复杂查询问答的研究工作,具有开创意义。该研究重点解决了由存在量词(∃)和逻辑合取(∧)组成的合取查询问答。在该研究中,合取查询语句是由一系列逻辑合取（∧）组成，每个原子由一个锚点实体（简称"锚实体"）和实体变量组成，或是由两个实体变量组成。其中，锚实体指的是在给定查询语句中已经显式出现的实体。该研究的基本思路是：将查询语句表示为向量，通过计算查询语句向量和实体向量之间的相似度完成回答。在进行查询计算前：首先将查询语句表示为一个图查询（Graph Query）；然后根据查询图的结构进行查询计算，因此该研究将提出的方法命名为图查询向量表示（Graph Query Embedding，GQE）模型。GQE 模型将图节点嵌入低维空间中，并在该向量空间中将逻辑操作符表示为学习的几何操作（如平移、旋转等）。训练后，可以使用该模型来预测哪些实体节点可能满足有效的合取查询，即便查询涉及未观察到的边，并且给出推理路径以增强问答过程的可解释性。此外，GQE 模型可以使预测更加有效，其时间复杂度与查询中的边数成线性关系，且相对于输入网络的大小是恒定的。

2. 技术路线

1）复杂查询过程建模

该研究针对由节点（代表实体）$e \in E$ 和各种类型的有向边（代表关系类型）$r \in R$ 组成的知识图谱（或其他异构网络）$G = (E, R)$。通常将边 $r \in R$ 表示为二元谓词，节点类型 $E_e \in E$，关系类型 $E_r \in R$。该研究侧重于对合取图查询进行推理和回答，查询 $q \in Q$ 可以写为

$$q = E_{q,?}.\exists e_1^*, e_2^*, \cdots, e_m^* : r_1 \wedge r_2 \wedge \cdots \wedge r_n$$

其中

$$r_i = \varepsilon_r(e_{\mathrm{anc.}}, e_k^*), e_k^* \in \{E_{q,?}, e_1^*, e_2^*, \ldots, e_m^*\}, e_{\mathrm{anc.}} \in E, E_r \in R$$

或

$$r_i = \varepsilon_r(e_j^*, e_k^*), e_j^*, e_k^* \in \{E_{q,?}, e_1^*, e_2^*, \cdots, e_m^*\}, j \neq k, E_r \in R$$

在上述公式中，$E_{q,?}$ 表示查询的目标变量（即查询 q 的答案），而 $\{e_1^*, e_2^*, \cdots, e_m^*\}$ 是变量节点。查询 q 中出现的边 r_i 涉及这些变量节点以及锚节点 $e_{\mathrm{anc.}}$（锚节点是查询 q 中出现的节点，是查询的起点）。

给定一个使用生物学交互网络的具体例子，考虑查询"返回所有可能与给定疾病实体 e_{disease} 相关的蛋白质为目标的药物实体。"可将这个查询 q 写成

$$q = E_{q,?}^{\text{drug}} . \exists E^{\text{protein}} : \text{ASSOC}(e_{\text{disease}}, E^{\text{protein}}), \text{TARGET}(\varepsilon^{\text{protein}}, E_{q,?}^{\text{drug}})$$

这个查询 q 的答案 $E_{q,?}^{\text{drug}}$ 是所有药物节点的集合，这些节点可能在一条长度为 2 的路径上连接到锚节点 e_{disease}，这些路径分别具有类型为 TARGET 和 ASSOC 的边。在上述查询中，实体 e_{disease} 是查询 q 的锚节点（即查询 q 的输入）。相反，节点 $E_{q,?}^{\text{drug}}$ 和 E^{protein} 是在查询中定义的变量节点。从图谱结构上看，上述公式对应于一条可解释的路径（锚节点位于该可解释路径的起始位置）。

除了单条路径之外，上述公式中的查询还可以表示更复杂的关系。例如，查询"返回所有可能与给定疾病节点 e_{disease1} 和 e_{disease2} 相关的蛋白质为目标的所有药物节点"可写为

$$E_{q,?}^{\text{drug}} . \exists E^{\text{protein}} : \text{ASSOC}(e_{\text{disease1}}, E^{\text{protein}})$$
$$\wedge \text{ASSOC}(e_{\text{disease2}}, E^{\text{protein}}) \wedge \text{TARGET}(E^{\text{protein}}, E_{q,?}^{\text{drug}})$$

在这个查询中，存在两个锚节点 e_{disease1} 和 e_{disease2}，该查询对应于一个可解释的多重树。

通常，将查询 q 的依存图（Dependency Graph）定义为在锚节点集合 $\{e_1, e_2, \cdots, e_k\}$ 和变量节点集合 $\{\mathcal{E}_{q,?}, \mathcal{E}_1^*, \cdots, \mathcal{E}_m^*\}$（其中 $E_{q,?}$ 是查询 q 目标节点集合，即希望返回的查询 q 对应的答案实体）之间形成边集合 $R_q = \{r_1, r_2, \cdots, r_n\}$ 的图。上述依存图必须是有向无环图（Directed Acyclic Graph，DAG），锚节点作为有向无环图的源节点，查询目标节点 $E_?$ 作为唯一的汇聚节点。另外，有向无环图的结构还确保了没有冲突或冗余情况。

如果将边关系视为二元谓词，则图查询公式中定义的图查询对应于标准的合取查询语言，其限制条件是最多允许一个自由变量。然而，与关系数据库上的标准查询不同，该研究目的在于发现或预测未观察到的关系，而不仅仅是回答完全满足一组观察到的边的查询。在形式上，假设每个查询 $q \in Q$ 都存在一些被试图预测的、未观察到的答案实体集合 $E_{q,?}'$，并且假设 $E_{q,?}'$ 在训练数据中没有完全观察到（实体 $e \in E_{q,?}'$ 可以作为查询 q 的答案，但是没有被观察到）。为了避免混淆，引入了查询的可观察的答案集合的概念，表示为 $E_{q,?}^{\text{train}}$，对应于根据观察到的边来预测得到的、能够精准满足 q 的实体集合。因此，该研究的目标是使用训练数据中已知的、可观察到的"查询–答案"对（$\{(q, e^*), e^* \in E_{q,?}^{\text{train}}\}$）进行训练，然后推广到知识图谱中缺失的部分边，实现对依赖于训练数据中未观察到的边的"查

询-答案"对（$\{(q,e^*), e^* \in E_{q,?} \setminus E_{q,?}^{\text{train}}\}$）进行推理。

2）整体框架

该研究探索如何将合取图查询向量映射到低维空间中，这是通过将逻辑查询操作表示为几何操作符来实现的，几何操作符与一组节点向量一起在低维向量空间上进行联合优化。该研究的目标是优化这些操作符以及所有实体 $e \in \varepsilon$ 的向量 $e \in \mathbb{R}^d$，以便生成查询 q 的向量 q，并用于预测实体 e 满足查询 q 的可能性，即量化实体 e 作为查询 q 的答案的可能性，通过如下相似度方式来量化上述可能性（图4-26）。

$$\text{score}(q \cdot e) = \frac{q \cdot e}{q \cdot e}$$

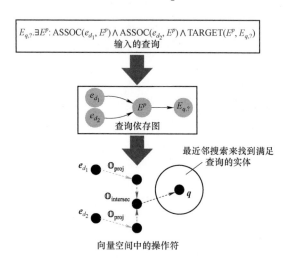

图4-26 GQE模型的架构

因此，该研究的目标是生成查询向量 q，使得 $\text{score}(q \cdot e) = 1, \forall e \in \varepsilon_{q,?}$ 和 $\text{score}(q \cdot e) = 0, \forall e \notin E_{q,?}$。在推理时：首先取一个查询 q，生成其相应的嵌入 q；然后在向量空间中执行最近邻搜索（如通过有效的局部敏感哈希相关技术），找到可能满足该查询。

为了生成查询 q 的向量表示 q，首先使用其有向无环图形式的依存图表示该查询；然后从其锚节点的向量 $\{e_1, e_2, \cdots, e_n\}$ 开始，将几何操作符 $\mathbb{P}$ 和 $\mathbb{I}$ 应用于这些向量，以获得查询的嵌入 q。该研究引入了两个关键的几何操作符，这两个操作符都可以解释为在向量空间中操纵与查询相关联的答案集合。

3）投影（Projection）操作符 $\mathbb{O}_{\text{proj}}$

给定一个查询向量 q 和一个边类型 ε_r，投影操作符输出一个新的查询向量 $q' = \mathbb{O}_{\text{proj}}(q, \varepsilon_r)$，这个新的查询向量对应的答案集合表示为 $E_{q',?} = \cup_{e \in \mathcal{E}_{q,?}} N(e, \varepsilon_r)$，其中，$N(e, \varepsilon_r)$ 表示通过类型 ε_r 的边连接到 e 的实体集合。因此，投影操作符采用与一组节点 $\mathcal{E}_{q,?}$ 对应的向量，并通过类型 ε_r 的边生成一个新查询向量，该查询向量对应于 $\mathcal{E}_{q,?}$ 中实体的所有并集。对几何投影操作符定义为

$$\mathbb{O}_{\text{proj}}(q, \varepsilon_r) = W_{\varepsilon_r} \cdot q$$

式中，$W_{\varepsilon_r} \in \mathbb{R}^{d \times d}$ 是边类型为 ε_r 的可训练参数矩阵。

如果给投影操作符一个节点向量 e 和边类型 ε_r 作为输入，则它将返回对邻居集合 $N(e, \varepsilon_r)$ 的向量表示。

4）交集（Intersection）操作符 $\mathbb{O}_{\text{intersec}}$

假设有一组查询向量 $\{q_1, q_2, \cdots, q_n\}$，对应于具有相同输出节点类型 $\varepsilon_e \in E$ 的查询（集合 E 是知识图谱的实体类型集合）。几何交集操作符利用这组查询向量并生成一个新嵌入 q'，其对应的答案集合表示为 $E_{q',?} = \cap_{i=1,2,\cdots,n} E_{q_i,?}$。即几何交集操作符在向量空间中执行了集合的交集操作。对几何投影操作符定义为

$$\mathbb{O}_{\text{intersec}}(\{q_1, q_2, \cdots, q_n\}) = W_{\varepsilon_e} \cdot \psi(NN_k(q_i), \forall i = 1, 2, \cdots, n)$$

式中，$NN_k(\bullet)$ 是 k 层前馈神经网络；$\psi(\bullet)$ 是对称向量函数（如向量集合的元素均值或最小值）；W_{ε_e} 是节点类型 ε_e 对应的可训练变换矩阵。

原则上，只要该网络在其输入上具有置换不变性，任何对集合进行操作的具有足够表达力的神经网络也可以用语求交操作符。

5）使用几何投影和几何交集操作符进行查询推理

给定几何投影操作符和几何交集操作符后，生成查询向量 q 的过程如下：首先，根据锚节点的出边映射出锚节点向量；然后，如果一个节点在查询的有向无环图中有多个入边，则使用交集操作聚合传入信息，并根据需要重复此过程，直到到达查询的目标变量；最后，使用生成的向量 q，可以通过在向量空间中进行最近邻搜索来预测可能满足此查询的实体。

6）实体节点表示学习

原则上，任何生成节点向量的有效可微算法都可以用于初始化查询向量。该

研究使用标准的特征袋（Bag-of-Features）方法。假设每个 ε_e 类型的节点都有一个关联的二元特征向量 $\boldsymbol{x}_e \in \mathbb{Z}^{|E|}$，进而定义实体向量为

$$e = \frac{\boldsymbol{W}_{\varepsilon_e} \cdot \boldsymbol{x}_e}{|\boldsymbol{x}_e|}$$

式中，$\boldsymbol{W}_{\varepsilon_e} \in \mathbb{R}^{d \times |E|}$ 是一个可训练的嵌入矩阵。该研究使用独热编码方式形成二元特征向量 $\boldsymbol{x}_e$。

7）模型训练

几何投影操作符、交集操作符和节点向量参数可以在最大间隔损失上使用随机梯度下降进行训练。为了计算给定训练查询 q 的损失，该研究从训练数据中采样正例节点 $e^+ \in E_{q,?}^{\text{train}}$ 和负例节点 $e^- \notin E_{q,?}^{\text{train}}$（负样本是从与答案实体具有相同查询类型的实体集合中随机抽取得到），并计算

$$L = \max(0, 1 - \text{score}(\boldsymbol{q} \cdot \boldsymbol{e}^+) + \text{score}(\boldsymbol{q} \cdot \boldsymbol{e}^-))$$

8）该框架的其他变体

上面概述了 GQE 框架的具体实现方式，该研究的框架可以用其他可选的几何投影操作符和集合交集操作符来实现。其中，投影操作符可以使用任何可组合的、基于表示学习的链接预测模型来实现，例如使用 DistMult 模型和 TransE 模型作为几何投影操作符的变体：在基于 DistMult 的变体中，几何投影操作符公式中的矩阵被限制为对角矩阵；在基于 TransE 的变体中，将几何投影操作符公式替换为平移操作。

3. 总结

该模型是一种基于表示学习的框架，可以有效地回答不完备知识图谱上的合取查询，并证明了在知识图谱上合取查询与向量空间中几何投影和交集操作序列之间的等价性。该研究在涉及具有数百万条边网络的两项应用研究中展示了其实用性：一是在生物医学药物相互作用网络中发现新的相互作用（如回答"可能治疗与蛋白质 X 相关的疾病的药物"等问题），二是预测 Reddit 网站上的社会相互作用（如回答"推荐用户 A 可能投反对票，但用户 B 可能投赞成票的帖子"等问题）。但是该研究存在一定局限性：只能处理合取查询——合取查询仅仅是一阶逻辑的一个子集，只涉及逻辑合取（∧）和存在量词（∃），但不涉及析取（∨）。

该研究的出现，引领了一个流派：逻辑查询和知识图谱实体被嵌入低维向量

空间中,这样回答查询的实体被嵌入靠近查询的位置。这种方法可以稳健地处理缺失的关系,并且速度也快了几个数量级,因为回答任意逻辑查询被简化为简单地识别最接近向量空间中嵌入查询的实体。该研究是复杂查询回答任务的开创性研究之一,启发了后续的诸多研究工作,其中一个启发便是:该研究方法若执行于结果缺乏可解释性的复杂查询推理回答任务中,可实现对推理得到的答案和回答问题的过程进行解释,可成为当前研究热点。

4.6.2 基于可解释性"箱子"向量推理的问答对话

1. 概述

针对一阶逻辑查询的问答任务,通常先将一阶逻辑查询表示为有向无环图(包括很多子图),并根据有向无环图进行推理以获得一组答案。此类方法简单直观,但是存在诸多缺点:一是子图匹配的计算复杂度随查询大小呈指数级,因此难以扩展到现存的大规模知识图谱上;二是子图匹配过程比较敏感,因为它难以正确回答在知识图谱中缺少相应关系的查询。为了补救上述第二个问题,可以先执行链接预测算法来估算缺失的关系,但这会导致知识图谱变得更密集,同时链接预测可能引入新的误差导致"误差传导"现象,进一步加剧上述第一个问题。

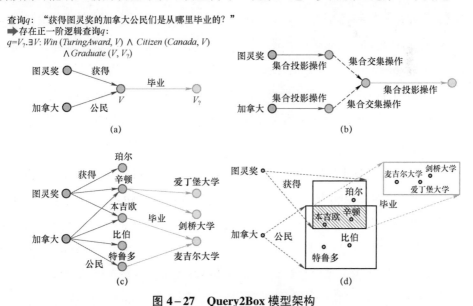

图 4-27　Query2Box 模型架构

(a) 查询 q 及其依存图;(b) 查询 q 的计算图;(c) 知识图谱空间;(d) 向量空间

以 GQE 模型为代表的方法将查询映射到向量空间中的单个点（向量）中，该方法存在一定缺陷：因为回答逻辑查询通常需要在遍历知识图谱时对一组（而非一个）活动实体进行建模，而如何有效地对具有单点的集合进行建模尚不清楚。此外，在向量空间中定义两点的逻辑操作符也是不自然的。上述工作的另一个基本限制是它只能处理合取查询——合取查询仅仅是一阶逻辑的一个子集，只涉及逻辑合取（∧）和存在量词（∃），但不涉及逻辑析取（∨）。如何在向量空间中有效地处理析取仍然是一个值得探讨的问题。

斯坦福大学团队在 *Query2Box: Reasoning Over Knowledge Graphs In Vector Space Using Box Embeddings* 论文中提出 Query2Box 模型，这是一个基于表示学习的知识图谱问答与推理框架，能够以可扩展的方式处理任意存在正一阶（Existential Positive First-order，EPFO）逻辑查询，即包括合取（∧）、析取（∨）和存在（∃）的任何集合的查询。首先，为了准确地建模一组实体，该研究的关键思想是使用封闭区域而不是向量空间中的单个点。具体来说，该研究使用一个长方体"箱子"来表示一个查询（图 4-27（d）），即将查询视作"箱子"向量空间，而不是作为一个点：这样允许执行交运算（合取∧），借助它可以得到新的"箱子"；但是，建模并运算（析取∨）无法如此直接实现，因为可能导致非重叠区域。此外，要想精确建模任意查询的向量表示，向量之间相似度距离函数的复杂度应与知识图谱中实体数成正比。为了解决这个问题，将逻辑查询替换为析取范式（Disjunctive Normal Form，DNF），使并运算只在计算图的最后一步中出现，因此只需对每个子查询执行简单的距离计算即可。这样处理的优势在于：一是"箱子"自然地模拟了它们所包含的实体集；二是逻辑操作符（如集合交集）可以自然地定义在"箱子"上；三是对"箱子"执行逻辑操作符会产生新的"箱子"，这意味着操作是封闭的。

综上所述，通过根据查询计算图（图 4-27（b））迭代地更新"箱子"，Query2Box 可以有效地执行逻辑推理。

2. 技术路线

Query2Box 首先定义一个目标函数，该函数旨在学习知识图谱中实体的向量表示，同时还学习"箱子"上的参数化几何逻辑操作符；然后给定一个任意 EPFO 查询 q（图 4-27（a）），该研究将识别它的计算图（Computation Graph）

(图 4-27（b）），并通过在"箱子"上执行一组几何操作符来学习查询的向量表示（图 4-27（d））。最后，包含在最终"箱子"向量中的实体作为查询的答案返回（图 4-27（d））。Query2Box 在训练时生成一组查询及其答案，然后学习实体向量和几何操作符，能够隐式地估算缺失的关系并回答传统图遍历方法无法回答的查询，以便准确回答查询。

将知识图谱表示为 $G = \{E, R\}$，其中 $e \in E$ 表示一个实体，而 $r \in R$ 表示为二元谓词，ε_r 表示关系类型；E 表示实体集合，R 表示关系集合。即当一对实体之间存在有向边 $e_h \xrightarrow{r} e_t$ 当且仅当 $f_r(e_h, e_t) = \text{True}$，同时可以表示为 $r = \varepsilon_r(e_h, e_t)$。

传统的合取查询是使用存在量词（∃）和合取（∧）操作的一阶逻辑查询的子类，它们的正式定义为

$$q = E_? . \exists e_1^*, e_2^*, \cdots, e_m^* : r_1 \wedge r_2 \wedge \cdots \wedge r_n$$

其中

$$r_i = \varepsilon_r(e_{\text{anc.}}, e_k^*), e_k^* \in \{E_?, e_1^*, e_2^*, \cdots, e_m^*\}, e_{\text{anc.}} \in \varepsilon, \varepsilon_r \in R$$

或

$$r_i = \varepsilon_r(e_j^*, e_k^*), e_j^*, e_k^* \in \{E_?, e_1^*, e_2^*, \cdots, e_m^*\}, j \neq k, \varepsilon_r \in R$$

式中，$e_{\text{anc.}}$ 表示非变量锚实体（Anchor Entity）节点（给定查询 q 中出现的实体）；$\{e_1^*, e_2^*, \cdots, e_m^*\}$ 是存在量化的约束变量节点，$\varepsilon_?$ 是目标变量（为答案实体的集合）。回答逻辑查询 q 的目标是找到一组实体 $E_? \subseteq E$ 且 $e \in E_?$，E_q 为查询 q 的答案集、实体 e 为查询 q 的答案。

如图 4-27（a）所示，依存图（Dependency Graph）是连接查询 q 的图形表示，其中节点对应于 q 中的可变或非可变实体，边对应于 q 中出现的关系。为了使查询有效，对应的依存图需要是有向无环图，锚实体作为有向无环图的源节点。

从查询 q 的依存图中，还可以推导出计算图（图 4-27（b）），它由两种类型的有向边组成，代表实体集合上的操作符。

（1）投影（Projection）操作符：给定一组实体 $E' \subseteq E$，以及关系 $r \in R$，该操作符得到 $\cup_{e \in E'} N(e, r)$，其中 $N(e, r)$ 表示通过关系 r 连接到实体 e 的实体集合。

（2）交集（Intersection）操作符：给定一组实体集$\{E_1, E_2, \cdots, E_n\}$，该操作符得到$\cap_{i=1}^{n} E_i$。

对于给定的查询q，计算图引导整个推理过程以获得一组答案实体，即从一组锚实体节点开始，迭代应用上述两个操作符，直到到达唯一的目标节点。整个过程类似于按照计算图遍历知识图谱。

1）使用"箱子"向量对实体集合进行推理

该研究已经将合取查询转换为可以直接在知识图谱中的节点和边上执行的计算图。下一步将在向量空间中定义逻辑推理：给定一个复杂的查询，将其分解为一系列逻辑操作，然后在向量空间中执行这些操作。这样将获得查询q的向量，查询q的答案将包含在最终查询向量"箱子"中的实体。

下面详细介绍该研究的两个方法学进展：一是使用"箱子"向量表示来有效地对向量空间中的实体集合进行建模和推理；二是处理析取操作符（$\vee$）、一阶逻辑扩展类在向量空间中建模。

1）"箱子"向量表示

为了有效地对向量空间中的一组实体进行建模，该研究使用了长方体"箱子"这一概念（图4-28）。与以往研究仅关注的单个节点不同，"箱子"有内部区域，可以包含多个实体节点。因此，如果一个实体在一个集合中，很自然地将实体向量建模为"箱子"内的一个节点。"箱子"向量表示为$\boldsymbol{b}=[\text{Cen}(\boldsymbol{b}); \text{Off}(\boldsymbol{b})]$，即由"箱子"的中心向量$\text{Cen}(\boldsymbol{b}) \in \mathbb{R}^d$和正偏移量向量$\text{Off}(\boldsymbol{b}) \in \mathbb{R}^d$拼接表示，因此$\boldsymbol{b} \in \mathbb{R}^{2d}$。"箱子"的向量表示即对查询的向量表示。由此可得，可以将"箱子"的向量表示定义为一组实体向量的集合：

$$\text{Box}_b = \{\boldsymbol{e} \in \mathbb{R}^d : \text{Cen}(\boldsymbol{b}) - \text{Off}(\boldsymbol{b}) \ll \boldsymbol{e} \ll \text{Cen}(\boldsymbol{b}) + \text{Off}(\boldsymbol{b})\}$$

式中，元素不等式$\ll$表示先（少）于或等于；$\text{Cen}(\boldsymbol{b}) \in \mathbb{R}^d$是"箱子"的中心向量；$\text{Off}(\boldsymbol{b}) \in \mathbb{R}^d$是"箱子"的正偏移量，对"箱子"的规模进行建模。

知识图谱中的每个实体$e \in E$被分配一个向量$\boldsymbol{e} \in \mathbb{R}^d$（一个零规模的"箱子"），并且"箱子"向量$\boldsymbol{b}$表征和建模了一组实体$\{e \in E : \boldsymbol{e} \in \text{Box}_b\}$，即一组实体$e$，其向量$\boldsymbol{e}$位于"箱子"里面。

Query2Box框架是根据查询q的计算图对向量空间中的知识图谱进行推理

（图 4-27（d））。从源节点（锚实体）的初始"箱子"向量开始，并根据逻辑操作符顺序更新向量。

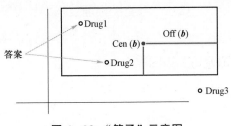

图 4-28 "箱子"示意图

2）锚实体的初始"箱子"

每个源节点代表一个锚实体，可以将其视为仅包含单个实体的集合。这样一个单元素集合可以自然地由一个以 $e \in \varepsilon$ 为中心的、偏移量为零的"箱子"建模。形式上，将初始"箱子"表示设置为 $[e;0]$，其中，$e \in \mathbb{R}^d$ 是锚实体向量，0 是 d 维全零向量。

3）几何投影操作符

将每个关系 $r \in R$ 与关系向量 $r = [Cen(r); Off(r)] \in \mathbb{R}^{2d}$ 与 $Off(r) \gg 0$ 相关联，其中元素不等式 $\gg$ 表示后（大）于或等于。给定一个输入"箱子"向量 b，通过 $b + r$ 对投影进行建模，分别对中心向量求和、对偏移向量求和，这样这产生了一个新的"箱子"，因为 $Off(r) \gg 0$，所以它具有可平移的中心和更大的偏移量。自适应的"箱子"规模，有效地模拟了实体集合中不同数量的实体（及其向量）。

几何投影运算符将空间内一组节点集合映射至空间内另一组节点集合，如图 4-6（a）所示。例如，将一组蛋白质集合通过"TargetBy"关系映射至一组疾病集合。具体地，可以使用类似于 TransE 模型的方法，将给定输入"箱子"向量使用关系向量平移至输出集合的"箱子"向量。

4）几何交集操作符

将一组"箱子"向量 $\{b_1, b_2, \cdots, b_n\}$ 的交集操作看作 $b_{inter} = [Cen(b_{inter}), Off(b_{inter})]$，这是通过对"箱子"中心执行注意力并使用 sigmoid 函数缩小"箱子"偏移量来计算的，即

$$Cen(b_{inter}) = \sum_i \alpha_i \odot Cen(b_i)$$

$$\alpha_i = \frac{\exp(\mathrm{MLP}(\boldsymbol{b}_i))}{\sum_j \exp(\mathrm{MLP}(\boldsymbol{b}_j))}$$

$$\mathrm{Off}(\boldsymbol{b}_{\mathrm{inter}}) = \min(\{\mathrm{Off}(\boldsymbol{b}_1), \mathrm{Off}(\boldsymbol{b}_2), \cdots, \mathrm{Off}(\boldsymbol{b}_n)\}) \odot \sigma(\mathrm{DeepSets}(\{\boldsymbol{b}_1, \boldsymbol{b}_2, \cdots, \boldsymbol{b}_n\}))$$

式中，$\odot$ 是 Hadamard 乘积；MLP($\bullet$) 是多层感知器；$\sigma(\bullet)$ 是 sigmoid 函数；DeepSets($\bullet$) 定义为 $\mathrm{DeepSets}(\{\boldsymbol{x}_1, \boldsymbol{x}_2, \cdots, \boldsymbol{x}_N\}) = \mathrm{MLP}\left((1/N) \cdot \sum_{i=1}^{N} \mathrm{MLP}(\boldsymbol{x}_i)\right)$。

几何交集背后是生成一个位于"箱子"内的一组较小"箱子"(图 4-29(b))，该研究的几何交集操作符有效地约束中心位置和缩小目标实体集合范围。

几何交集操作符的输入是多个"箱子"向量，输出是这些集合的交集对应的"箱子"向量。该操作符需要满足：一是输出"箱子"的中心点位于所有输入"箱子"的凸集合中；二是输出"箱子"的边长小于所有输入"箱子"的边长。这是因为交集操作会使得输入集合的元素数量变小，那么它在空间中的向量表达也要同时变小。

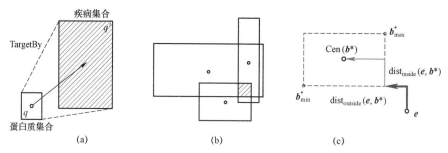

图 4-29　Query2Box 模型定义的两种操作符和距离函数的几何示意
(a) 几何投影操作符；(b) 几何交集操作符；(c) 距离

5）实体到"箱子"的距离

给定一个查询 q 对应的"箱子"表示 $\boldsymbol{b}^* \in \mathbb{R}^{2d}$ 和一个实体 e（向量 $\boldsymbol{e} \in \mathbb{R}^d$），该研究将它们的距离定义为

$$\mathrm{dist}_{\mathrm{box}}(\boldsymbol{e}, \boldsymbol{b}^*) = \mathrm{dist}_{\mathrm{outside}}(\boldsymbol{e}, \boldsymbol{b}^*) + \alpha \cdot \mathrm{dist}_{\mathrm{inside}}(\boldsymbol{e}, \boldsymbol{b}^*)$$

此外，定义 $\boldsymbol{b}^*_{\max} = \mathrm{Cen}(\boldsymbol{b}^*) + \mathrm{Off}(\boldsymbol{b}^*) \in \mathbb{R}^d$，$\boldsymbol{b}^*_{\min} = \mathrm{Cen}(\boldsymbol{b}^*) - \mathrm{Off}(\boldsymbol{b}^*) \in \mathbb{R}^d$，$0 < \alpha < 1$ 是一个调节额参数。其中：

$$\mathrm{dist}_{\mathrm{outside}}(\boldsymbol{e}, \boldsymbol{b}^*) = \|\max(\boldsymbol{e} - \boldsymbol{b}^*_{\max}, 0) + \max(\boldsymbol{b}^*_{\min} - \boldsymbol{e}, 0)\|_1$$

$$\mathrm{dist}_{\mathrm{inside}}(\boldsymbol{e}, \boldsymbol{b}^*) = \|\mathrm{Cen}(\boldsymbol{b}^*) - \min(\boldsymbol{b}^*_{\max}, \max(\boldsymbol{b}^*_{\min}, \boldsymbol{e}))\|_1$$

如图 4-29（c）所示，$\text{dist}_{\text{outside}}$ 对应于实体 e 与 "箱子" 最近的角/边之间的距离，$\text{dist}_{\text{inside}}$ 对应于该最近的角/边与 "箱子" 中心的距离（如果实体 e 在 "箱子" 内，则对应于实体 e 本身与 "箱子" 中心的距离）。

这里的关键是通过使用 $0<\alpha<1$ 来降低 "箱子" 内的距离。这意味着只要实体向量在 "箱子" 内，就认为它们离查询中心足够近，即 $\text{dist}_{\text{outside}}$ 为 0，并且 $\text{dist}_{\text{inside}}$ 由 α 缩放。

6）目标函数

给定一组训练查询及其答案，优化负采样损失以实现有效优化基于距离的模型：

$$L = -\log \sigma(\gamma - \text{dist}_{\text{box}}(\boldsymbol{e}, \boldsymbol{b}^*)) - \sum_{i=1}^{K} \frac{1}{K} \log \sigma(\text{dist}_{\text{box}}(\boldsymbol{e}'_i, \boldsymbol{b}^*) - \gamma)$$

式中，γ 表示一个固定的标量边距；$e \in E_q$ 是一个正实体（对查询 q 的回答）；$e'_i \notin E_q$ 是第 i 个负实体（对查询 q 的非回答），K 是负实体的数量。

2. 使用析取范式处理析取

该研究的上述部分专注于合取查询，该研究的最终目标是在向量空间中处理更广泛的逻辑查询——存在正一阶（Existential Positive First-order，EPFO）查询，即除了合取查询所关注的 $\exists$ 和 $\wedge$ 之外还涉及 $\vee$。该研究重点关注针对其计算图是有向无环图的 EPFO 的查询，定义有一种新的操作符。

几何并集（Union）操作符：给定一组实体集合 $\{E_1, E_2, \cdots, E_n\}$，该操作符得到 $\cup_{i=1}^{n} E_i$。

"箱子" 向量表示面临的一个直接挑战是 "箱子" 可以位于向量空间中的任何位置，因此它们的并集将不再是一个简单的 "箱子"。换言之，"箱子" 上的并集操作不是封闭的。该研究将给定的 EPFO 查询转换为析取范式，即合取查询的析取形式，以便让并集操作仅出现在最后一步。进而可以在低维空间中对每个合取查询进行推理，之后可以通过简单直观的过程聚合结果。

1）转换成析取范式 DNF 形式

鉴于任何一阶逻辑都可以转换为等效的析取范式 DNF，该研究直接在计算图空间中执行这种转换，将所有类型为并集的边移动到计算图的最后一步。令 $G_q = \{E_q, R_q\}$ 为给定 EPFO 查询 q 的计算图，令 $E_{\text{union}} \subset E_q$ 为一组传入边为 "并集"

类型的实体节点。对于每个 $e \in E_{\text{union}}$，将 $E_{e_{\text{parent}}} \subset E_q$ 定义为实体 e 的父节点的集合。首先，生成 N 个（$N = \prod_{e \in E_{\text{union}}} |E_{e_{\text{parent}}}|$）不同的计算图 $\{G_{q_1}, G_{q_2}, \cdots, G_{q_N}\}$，不同的计算图以不同的 $e_{\text{parent}} \in E_{e_{\text{parent}}}$ 作为第一步。

（1）对于每一个实体 $e \in E_{\text{union}}$，选择实体 e 的一个父节点 $e_{\text{parent}} \in E_{e_{\text{parent}}}$。

（2）删除所有"并集"类型的边。

（3）合并实体 e 及其父节点 e_{parent}，同时保留所有其他类型边。

然后，按照如下流程合并所获得的计算图 $\{G_{q_1}, G_{q_2}, \cdots, G_{q_N}\}$，进而得到最终的析取范式的等效计算图。

（1）将得到的所有计算图的目标节点转换为变量节点。

（2）创建一个新的目标节点 $E_?$，并从上述所有变量节点以"并集"类型的有向边连接向这个新的目标节点。

上述 DNF 转换过程的示例如图 4-30 所示。通过并集操作的定义，给出了与原始计算图等效的计算图。此外，由于所有并集操作符都从 $\{G_{q_1}, G_{q_2}, \cdots, G_{q_N}\}$ 中删除，所有这些计算图都表示合取查询 $\{q_1, q_2, \cdots, q_N\}$。然后，可以使用现有框架来为这些合取查询获取一组向量 $\{\boldsymbol{q}_1, \boldsymbol{q}_2, \cdots, \boldsymbol{q}_N\}$。需要注意的是，上述 DNF 查询转换方案是通用的，并且能够扩展到任何适用于合取查询的方法以处理更通用的 EPFO 查询类。

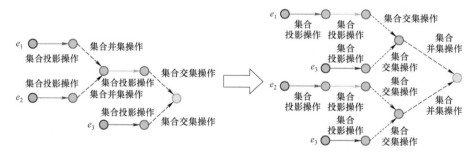

图 4-30　将 EPFO 查询的计算图转换为析取范式的等效计算图的示意图

2）聚合

定义给定 EPFO 查询 q 和实体 $e \in E$ 之间的距离函数，如下。由于 q 在逻辑上等价于 $q_1 \vee q_2 \vee \cdots \vee q_N$，可以自然地使用"箱子"定义聚合距离函数距离 dist_{agg}：

$$\text{dist}_{\text{agg}}(e,q) = \min(\{\text{dist}_{\text{box}}(e,q_1), \text{dist}_{\text{box}}(e,q_2), \cdots, \text{dist}_{\text{box}}(e,q_N)\})$$

当 q 是一个合取查询时，即 $N=1$，$\text{dist}_{\text{agg}}(e,q) = \text{dist}_{\text{box}}(e,q)$；对于 $N>1$，dist_{agg} 将以到最近"箱子"的最小距离作为到实体的距离。这种建模与并集操作非常吻合：只要实体在其中一个集合中，实体就在集合的并集内。

3. 总结

该研究提出了一个 Query2Box 推理框架，可以有效地对实体集合进行建模和推理，特别是在继承 CQE 模型的可解释性的同时实现了在向量空间中处理 EPFO 查询问题的突破：给定一个逻辑查询，先将其转换为析取范式 DNF，将每个连接查询向量到一个"箱子"中，并输出最接近其最近"箱子"的实体作为问题的答案。其基本想法是将查询表示为空间中的"箱子"，那么空间中的逻辑推理就可以很方便地被定义。例如，"与"运算对应着"箱子"的交集。这一做法的优点在于，它解决了空间中两个点无法定义逻辑"与"运算。Query2Box 模型可以自然地回答合取查询，也能够扩展且准确地处理所有类型的 EPFO 查询。在以往研究中，仅将 EPFO 查询向量到单个点或"箱子"是难以处理的，因为它需要与知识图谱实体的数量成比例的向量维度。然而 Query2Box 模型提供了一个有效的解决方案：给定任何 EPFO 查询，将给定的 EPFO 逻辑查询转换为析取范式（析取查询）并将其表示为一组单独的"箱子"，其中每个"箱子"都是针对析取范式中的每个连接查询获得的，然后将最近邻实体返回到任何"箱子"作为查询的答案。在这种设置下，要回答任何 EPFO 查询，首先回答单个连接查询，然后取答案实体的并集。

从计算复杂度角度，使用该研究的框架回答 EPFO 查询的计算复杂度等于回答 N 个合取查询的计算复杂度。首先，在实践中，N 可能不会那么大，并且所有 N 计算都可以并行化；其次，回答每个合取查询非常快，因为它仅需要执行一系列简单的"箱子"操作（每个操作都需要恒定时间）；最后，在向量空间中执行范围搜索，这是可以使用基于局部敏感哈希的相关技术在恒定时间内完成的。

综上所述，Query2Box 的优势概述如下：一是可扩展性以及推理效率，并不需要在每一步推理后找出对应于知识图谱中的实体节点，使得方法的复杂度与推理涉及的跳数只是线性复杂度，解决了传统方法的指数级复杂度的问题；二是泛化性，由于几何投影操作符和几何交集操作符的输入和输出都是"箱子"向量，可以拼接任意长度的操作符来完成多步推理，所以该方法在训练和测试时不受数据跳数限制，理论上可以解决任意复杂逻辑查询；三是对噪声的稳健性，低维稠密向量空间可以有效缓解图中缺失信息与噪声信息。

4.6.3 基于可解释性知识图谱补全的问答对话

1. 概述

查询回答系统和聊天机器人相关研究，目前受益于存储在知识图谱（如NELL、YAGO、Freebase）中的符号事实。尽管知识图谱包含许多事实（通常存储为三元组形式），但知识图谱还远未完善，因此出现了一系列面向知识图谱的补全技术。这些技术通常采用表示学习技术，将离散的符号数据转化为连续的、可量化的向量，通过向量上的数学运算来建模实体之间的关系。在此基础上，知识图谱补全依赖于判断是否通过这些数学运算来预测特定的三元组。

虽然表示学习技术通常被看作预测实体之间关系的一种比较准确的方法，但此类技术剥离了底层知识图谱的语义内容，因此很难被人类用户理解。例如，一个聊天机器人回答"巴黎是法国的首都吗？"（Is Paris the capital of France？）这个问题时，假设聊天机器人使用包含国家和城市的知识图谱，其中存在关系类型"首都"，但三元组（法国，首都，巴黎）不在知识图谱中。假设聊天机器人返回"是"，那么为什么呢？一个可接受的原因可能是，图谱中存在其他三元组显示：巴黎是首都且巴黎位于法国。另一种可能的解释是，关注表示学习技术得到的向量本身的属性，每当有一个城市和一个国家映射到某个特定方向排列成向量时，则前者是后者的首都，而巴黎和法国的向量则符合这一对应关系（这种解释的目的是理解在回答特定问题时向量的行为）。这两种解释都需要比现有技术更复杂的洞察力来解释，需要检测哪些特征是最相关的分类器，因为这表明向量的特定维度强烈影响决策本身。因此，能否自动解释嵌入产生的补全，成为当前研究热点。巴西圣保罗大学在 *Explaining Completions Produced by Embeddings of Knowledge Graphs* 论文中使用知识图谱的符号特征作为语义指导的来源，实现基于表示学习技术的知识图谱补全的可解释性，并提出 XKE-e 算法，这是一种解释表示学习补全的策略。

2. 技术路线

该研究认为"可解释性"的概念并不是一个简单的概念。这当然不是一个绝对的概念,因为它取决于最终用户、因人而异、按需定制:如果客户是数据科学家,人工智能模型可以通过数学方程来解释,但如果客户是审计部门的律师,则应该以文本方式解释。解释通常是通过检测哪些特征最重要、哪些数据点最具影响力,以及各种敏感性分析来生成的。此外,模型的解释与用户对模型的信任有关,用户很难相信一个无法充分解释的决策。在解释一个预测时,通常有两种"解释程度":一是"绝对"地解释它(程度较重),证明"它为什么有意义";二是解释它与模型"相对"关系(程度较轻),侧重于模型做出决策的原因。前者似乎在所有情况下都很有用,但当最终用户是试图弄清楚分类器行为的数据科学家,或试图确定分类器是否有偏见的审计专家时,后者可能更加关键。同时,当需要可解释性时,如准确性之类的简单指标无济于事。事实上,准确性和可解释性之间存在一种天然的矛盾和反比关系:在存在大型数据集的情况下,更高的准确性往往需要更复杂的模型,从而导致产生难以解释的决策。同时,该研究将目前主要的解释分类器的思路分为两类:一种是分解方法,通过考虑感兴趣的分类器的特定结构来提取规则和解释;另一种是教学法或不可知论方法,将分类器视为"黑盒",并实现一个更简单的分类器来模拟复杂分类器的输出,并提供有关输出的解释。

该研究的核心思想是:试图解释一个"黑盒"的表示学习模型,并通过使用预测的标签从原始图中提取特征(如路径模式等)来实现一个可解释的分类器——这个可解释的分类器以加权的 Horn 子句(Horn Clause)的形式来产生符号解释,这些解释被验证是易于解释的。输出结果是一组符号解释,这些符号解释是通过表示学习技术生成每个补全的图谱特征获得的。同时,在解释表示学习时应该以 100%的保真度为目标。

图 4-31、图 4-32 中的示例是使用两种流行的知识图谱的数据生成的,分别是 FB13 知识图谱和 NELL186 知识图谱。每个解释都包含一个子图,子图由知识图谱中的实体(及相关关系)组成。在某些情况下,特定实体是不相关的,但通过子图可以很容易地得到一个象征性的解释。例如,在 FB13 知识图谱示例中(图 4-31),TransE 模型认为实体"Henry the Lion"是天主教徒的原因是:他的孩子是天主教徒(这是存在于 FB13 知识图谱中的已知事实)。类似地,NELL186

示例描述了为什么 TransE 模型使用 NELL186 知识图谱中的数据确定"UIC Flames"队打的是冰球（Ice Hockey），因为他们和另一支冰球队在同一个联赛中打球（图 4-32）。

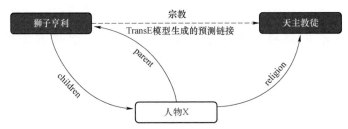

图 4-31　FB13 知识图谱中的示例（感兴趣的实体标注为蓝色，虚线边由 TransE 模型生成，其他边来自 FB13 知识图谱）（附彩插）

图 4-32　NELL186 知识图谱中的示例（感兴趣的实体标注为蓝色，虚线边由 TransE 模型生成，其他边来自 NELL186 知识图谱）（附彩插）

1）子图特征提取

在描述算法之前，首先概述图特征模型（Graph Feature Models）：图特征模型旨在通过观察图的特征来推断新事实，通常是借助规则或类似的符号操作来执行知识图谱补全。例如，使用 PRA 算法，三元组可以通过知识图谱中有界长度的随机游走构造的特征矩阵来进行预测。子图特征提取（Subgraph Feature Extraction，SFE）算法是基于 PRA 算法的。

给定知识图谱 G，存在三元组 $\tau=(e_h,r,e_t)$，其中 $e_h,e_t \in \varepsilon$ 且 $r \in R$，$T=\{E \times R \times E\}$ 表示该知识图谱的所有可能三元组的集合。SFE 算法是一次关注一个关系 r。用 T^+ 表示具有 r 关系的三元组的集合，以强调这些是正例三元组。T^+ 取决于特定的 r。为了训练模型，一组负例三元组 T^- 通过随机替换知识图谱中实体（头实体或尾实体）来破坏知识图谱中的正三元组来实现构建。对于一个通用的三元组 (e_h,r,e_t)，采用一条从 e_h 到 e_t 的路径 p_k，该路径最多有 k 个边，路径中的每条边对应一个关系或者关系的逆。然后将三元组与连接其头部到尾部的所有路径模式的集合相关联。事实上，并不是所有从头部到尾部的可能路径都被生成，SFE 算法运行随机游走以对此类路径进行采样。

用 $p_k(e_h, r, e_t)$ 表示连接实体 e_h 到 e_t 的最大长度为 k 的路径类型。这些实体之间所有遇到的路径 $p_k(e_h, e_t)$ 的集合由 $P_k(e_h, r, e_t)$ 表示。用 $\mathbb{I}_p$ 表示一个二元变量，指示给定路径 p 是否存在。为给定三元组提取的特征向量由 $\tau_{e_h, r, e_t}^{SFE} = [\mathbb{I}_{p_k} : p_k \in P_k(e_h, r, e_t)]$ 表示。对于给定的关系 r，SFE 算法使用后一个表达式，结合为每个训练示例 $(e_h, r, e_t) \in \{T^+ \cup T^-\}$ 提取的特征向量 τ_{e_h, r, e_t}^{SFE}，构造一个特征矩阵。该特征矩阵可以作为任何分类器的输入；如果选择一个逻辑回归分类器，则获得关系 r 的参数矩阵 W_r，然后用 $P^{SFE}(e_h, r, e_t) = W_r \cdot \tau_{e_h, r, e_t}^{SFE}$ 计算三元组 $(e_h, r, e_t) \notin T^+$ 的存在概率。

为了提取路径，SFE 算法使用 k 步构建出每个实体 e_h 到 e_t 的子图。如果两个子图 G_h 和 G_t 包含从每个实体出发并到达某个中间节点 e_i 的路径 $p_{h,i}$ 和 $p_{t,i}$，则路径类型 $p_{h,i} \cup p_{t,i}$ 存储在特征向量中。SFE 算法采用了随机游走，但也提出通过广度优先搜索算法构建子图，以增加提取特征的数量。为了在大型知识图谱中的广度优先搜索期间保持搜索在计算上易于处理，建议跳过具有高出度（传入/传出边的数量）的节点的扩展。因此，如果从实体 e_h 出发的路径到达一个度数高于给定阈值（模型的参数）的节点，则该节点将不会在进一步的步骤中展开，但它仍将被视为中间节点 e_i，稍后可以合并到从 e_t 出发的子图中。这种策略显著增加了提取特征的数量。

结合上述方法，用 $f(T) \to \{0,1\}$ 表示"黑盒"的表示学习分类器的函数。将 P_G 定义为连接两个实体的所有可能路径的集合，并将 $\text{Power}(P_G)$ 定义为它的幂集。子图特征提取算法对给定三元组 $(e_h, r, e_t) \in T$ 和给定图谱 G 执行的特征提取函数 $f_{SFE}(T) \to \text{Power}(P_G)$。将子图特征提取算法应用于三元组 (e_h, r, e_t)，结果表示为 $P_{e_h, r, e_t | G} \in \text{Power}(P_G)$。

然后，利用 XKE-TRUE 算法构建一个辅助训练集：

$$\Delta_{\text{train}} = \{(f_{\text{SFE}}(e_h, r, e_t | G), f(e_h, r, e_t)) | (e_h, r, e_t) \in T\}$$

并训练一个可解释的分类器（以逻辑回归分类器为例），$f'(\text{Power}(P_G)) \to \{0,1\}$ 使用 Δ_{train}，从中以加权 Horn 子句的形式得出解释子句，其中每个规则（特征）是从 G 中提取的路径类型，由逻辑回归分类器分配的权重。

尽管上述 XKE-TRUE 算法工作合理，但它有一个严重的缺点：它的保真度远非 100%，因此在许多情况下无法提供解释。为了解决这个问题，可以从两个方面对原始 XKE-TRUE 算法进行改进，以提高其保真度：一是允许子图特征提取算法从知识图谱中提取更多特征，从而大幅提高保真度；二是处理可解释分类器与表示学习算法预测结果相矛盾的情况。

2）修改后的子图特征提取算法

按照如下思路实现新版本的子图特征提取算法：将子图特征提取结合广度优先搜索，利用模型的参数来指定最大节点出度，且出度高于该值的节点将不会被扩展。在广度优先搜索实现中，出度大于最大值的起始节点将仅扩展一步。事实证明，这一步对于构建更多用作特征的路径序列非常有用。

3）XKE-e 算法

尽管上面描述了修改后的子图特征提取算法，但对于合理数量的训练示例，广度优先搜索可能存在无法找到任何长度为 L 的路径的现象。解决这个问题的一种方法是增加 L 并找到更长的路径，但在大型知识图谱中，这在计算上会非常昂贵。因此，该研究利用通过应用子图特征提取和逻辑回归获得的知识：对于逻辑回归和表示学习算法之间预测不一致的三元组，根据逻辑回归分配的权重，构建新路径（使用表示学习算法进行知识图谱补全）使用最关键的路径连接实体。

用 Δ'_{train} 表示 Δ_{train} 的子集，其中应用于三元组的子图特征提取函数导致空集 $P_{e_h,r,e_t|G} = \varnothing$。对于任意三元组 $(e_h,r,e_t) \in \Delta'_{\text{train}}$，得到训练后逻辑回归的活动规则，并使用 $f(\cdot)$ 构造这条路径。

3. 总结

该研究是近年来针对基于表示学习的知识图谱补全技术的可解释性提升开展深入研究的典型工作。该研究提出了一个能够产生解释的框架，该框架能够高效地模拟每个预测的嵌入分类器，实现解释嵌入生成的知识图谱补全。该研究的目标是提高算法的保真度，并产生直观和合理的解释。但是当知识图谱体量过于庞大时，可能的路径会随着实体的数量呈指数增长，这会对算法的保真度产生影响。

4.6.4 基于可解释性可微建模的大规模问答对话

1. 概述

如今，问答对话系统在客户服务和语音助手中无处不在。该技术的主要用途之一是辅助人类完成可能需要访问大型知识图谱的任务（如电影搜索等）。然而，以现有技术发展水平，当用户与语音助手交互时，需要以非常具体的方式表达他们的请求，才能获得相应的回答——这限制了用户体验，部分原因是问答对话平台缺乏推理能力，以及需要依赖大量人工制定的规则（这些规则往往难以灵活扩展）。因此，构建一个端到端对话系统，让这个系统可以在感知用户话语意图的同时进行推理，可以极大改善用户体验并减轻规则开发人员和业务专家的工作。

问答对话系统架构通常由自然语言理解（Natural Language Understanding，NLU）模块、对话管理（Dialogue Management，DM）模块和自然语言生成（Natural Language Generation，NLG）模块组成。首先，自然语言理解模块从用户话语中提取含义表示，对话管理模块基于该含义表示，通过对含义表示进行推理并在必要时与外部应用程序通信，从而生成下一个系统动作。例如，对话管理模块可以从外部知识图谱中检索信息，以根据对话历史回答用户的查询——此过程需要对话管理模块将自然语言理解模块的输出转换为要向后端发出的查询。考虑到这一步的难度（通常取决于特定领域），对话管理模块可能需要设计手工规则。然而，这样的规则通常不能扩展到不同的应用程序，因此不具备通用性。它们可能需要付出相当大的努力来涵盖所有可能的案例或者对话流程，从而导致设计新应用程序的成本高昂。此外，在某些情况下，与此类助手交互的用户被迫要求采用特定查询以实现查询目标，这可能会破坏用户参与度。

为了解决用户体验被破坏和手工规则设计代价高昂等问题，最近很多研究工作探索了构建端到端问答对话系统和一体式回答生成模型的可能性等。其中，由于图是存储知识的主要结构之一，最近的研究已经提出根据对话历史和外部知识图谱生成自然语言回答的方法。尽管有这些创新和鼓舞人心的方法，但也存在一些不足之处。例如，这些方法要么不能完全被解释，要么仅限于小规模的知识图谱。

鉴于此，加利福尼亚大学在 *Towards Large-Scale Interpretable Knowledge Graph Reasoning for Dialogue Systems* 论文中提出一种新的对话可微知识图谱（Dialogue differentiable Knowledge Graph，DiffKG）模型。该模型是一个单一的Transformer架构，它能直接生成一系列关系进行多跳推理，并使用检索到的实体

生成回答。这被认为是第一个可以直接在大型知识图谱上执行的可解释性问答对话模型，具有灵活性和可解释性。此外，该模型的推理路径由预测的关系组成，因此具有透明度。

2. 技术路线

如果将问答对话历史定义为在用户和系统交互期间发生的一系列词语，那么扁平化的对话历史可以写为

$$x = \{w_i \mid i = 1, 2, \cdots, n\}$$

式中，w_i 是带有 n 个词语对话历史中的第 i 个词语。

在端到端对话系统中，假设存在一个对话系统，它可以预测回复 $P(\cdot \mid x, G)$ 的概率分布。生成的回复是从这个概率分布中采样的。

该研究所提出的 DiffKG 架构（图4-33），包含4个主要模块：对话历史编码器模块、可微知识图谱推理模块、可学习的逻辑操作模块、回答解码器模块（Transformer 模型）。如图4-33所示，模型根据关系层预测得到的关系向量序列 $\{r^{(1)}; \cdots; r^{(k)}; \cdots; r^{(K)}\}$ 生成对问题的回答，因此可以根据该推理路径进行充分和完全解释。

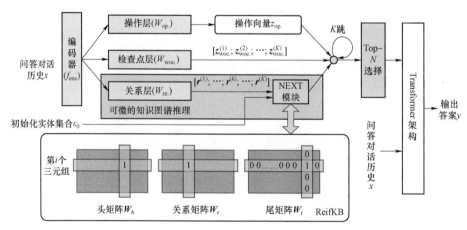

图4-33 对话可微知识图谱架构

1）问答对话历史编码器

使用编码器模型对问答对话历史 x 进行投影，并通过 $x = f_{enc}(x) \in \mathbb{R}^d$ 获得对话历史的向量表示 x，其中 d 是编码器的隐向量的维度。对话历史向量 x 然后被输入到三个神经层：一是操作层，对话历史向量 x 首先被输入到具有参数

$W_{\text{op.}} \in \mathbb{R}^{d \times d}$ 的操作层，操作层预测操作向量 $z_{\text{op.}} = W_{\text{op.}}^\mathsf{T} x \in \mathbb{R}^d$；二是关系层，对话历史向量 x 被输入到一个参数为 $W_{\text{re.}} \in \mathbb{R}^{d \times |\mathcal{R}| K}$ 的关系层中，关系层预测一系列关系向量的拼接 $z_{\text{re.}} = [r^{(1)}; \cdots; r^{(k)}; \cdots; r^{(K)}]$，其中 $r^{(k)} \in \mathbb{R}^{|\mathcal{R}|}$ 是第 k 跳处使用的关系所对应的关系向量，K 是最大跳跃数；三是检查点层，向量 x 还被输入到带有参数 $W_{\text{woc.}} \in \mathbb{R}^{d \times 2H}$ 的检查点层，该层产生一系列行走或检查（Walk-or-Check）向量的拼接 $z_{\text{woc.}} = [z_{\text{woc.}}^{(1)}; \cdots; z_{\text{woc.}}^{(k)}; \cdots; z_{\text{woc.}}^{(K)}]$，其中 $z_{\text{woc.}}^{(k)} \in \mathbb{R}^2$ 是第 k 跳处的行走或检查向量。具体计算公式如下：

$$x = f_{\text{enc}}(x)$$
$$z_{\text{op.}} = W_{\text{op.}}^\mathsf{T} x$$
$$z_{\text{re.}} = W_{\text{re.}}^\mathsf{T} x$$
$$z_{\text{woc.}} = \text{softmax}(W_{\text{woc.}}^\mathsf{T} x)$$

2）可微的知识图谱推理

为了确保模型可以扩展到更大的知识图谱，该研究采用稀疏矩阵知识图谱表示学习与补全算法 ReifKB。该算法使用三个稀疏矩阵表示知识图谱 G：头矩阵 $W_h \in \mathbb{R}^{|T| \times |E|}$，关系矩阵 $W_r \in \mathbb{R}^{|T| \times |R|}$ 和尾矩阵 $W_t \in \mathbb{R}^{|T| \times |E|}$。其中，矩阵 W_h 或 W_t 中值为 1 的条目 (i,e)，表示知识图谱中第 i 个三元组具有实体 e 作为头部或尾部；矩阵 W_r 中值为 1 的条目 (i,r) 表示知识图谱中第 i 个三元组具有关系 r。由于在实际设置中，三个矩阵中的大多数条目通常为零，因此将它们保存到稀疏矩阵中可以显著减少内存消耗。

在关系曾预测得到关系向量序列 $\{r^{(1)}; \cdots; r^{(k)}; \cdots; r^{(K)}\}$ 之后，从给定的初始实体集合 $E_0 \subseteq E$ 开始图遍历。首先将初始实体集合 E_0 映射到向量 $e^{(1)} = [\mathbb{I}(e \in E_0), \forall e \in E]$。即，如果该实体 e 在初始实体列表 E_0 中（即 $\mathbb{I}(e \in E_0)$），则 $e^{(1)} \in \mathbb{R}^{|E|}$ 的相应维度的值为 1，否则该维度为 0。然后，通过定义和执行 Next($\cdot$) 函数来预测下一个（临时）实体向量 $e^{(2)}$：

$$e_{\text{re.}}^{(k+1)} = \text{Next}(e^{(k)}, r^{(k)})$$
$$\text{Next}(e^{(k)}, r^{(k)}) = \frac{W_t^\mathsf{T}(W_h e^{(k)} \odot W_r r^{(k)})}{\|W_t^\mathsf{T}(W_h e^{(k)} \odot W_r r^{(k)})\|_2 + \epsilon}$$

式中，参数 ϵ 是一个任意小的数字，用于偏移分母并防止被零除。

该研究将预测的关系 $r^{(k)}$ 独立于遍历的实体 $e^{(k)}$。例如，查找"附近加油站"

的"距离"与附近加油站是"雪佛龙"(Chevron)还是"壳牌"(Shell)无关。此外,为了允许模型动态选择推理跳数,在关系类型集合 R 中添加了一个关系类型"ToSelf",并通过关系类型"ToSelf"将每个实体连接到自身。更具体地说,知识图谱将包含所有 $e_h = e_t \in E$ 和 $\varepsilon_r = \text{ToSelf}$ 的三元组 (e_h, r, e_t)。

3)实体向量及操作向量构建

在每一跳,对实体向量 $e^{(k)}$ 加权来构建操作向量 $z_{\text{op.}}$。首先,将每个实体的向量表示为其所包含的词向量的拼接。此步骤允许使用较长的文本(如短语和句子)表示实体,以及无须在添加新实体时重新训练实体向量。实体向量可以表示为张量 $E \in \mathbb{R}^{|E| \times d \times m}$,其中 m 是实体的最大长度。

4)可学习的逻辑操作和检查点

该研究通过将实体张量 E 与第 k 跳实体向量 $e^{(k)}$ 相乘来计算转换后的实体张量。接下来,操作向量和转换后的实体张量的点积作为下一跳(第 $k+1$ 跳)的实体向量传递给 softmax 层:

$$e_{\text{op.}}^{(k+1)} = \text{softmax}(z_{\text{op.}}(\varepsilon \odot e^{(k)}))$$

此外,在第 k 跳,使用行走或检查向量 $z_{w.o.c.}^{(k)}$ 来组合上述操作和上面的 Next 模块。组合后的实体向量由下式给出:

$$e^{(k+1)} = z_{w.o.c.}^{(k) \top} \begin{bmatrix} e_{\text{re.}}^{(k)} \\ e_{\text{op.}}^{(k+1)} \end{bmatrix}$$

$$= z_{w.o.c.}^{(k) \top} \begin{bmatrix} \text{Next}(e^{(k)}, r_h) \\ \text{softmax}(z_{\text{op.}}(\varepsilon \odot e^{(k)})) \end{bmatrix}$$

5)答案解码器

在完成 K 跳推理后,选择实体向量 $e^{(K)}$ 中具有 top–N 值的实体,这表明它们从知识图谱中被检索到的概率最高。这些实体被转换为向量表示,并乘以它们在 $e^{(K)}$ 中的值,然后将这些实体向量与问答对话历史向量 x 拼接,拼接后的向量作为输入传送到 Transformer 架构中,逐词预测要回复的答案。输出空间上的预测概率分布可以写为 $P(\bullet | x, W_h, W_r, W_t)$。由于所有组件都是可微的,所有模块都可以利用对话历史 x 和 ReifKB 算法中的矩阵 $\{W_h, W_r, W_t\}$ 进行端到端的训练,使用带有金标准的交叉熵损失函数输出 y 作为标签,即

$$L = \sum_{(x,y)} -\log P(y \mid x, W_h, W_r, W_t)$$

在推理期间，推理模块（关系层、操作层和检查点层）的工作方式与训练阶段完全相同。唯一的区别在于，在推理阶段将在之前的时间步骤预测的词语输入到答案解码器，而不是像训练阶段那样将金标准作为输入。

3. 总结

对于对话系统的研究与应用而言，一种有效的知识推理机制是非常重要的。该研究将知识推理能力以更具可扩展性和可解释性的方式纳入对话系统，提出了一种与模型无关的端到端方法，可在任何规模的知识图谱上进行符号推理以增强回答生成。该方法允许单个 Transformer 架构直接在大规模知识图谱上运行以生成回答。这被评价是第一个让 Transformer 架构通过对可微知识图谱进行推理来生成回答的研究成果，同时也是一种可解释的方法，在推理时具有较低的附加延迟。实证结果表明，该方法在面向任务和特定领域的闲聊对话中的推理时，可以有效地将知识图谱整合到具有完全可解释推理路径的对话系统中；选取斯坦福多域对话，并提出一个新的数据集 SMDReasoning 来模拟需要多种推理类型的场景，并选择 OpenDialKG 来模拟需要大规模知识图谱推理而无须预处理的场景，相关实验表明 DiffKG 模型可以有效地在大规模知识图谱进行训练，并在知识图谱中使用改进的三元组证明了其鲁棒性。从计算复杂度的角度来看，与不使用任何知识图谱信息的 Transformer 架构相比，DiffKG 模型使用了相对较低的额外时间和内存。

4.6.5 基于可解释对话意图挖掘的问答对话

1. 概述

在全球范围内，数百万家庭已经采用了可声控、对话式辅助的智能家具设备（如智能辅助供电设备等）。鉴于此，多轮对话，特别是旨在处理某些问题的面向任务的多轮对话，已成为具有重大现实影响的重要研究领域。目前大多数方法都使用不透明的、可解释性差的分类技术来识别对话中的潜在意图，这些技术无法为分类提供任何可解释的基础与依据，这是当下亟须解决的问题。对话系统不仅需要从对话中识别用户的需求，还要从所有可访问的知识中找到适当的、可解释的答案——这些知识通常以知识图谱的形式出现,而定位答案通常对应于识别图谱中的相关节点。

该领域的最新工作进展是利用神经表示学习来解决这一任务。然而,在此类系统的实际部署中,多轮对话识别系统仅使用知识图谱节点的潜在向量表示来识别适当的响应是不够的;相反,系统应该能够为用户提供关于"多轮对话如何产生特定意图识别结果"的清晰解释。因此,蚂蚁金融服务集团和新泽西州立大学联合团队在 *Reinforcement Learning Over Knowledge Graphs for Explainable Dialogue Intent Mining* 论文中,首先提出一种提供了诸如用户话语、与对话相关的子意图以及对话的标准查询等信息的知识图谱,然后提出一种基于策略引导的多轮路径推理(Policy Guided Multi-Turn Path Reasoning,PGMD)的强化学习方法,该方法利用神经强化学习网络来在知识图谱上导航,以追踪图谱中的相关查询节点。强化学习中的智能体从当前多轮对话中的用户话语开始,迭代地搜索知识图谱,目标是在图谱中获得精确且可解释的路径以进行意图识别。由于智能体根据图谱中的特定路径进行预测,因此这被认为是一个高度可解释的模型,可以轻松解释意图识别的底层过程。

该研究首先使用多轮对话数据构建知识图谱,并训练针对该知识图谱的节点表示学习模型,模型主要包括用户话语节点、子意图节点和标准查询节点等多类型节点,鉴于文本数据的稀疏性,利用 BERT 预训练模型来获取用户对话中的单词表示来训练模型。其次,提出了一种用于路径选择的强化学习方法 PGMD,由于多轮对话具有明显的时序特征,该研究在强化学习智能体中考虑使用具有注意力机制的 BiLSTM 网络来获取路径的状态特征,同时提出了一种新的奖励方法来计算路径上节点与查询节点之间的宏观平均匹配分值。最后,设计了多轮对话跟踪路径搜索算法,包括后向跟踪策略和前向跟踪策略,以找到不同的路径作为识别意图的候选集。

2. 技术路线

在面向任务的对话系统中(图 4-34),每轮对话中的系统响应由前轮用户话语分析的意图决定,这在整个对话系统中起着重要作用。该系统的目标正是通过强化知识图谱推理,在面向任务的对话系统中进行意图挖掘。

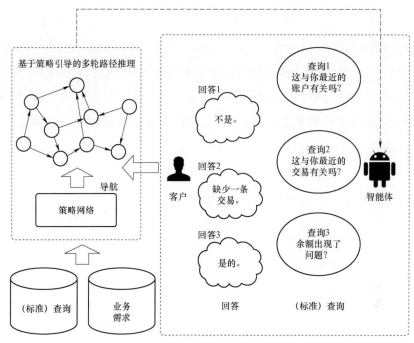

图 4-34 多轮对话

1）多轮对话知识图谱定义

该研究的数据集来自真实的公司客户服务热线数据，其中包含 19 个预定义的标准查询和大约 120 000 个呼叫对话。模型的输入利用多轮对话数据，包括来自公司的自动化客户服务智能体，该智能体试图识别人类呼叫者对标准查询清单的意图。数据集中的用户话语指用户问题，对话的意图指上述预定义的标准查询，对话的子意图包括与对话相关的需求和对话的相关业务单元。

知识图谱 $G=\{(e_h,r,e_t)|e_h,e_t \in E, r \in R\}$ 用以捕获事实信息。节点 e 表示实体，E 是实体集合，R 是实体对 e_h,e_t 之间的关系集合，其中两个节点 e_h,e_t 由谓词 r 连接，形成语义事实（主体 e_h，谓词 r，宾语 e_t），如（伯克利，位于，加利福尼亚州）（Berkeley，locatedIn，California）。该研究将多轮对话过程建模为一个特别的知识图谱，动态创建以捕获实体节点之间的关系，包括客户的多轮对话文本话语 X 和标准查询 Q（其中 $X,Q \subseteq E$ 且 $X \cap Q = \emptyset$），其中每个客户的对话文本 $x \in X$、标准查询 $q \in Q$。两个实体通过谓词 $r_{x,q}$ 连接。数据集包括 4 种实体，分别为问题（Question）、需求（Demand）、业务（Business）、标准查询（Query），以及 7 种谓词（关系），分别为 goesOn（Question→Question）、hasDemand

（Question→Demand）、hasBusiness（Question→Business）、includes（Business→Demand）、demandHas（Demand→Query）、businessHas（Business→Query）、isQuery（Question→Query）。给定知识图谱 G，可搜索路径的最大长度 K 和标准查询的数量 N，该研究的目标是学习模型并识别候选集 $\{(q_i, P_i) | 0 \leq i < N\}$，对于每个客户问题 $x \in X$，其中 P_i 表示查询 q_i 的概率。因此，对于每一对 (x, q_i)，都有一条以 $P_k(x, q_i)$ 为路径概率的路径，其中 $2 \leq k \leq K$。

定义4.10　k 跳路径　从实体 e_0 到实体 e_k 的 k 跳路径，是具有 k 个中间关系的 $k+1$ 个实体的序列。k 跳路径的概率表述为 $P_k(e_0, e_k) = \left\{e_0 \overset{r_1}{\leftrightarrow} e_1 \overset{r_2}{\leftrightarrow} \cdots \overset{r_k}{\leftrightarrow} e_k\right\}$，其中 $e_{i-1} \overset{r_i}{\leftrightarrow} e_i$ 表示为 $(e_{i-1}, r_i, e_i) \in G$ 或 $(e_i, r_i, e_{i-1}) \in G, i \in [1, k]$。

定义4.11　一跳（1-Hop）分值函数　采用分值函数 $\mathrm{score}(\cdot)$ 来计算实体 e 与实体 e_k 匹配的程度：

$$\mathrm{score}(e, e_k) = (e + r) \cdot e_k + b_{e_k}$$

式中，关系 r 是 k 跳路径上沿着实体 e 与实体 e_k 的 k 跳路径的关系；e 和 $r \in \mathbb{R}^d$ 代表实体和关系的向量表示；$b_{e_k} \in \mathbb{R}$ 是实体 e_k 的偏差。

2）多轮对话知识图谱构建

该研究基于上述实体和关系构建了多轮对话知识图谱，所有用户问题（或话语）、标准查询（作为对话的意图）、包括业务在内的对话子意图可以成为图谱中的实体节点。最终目标是为整个对话找到正确的查询。这需要设计一种策略来追踪从用户问题节点发出并通向适当查询节点的路径——从第一轮开始，经过后续的轮次，最后到达查询的搜索路径，上述过程可以建模为马尔可夫决策过程。因此，该研究依靠强化学习沿着图谱导航到正确的查询节点。

从多轮对话中可以归纳出一个知识图谱（图4-35），其边连接4种类型的实体。对于每个客户话语节点，图中有多条路径可以到达标准查询节点，根据知识图谱中的分值评估哪个标准查询具有最高概率。

首先，为了构建知识图谱，先从数据中提取 (e_h, r, e_t) 形式的三元组并将它们添加到知识图谱中。例如，根据数据描述表，"信用支付"（Credit Pay）是一个业务单元实体（图4-35中的业务b2），而"被盗"（stolen）是一个需求实体（图4-35中的需求d2），谓词"includes"是连接这两个节点的边的关系。

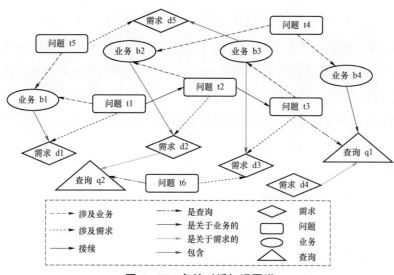

图 4-35 多轮对话知识图谱

1)"查询"实体、"业务"实体、"需求"实体的表示学习

虽然可以在知识图谱上应用结构化查询,但为了充分利用它提供的丰富信息,该研究利用 TransE 方法学习相关向量表示。对于表示学习层,查询(Query)节点、业务(Business)节点和需求(Demand)节点的向量表示是根据一定的分布随机初始化,然后在训练 TransE 的过程中进行更新。

2)"问题"实体的表示学习

话语具有丰富的语义结构,但若仅考虑结构信息,客户问题(Query)实体的向量表示将过于粗粒度和无信息性。因此,为了学习更丰富的向量表示来捕捉细粒度的语义细微差别,使用预训练的 BERT 模型进行向量表示初始化,并在训练 TransE 模型的过程中对其进行微调,得到最终的问题实体向量。

3. 多轮对话路径搜索算法

为了通过将用户意图映射到标准查询来识别用户意图,需要在知识图谱中找到从用户问题节点到此类查询节点的正确路径。因此设计了多轮对话路径搜索算法,包括后向跟踪策略和前向跟踪策略。在搜索路径时,依靠强化学习策略来选择知识图谱中的下一个节点。对于多轮对话,搜索路径越短,其结果往往越可靠,鲁棒性越强。因此,该研究限定了搜索步数的最大数目。

1)前向跟踪策略

当使用前向跟踪策略时,从多轮对话的第一轮中的话语开始搜索路径。例如,对于一个三轮对话{问题1→问题2→问题3}，该研究将节点问题1设置为搜索查询节点时的起点。但是，当超过最大限定搜索步数时，可能无法访问查询节点——如果路径搜索过程在某个步骤停止，多轮对话将无法返回查询；在这种情况下，将跟踪从问题2转发到搜索。

2）后向跟踪策略

相反，当使用后向跟踪策略时，该研究从多轮对话的最后一轮中的话语开始搜索路径。如果没有到达查询节点，将从多轮对话的前一轮开始向后跟踪搜索。

4. 基于策略引导的多轮路径推理

该研究提出基于策略引导的多轮路径推理，该强化学习框架的目标是在知识图谱中寻找合适的路径。

1）策略网络

在每一步，强化学习模型都需要当前搜索路径的状态来选择要采取的最佳行动。多轮对话的一个重要特性是：不同的轮次都遵循一个基本的有序时间序列。例如，两个对话序列{问题1→问题2}与{问题2→问题3}的查询节点可能完全不同，但是二者是一脉相承的。因此，模型需要考虑数据的这种时序特性。该研究使用 Actor-Critic 框架（图4-36）作为策略网络：调用具有注意力机制的 BiLSTM 网络来提取路径特征，并进一步将历史节点的向量表示与 BiLSTM 模型的输出连接起来作为融合层；然后，将其通过两个全连接层；最终，动作空间中动作的概率由 actor 层发出，网络的效果由 critic 层评估。

2）状态

状态是策略网络的输入，并提供有关当前路径的信息。为了避免过度拟合，该研究只考虑部分路径。将 k^* 定义为用于做出决策的历史节点的上限。步骤 t 的状态 s_t 建模了一条路径——从当前节点 e_t 开始到过去 k^* 个节点 e_{t-k^*+1} 包括边：$\{e_{t-k^*+1}, r_{t-k^*+2}, \cdots, r_t, e_t\}$。其中，$e$ 是实体 e 的嵌入，r 是谓词（关系）r 的嵌入。

3）动作

对于步骤 t 的当前节点 e_t，完整的动作空间包括 e_t 的所有传出连接节点（但不包括历史节点）。然而，知识图谱中的某些节点可能具有较大的出度，因此基于效率考虑，提出了一种动作剪枝策略。根据一跳分值函数 $score(e_t, a)$（其中 $a \in A$），计算实体节点 e_t 与完整动作空间 A 中的所有节点的分值。去除排序后分值低的动作,得到修剪后的动作空间 A'。

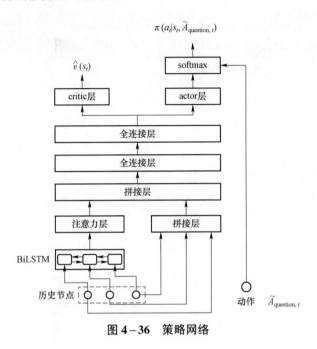

图 4-36 策略网络

4)奖励

在知识图谱的路径搜索过程中,无法在到达最后一步之前确认动作是否会到达正确的目标,所以无法只使用二分奖励来指示智能体是否已达到目标。因此,当智能体到达除目标之外的查询节点时,提出了一个软奖励公式:由于路径上每种类型的节点数量可能不同,并且希望每种类型的节点发挥相同的作用,因此将路径上的节点与查询节点之间的宏观平均匹配分值视为奖励。奖励函数定义如下:

$$\omega = \begin{cases} \dfrac{1}{3}\left[\dfrac{1}{\left|E_{\text{demand}}^{\text{path}}\right|}\sum_{i=1}^{\left|E_{\text{demand}}^{\text{path}}\right|}\max\left(0,\dfrac{\text{score}(e_0^i,e_t)}{\max_{q\in Q}\text{score}(e_0^i,q)}\right)+ \right. \\ \left. \dfrac{1}{\left|E_{\text{business}}^{\text{path}}\right|}\sum_{j=1}^{\left|E_{\text{business}}^{\text{path}}\right|}\max\left(0,\dfrac{\text{score}(e_1^j,e_t)}{\max_{q\in Q}\text{score}(e_1^j,q)}\right),e_t\in Q,e_t\neq e_q + \right. \\ \left. \dfrac{1}{\left|E_{\text{question}}^{\text{path}}\right|}\sum_{k=1}^{\left|E_{\text{question}}^{\text{path}}\right|}\max\left(0,\dfrac{\text{score}(e_2^k,e_t)}{\max_{q\in Q}\text{score}(e_2^k,q)}\right)\right] \\ 1 \quad ,\ e_t = e_q \\ 0 \quad ,\ \text{其他} \end{cases}$$

式中，E_{query}是查询实体集合，$E_{business}$是业务实体集合，E_{demand}是需求实体集合，$E_{question}$是问题实体集合；e_0, e_1, e_2代表搜索路径的节点，$e_0 \in E_{demand}, e_1 \in E_{business}, e_2 \in E_{question}$；$e_q$是多轮对话对应的查询节点；$\left|E_{demand}^{path}\right|$是路径的需求节点数，$\left|E_{business}^{path}\right|$是路径的业务节点数，$\left|E_{question}^{path}\right|$是路径的问题节点数。

4. 总结

该研究是近期以实战应用和实战数据为背景开展的可解释性问答对话研究的典型代表。该研究提出了一种新颖的可解释性问答对话系统方法，用于多轮对话中的意图识别。该方法依托于强化学习神经网络，通过用于多轮对话的顺序感知前向跟踪路径搜索算法，来导航特定于某查询的特殊知识图谱，以寻找相关的查询节点。该研究的目标不仅是在多轮对话中识别候选意图集，而且在知识图谱中提供可解释的路径来解释识别这些意图的过程。因此，该研究将意图识别过程用作基于知识图谱的马尔可夫决策过程，对每个给定的多轮对话调用强化学习，其中智能体学习搜索与对话关联的子意图，最后搜索对话的标准查询。搜索路径可以作为对话意图预测过程的解释。大量实验证明了该成果是一种强大的多轮对话意图识别方法，提供了直观的解释并优于与状态相关的工作。下一步，该研究的方法预计可以扩展到动态知识图谱，以处理未来将出现新知识或者处理动态问题——随着在知识图谱中添加新的实体节点和边，一些现有的实体节点和边可能会从知识图谱中删除。

4.7 基于知识图谱的可解释关系推理

各种各样的异构数据可以被表示为不同类型实体间的交互网络，人工智能的一项基本任务是利用这种图结构数据来发现或预测未观察到的边。关系推理（如链接预测、知识图谱补全等）就是这类任务的代表，其目标是利用训练集中已观察到的边来预测图中节点之间未观察到的边。

4.7.1 基于可解释性轻量化知识表示学习嵌入的关系推理

1. 概述

对于现有的知识图谱，可以断言关于世界的大量事实以及访问和存储所有这些事实是具有难度的，因而这些知识图谱是不完备的。因此，很多研究尝试根据现有知识图谱里的链接预测知识图谱中未出现过的、新的链接，进而实现基于现有三元组预测新的三元组。此类研究通常在统计关系学习（statistical relational learning，SRL）的框架下探讨了链接预测和其他几个旨在与实体和关系进行推理的相关问题。张量分解方法已被证明是面向知识图谱补全或关系推理任务的有效统计关系学习方法。此类方法考虑了每个实体和每个关系的向量，为了预测三元组是否成立，使用了一个函数，将头实体、尾实体以及关系的向量作为输入，并输出一个表示预测概率的数字。

最早的张量分解方法之一是 CP（Canonical Polyadic）分解。这种方法为每个关系学习一个向量，为每个实体学习两个向量，一个在实体出现在关系的头部时使用，另一个在实体出现在关系的尾部时使用。实体的头部向量是独立于其尾部向量而学习的（即头部向量与尾部向量无关），这种独立性导致 CP 分解在知识图谱补全方面表现不佳。鉴于此，加拿大 University of British Columbia 在论文 *SimplE Embedding for Link Prediction in Knowledge Graphs* 中提出一种基于改进的 CP 分解策略的张量分解方法——SimplE（SimplE Embedding，SimplE），解决了实体的两个向量之间的独立性。SimplE 模型具有如下优点：一是可以被认为是一个双线性模型；二是该模型是完全表达的（许多现有的基于转换的方法并不是完全表达的）；三是能够通过参数共享的方式将结构化程度高的、具备可解释性的背景知识编码到它的嵌入中，已提高可解释性。

2. 技术路线

同时，假设 $e_h, r, e_t \in \mathbb{R}^d$ 为长度为 d 的向量，定义相似度函数 $f(e_h, r, e_t) \approx \sum_{k=1}^{d} e_h[k] * r[k] * e_t[k]$，$e_h[k]$，$r[k]$ 和 $e_t[k]$ 分别表示向量 e_h、向量 r 和向量 e_t 的第 k 个元素。也就是说，$f(e_h, r, e_t) \approx (e_h \odot r) \cdot e_t$，其中 $\odot$ 表示元素的 Hadamard 乘积。

向量表示学习通常可以视为一个将实体或一个关系表示成与一个或多个向量或矩阵的函数。通常，张量分解模型定义了两件事：一是实体和关系的表示学习函数，二是以 e_h、r 和 e_t 的嵌入作为输入并生成三元组 (e_h, r, e_t) 是否在 T 中的预测函数。向量的值是使用知识图谱中的三元组学习得到的。如果给定任何基本事实（将真值完全分配给所有三元组），存在对实体和关系的向量的值分配，可以准确地区分正确的三元组与不正确的三元组,则认为张量分解模型是完全表达(Fully Expressive)的。

在传统的 CP 分解中,每个实体 e 有两个向量 $e^h, e^t \in \mathbb{R}^d$,并且对于每个关系 r 都有一个向量 $r \in \mathbb{R}^d$。e^h 表示实体 e 位于头实体位置时的向量,e^t 表示实体 e 位于尾实体位置时的向量。三元组 (e_1, r, e_2) 的相似度函数是 $f(e_1^h, r, e_2^t)$。在 CP 分解中,实体的两个向量是彼此独立学习的:观察 $(e_1, r, e_2) \in T$ 仅更新 e_1^h 和 e_2^t,而不是 e_1^t 和 e_2^h。举例说明如下:三元组 $(e_{\text{person}}, \text{likes}, e_{\text{movie}})$ 表示一个人 e_{person} 是否喜欢一部电影 e_{movie},而 $(e_{\text{movie}}, \text{acted}, e_{\text{actor}})$ 表示谁(e_{actor} 实体)在这部电影(e_{movie} 实体)中表演。预测哪些演员在电影中扮演会影响谁喜欢这部电影。在 CP 中,关于喜欢("likes"关系)的观察只更新电影的尾实体向量 e_{movie}^t,而关于表演("acted"关系)的观察只更新电影的头实体向量 e_{movie}^h。因此,通过对表演的观察来了解电影的内容不会影响对喜欢的预测,反之亦然。为了解决这个问题,SimplE 利用反向关系来解决传统 CP 分解中每个实体的两个向量的独立性问题。

1)模型定义

延续 CP 分解方法的传统思路,SimplE 模型考虑两个向量 $e^h, e^t \in \mathbb{R}^d$ 作为每个实体 e 的向量表示,每个关系 r 有两个向量 $r, r^{-1} \in \mathbb{R}^d$。对于三元组 (e_i, r, e_j) 的相似度函数定义为 $\frac{1}{2}[f(e_i^h, r, e_j^t) + f(e_j^h, r^{-1}, e_i^t)]$,即三元组 (e_i, r, e_j) 和三元组 (e_j, r^{-1}, e_i) 的 CP 分值的平均值。该研究还考虑了一个变体模型 SimplE-ignr,即在训练期间对于每个正确(或者不正确)的三元组 (e_i, r, e_j),SimplE-ignr 会更新嵌入,使得两个分值 $f(e_i^h, r, e_j^t)$ 和 $f(e_j^h, r^{-1}, e_i^t)$ 中的每一个都变得更大(或者更小)。在测试过程中,SimplE-ignr 忽略了 r^{-1} 并将相似度函数直接定义为 $f(e_i^h, r, e_j^t)$。

2)训练过程

使用带有最小批的随机梯度下降策略学习 SimplE 模型。在每次学习迭代中,从知识图谱中获取一批正三元组,然后破坏该批次中的正三元组来生成负例三元组。对于正三元组 (e_h, r, e_t),随机决定破坏头部或尾部:如果选择了替换头实体,则将三元组中的头实体 e_h 替换为从 $E/\{e_h\}$ 中随机选择的实体 e_h',并生成负例三元组 (e_h', r, e_t);如果选择了替换尾实体,该研究将三元组中的尾实体 e_t 替换为从 $E/\{e_h\}$ 中随机选择的实体 e_t',并生成负例三元组 (e_h, r, e_t')。通过将正例三元组标

记为 +1（标签知识符号 $\mathbb{I}=+1$），将负例三元组标记为 -1（标签知识符号 $\mathbb{I}=-1$）来生成标记的批次（Labeled Batch，LB），记为 Δ_{LB}。一旦有了标记的批次，就优化了该批次的正则化负对数似然：

$$\min_{\Theta} \sum_{((e_h,r,e_t),\mathbb{I})\in\Delta_{LB}} \text{softplus}(-\mathbb{I}\cdot f(e_h,r,e_t)) + \lambda\|\Theta\|_2^2$$

式中，Θ 表示模型的参数集合；$\mathbb{I}$ 表示三元组的标签（+1 或者 -1）；$f(e_h,r,e_t)$ 表示三元组 (e_h,r,e_t) 的相似度分值；λ 是正则化超参数。softplus$(x) = \log(1+\exp(x))$。

虽然之前的主流工作（如 TransE、TransR、STransE 等）考虑了基于间隔的损失函数，但有研究证明，与对数似然相比，基于间隔的损失函数更容易过度拟合。

3. 总结

SimplE 模型具备简单的、可解释的、完全表达的、双线性等特点，适用于知识图谱补全、复杂关系推理等任务。SimplE 的复杂性随着向量的大小线性增长。通过 SimplE 学习到的向量是可解释的，并且可以通过权重绑定等手段，将某些类型的背景知识合并到这些向量中。SimplE 模型可以通过多种进行改进或与现有其他表示学习方法相结合：一是显式建模关系的类比结构；二是使用 $1-N$ 评分方法为正例三元组生成许多负例三元组（已有研究证明生成更多负例三元组有助于提高准确性）；三是将 SimplE 模型与基于逻辑的方法相结合以改进属性预测；四是将 SimplE 模型（或使用 SimplE 作为子组件）与来自其他类别的关系学习的技术结合使用；五是将其他类型的背景知识（如蕴涵逻辑等）合并到 SimplE 模型的向量表示学习中。

4.7.2 基于可解释性知识交叉交互建模的关系推理

1. 概述

知识图谱表示学习技术旨在学习实体和关系的分布式表示，称为实体向量和关系向量。所学到的实体或者关系向量，需要能够保留知识图谱中的信息，并表示为连续向量空间中的低维密集向量（或矩阵）。当前已经提出许多知识图谱表示学习方法，代表性工作包括基于张量分解的 RESCAL、基于翻译的 TransE、神经张量网络 NTN 和线性映射方法 DistMult。它们在许多应用（如知识图谱补全等）中被证明是有效的。尽管它们在知识图谱建模方面取得了成功，但它们都没有正式讨论过交叉交互（Crossover Interaction）作用，即实体和关系之间的双向作用，包括关系到实体、关系之间的交互作用、实体到关系之间的交互作用等。实际上，交叉交互作用是相当普遍的，对相关辅助信息选择很有帮助，而相关辅助信息的高效选择在推理新的关系时是必要的，因为知识图谱中的每个实体和关系都有各种信息。

图 4-37 提供了一个示例来阐释交叉交互的概念。在图 4-37 所示知识图谱中，考虑关系推理任务"Xavier 是谁的父亲(Xavier, isFatherOf,?)"。实体 Xavier 关联了 6 个三元组，但其中只有 4 个与此预测相关：Xavier 的妻子是 Zelena（根据三元组(Xavier, hasWife, Zelena)），Xavier 的父亲是 Verel（根据三元组(Xavier, fatherIs, Verel)），Verel 是 Xavier 的父亲（根据三元组(Verel, isFatherOf, Xavier)），Sadbh 的孩子是 Xavier（根据三元组(Sadbh, hasChild, Xavier)），它们描述了家庭关系有助于推断父子关系；另外两个三元组则描述 Xavier 的职业，故没有为此任务提供有价值的信息。可见，关系 isFatherOf 会影响选择哪些实体进行推理，这就是该研究中重点关注的"从关系到实体的交互"。在图 4-37 中，还有两条关于关系 isFatherOf 的推理路径，但只有一条路径与预测(Xavier, isFatherOf,?)相关，即(Xavier, hasWife, Zelena)、(Zelena, hasChild, Masha)。可知，Xavier 的信息也会影响用于推理的关系路径，这就是该研究中重点关注的"从实体到关系的交互"。

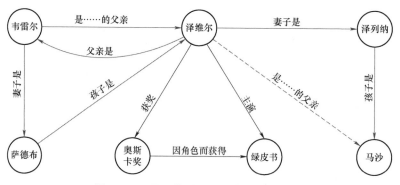

图 4-37 用于关系推理任务的知识图谱

（实线表示已知关系，虚线表示需要推理的关系）

考虑到知识图谱表示学习中的交叉交互作用,特定三元组中实体和关系的向量应该捕获它们之间的交互,并且在涉及不同三元组时会有所不同。然而,像 TransE 这样的传统方法学习的是通用的表示,它们假设所生成的向量保留了每个实体和关系的所有信息,但忽略了实体和关系的交互;另外一些方法(如 TransH 和 TransG 等)独立地学习了多个实体或关系的向量,但没有同时学习两者,这些研究忽略了交叉交互是双向的并且同时影响实体和关系的交互。为了解决上述问题,浙江大学与苏黎世大学联合团队在论文 Interaction embeddings for prediction and explanation in knowledge graphs 中提出了能够显式地模拟交叉交互行为的 CrossE 模型。该模型不仅为每个实体和关系学习一个通用向量,还为它们生成多个三元组特定的向量(称为交互向量)。交互向量是通过一个特定于关系的交互矩阵生成的。给定三元组 $\tau = (e_h, r, e_t)$,CrossE 主要包括 4 个步骤:首先,为头实体 e_h 生成交互向量 e_h^*;其次,为关系 r 生成交互向量 r^*;然后,将交互向量 e_h^* 和 r^* 组合在一起;最后,比较组合得到的向量与尾实体向量 e_t 的相似度。

此外,该研究还从解释其预测过程与解释的角度出发,提出了另一种对知识图谱表示学习方法的评估方案。通常,链接预测任务仅评估知识图谱表示学习方法在预测缺失三元组时的准确性,而不解释预测。但在实际应用中,对预测过程和结果进行解释是很有价值的,因为它们可能会提高预测结果的可靠性、可信性。这被认为是第一个解决链接预测并且对知识图谱表示学习进行解释的工作——该研究将对一个三元组 (e_h, r, e_t) 生成解释的过程建模为搜索从头实体 e_h 到尾实体 e_t 的可靠路径或者类似结构,以支持路径解释。该研究根据召回率和平均支持度来评估解释的质量。其中,召回率指标反映了知识图谱表示学习方法所能够生成解释的三元组的覆盖率,平均支持度指标反映了解释的可靠性。

2. 技术路线

CrossE 模型通过学习交互矩阵来模拟实体和关系之间的交叉交互,以生成多个特定的交互向量(图 4–38)。将知识图谱表示为 $G = \{E, R, T\}$,其中 E、R、T 分别表示实体、关系和三元组的集合。实体的数量是 $|E|$,关系的数量是 $|R|$,向量的维度是 d。$E \in \mathbb{R}^{|E| \times d}$ 是通用的实体矩阵,每一行代表一个实体向量;类似

地，$R \in \mathbb{R}^{|R| \times d}$ 是通用的关系矩阵，每一行代表一个关系向量。$W_C \in \mathbb{R}^{|R| \times d}$ 是交互矩阵，每一行都与一个特定的关系相关，该交互矩阵用于生成每个实体和关系所对应的交互向量。每个实体和关系由多个向量表示：首先是一个通用向量（矩阵 E 和矩阵 R 的每一行），它保留高级属性；其次是多个交互向量，它保留有关交叉交互的特定属性，交互向量是通过通用向量和交互矩阵 W_C 之间的 Hadamard 乘积获得的。

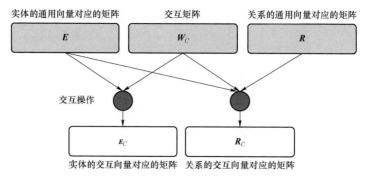

图 4-38 CrossE 模型架构

1）模型初始化

CrossE 的基本思想如图 4-38 所示。通用向量（E 表示实体通用向量的矩阵，R 表示关系通用向量的矩阵）和交互矩阵 W_C 用阴影框表示，实体交互矩阵 E_C 和关系交互矩阵 R_C 是实体和关系之间交叉交互的结果。其中，E、R 和 W_C 是需要学习的参数；交互矩阵 E_C 和 R_C 无须学习，因为它们完全由通用向量上的交互操作生成。

CrossE 的分值函数和训练目标说明如下：头实体 e_h、尾实体 e_t 和关系 r 对应于高维独热向量分别是 x_{e_h}、x_{e_t} 和 x_r，学习到的 e_h、r 和 e_t 的通用向量分别为

$$e_h = x_{e_h}^\top E,\ e_t = x_{e_h}^\top E,\ r = x_r^\top R$$

2）分值函数设计

CrossE 为每个三元组定义了一个分值函数，这样有效的三元组获得高分，无效的三元组获得低分。该分值函数由 4 个部分组成。

（1）实体的交互向量。为了模拟关系到头实体的影响，将应用于头实体的交互操作定义为

$$e_h^{*,r} = W_C^r \odot e_h$$

式中，$\odot$ 表示 Hadamard 乘积；$e_h^{*,r}$ 为实体 e_h 关于关系 r 的交互向量；$W_C^r \in \mathbb{R}^{1 \times d}$ 是从交互矩阵 W_C 中得到的关系 r 的特定向量。由于 W_C^r 取决于关系 r，因此实体 e_h 的交互向量数与关系类型数量一样多。

（2）关系的交互向量。关系 r 对于头实体 e_h 的交互向量，定义为

$$r^* = e_h^{*,r} \odot r$$

式中，$r \in R$ 为关系 r 的通用向量。

（3）组合操作符。用非线性的方式表示组合操作符，组合向量的计算方式如下：

$$x_{e_h,r} = \tanh(e_h^{*,r} + r^* + b)$$

式中，$b \in \mathbb{R}^{1 \times d}$ 是一个全局偏置向量；$\tanh(z) = \dfrac{e^z - e^{-z}}{e^z + e^{-z}}$，输出范围为 $-1 \sim 1$，用于确保组合表示与实体表示共享相同的分布区间（负值和正值）。

（4）相似度操作符。计算组合向量表示 $x_{e_h,r}$ 与尾实体用向量表示 e_t 的相似度：

$$f(e_h, r, e_t) = \text{score}(e_h, r, e_t) = \sigma(x_{e_h,r} e_t^{\text{T}})$$

式中，使用点积计算相似度；$\sigma(\bullet) = \dfrac{1}{1+e^{-z}}$ 是一个非线性函数用于约束分值函数；$\text{score}(e_h, r, e_t) \in [0,1]$。

（5）分值函数的整体表示。综上所述，整体分值函数为

$$f(e_h, r, e_t) = \sigma(\tanh(W_C^r \odot e_h + W_C^r \odot e_h \odot r + b) e_t^{\text{T}})$$

为了评估交叉交互的有效性，该研究设计了一个称为 CrossE$_S$ 的简化 CrossE，通过删除交互向量并仅使用分值函数中的通用向量：

$$f_S(e_h, r, e_t) = \sigma(\tanh(e_h + r + b) e_t^{\text{T}})$$

3）模型训练

该研究定义以负采样作为训练目标的对数似然损失函数，如下：

$$\mathcal{L} = -\sum_{(e_h,r,e_t) \in \Delta} \sum_{\tau \in B(e_h,r,e_t)} [\log(\mathbb{I}(\tau) f(\tau)) + \log(1-\mathbb{I}(\tau))(1-f(\tau))] + \lambda \sum \|\theta\|_2^2$$

式中，$B(e_h, r, e_t)$ 是为 (e_h, r, e_t) 生成的标签为 1 的正样本和标签为 0 的负样本的批，三元组 $\tau = (e_h, r, e_t)$ 由 $\mathbb{I}(\tau)$ 给出（$\mathbb{I}(\tau)$ 的值为 1 或者 0）。

对于三元组(e_h,r,e_t)，正例是其本身，负例是$(e_h',r,e_t') \notin \Delta$（$\Delta$为样本数据集，随机选择实体$e_h'$或$e_t'$来替换头实体$e_h$和尾实体$e_t$）。参数$\lambda$控制模型参数的L2正则化$\Theta=\{E,R,W_C,b\}$。训练过程的目标是最小化损失函数$L$，使用基于梯度的方法对其进行迭代训练。

4）对关系推理过程及结果的解释

在实际应用中实施基于知识图谱的关系推理时，提供解释是很有价值的，因为它们有助于提高人们对预测结果的可靠性和信任度。在实现高预测精度和给出解释之间的平衡已经在其他领域引起研究者的关注，如基于知识图谱的智能推荐系统等。

（1）解释方案的原理分析。该研究认为，与推理链和逻辑规则类似，从e_h到e_t的有意义的路径可以被视为对预测的三元组(e_h,r,e_t)的解释。例如，在图4-37的知识图谱示例中，Xavier是Masha的父亲这一事实可以通过(Xavier,hasWife,Zelena)和(Zelena,hasChild,Masha)推断出来：

$$\text{Xavier} \xrightarrow{\text{hasWife}} \text{Zelena} \xrightarrow{\text{hasChild}} \text{Masha} \Rightarrow \text{Xavier} \xrightarrow{\text{isFatherof}} \text{Masha}$$

式中，符号"$\Rightarrow$"的右侧称为结论，左侧称为前提；前提是对结论的解释。在上面的示例中，路径Xavier$\xrightarrow{\text{hasWife}}$Zelena$\xrightarrow{\text{hasChild}}$Masha是对三元组(Xavier, isFatherOf, Masha)的一种解释。

搜索头实体和尾实体之间的路径是解释三元组的第一步。有多项工作专注于挖掘诸如规则或特征等路径以进行关系推理，如AMIE+模型和PRA模型等，这些工作通常基于随机游走和统计显著性对路径进行搜索和修剪。有效路径搜索的一个重要研究方面是搜索空间的大小：精确地选择候选起始实体和关系，是减少搜索空间、提高解释效能的关键。良好的向量表示学习对于候选选择很有用，因为它们应该捕获实体和关系的相似语义。因此，通过基于向量的可靠路径搜索来对预测三元组进行解释，不仅提高了预测结果的可靠性，而且提供了一个评估向量表示的质量的新视角。

该研究认为，对三元组(e_h,r,e_t)的解释可靠性是通过知识图谱中相似结构的数量来评估的，推理主要基于知识图中相似结构的数量：两个相似的结构包含相同的关系，但是不同的特定实体。图4-39中的左右子图是相似的结构，因为它们都包含三个实体、一个三元组 $(e_1, \text{isFatherof}, e_3)$ 和一条路径 $e_1 \xrightarrow{\text{hasWife}} e_2 \xrightarrow{\text{hasChild}} e_3$。因此，右子图是对 (Xavier, isFatherOf, Masha) 的支持，路径解释 Xavier $\xrightarrow{\text{hasWife}}$ Zelena $\xrightarrow{\text{hasChild}}$ Masha，反之亦然。它们支持彼此的合理存在和路径解释。一般，对于一个解释相似的结构支持越多，该解释就越可靠。

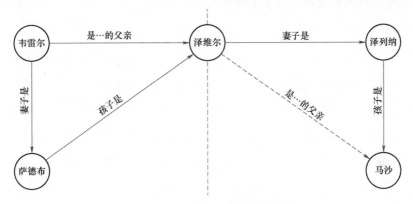

图 4-39　知识图谱中相似结构的

（2）基于向量的路径搜索。在基于向量的解释搜索过程中，首先根据向量的相似度选择候选实体和关系，以减少搜索空间，然后再生成三元组 (e_h, r, e_t) 的解释。候选实体和关系的选择与向量的质量有关，将直接影响最终的解释。该研究假设向量的相似度与欧氏距离有关，而矩阵向量的相似度则与 Frobenuis 范数有关。然后基于选定的候选者，对解释进行详尽的搜索，包括搜索从 e_h 到 e_t 的闭合路径作为解释，以及搜索相似结构的解释作为支持。基于向量的路径搜索主要包括 4 个步骤：

第 1 步：搜索相似关系。对关系 r，前 k_r 个与其相似的关系的集合定义为 $R' = \{r_1, r_2, \cdots, r_{k_r}\}$。此步骤有助于修剪不合理的路径。例如，路径 $e_1 \xrightarrow{\text{hasWife}} e_2 \xrightarrow{\text{hasChild}} e_3$ 并不表示关系 $e_1 \xrightarrow{\text{liveIn}} e_3$，即使它可能有很多支持性证据，因为 hasFriend 与 liveIn 的推断无关。为了避免这种无意义的路径，搜索被限制在与 r 相似的关系开始，这些关系更有可能描述实体的相同或者相似方面。

第 2 步：搜索实体 e_h 和实体 e_t 之间的路径。搜索一组路径 $P = \{p \mid (e_h, r, e_t) \in \Delta\}$。为简单起见，考虑长度小于 3 的路径。利用穷举策略在上面定义的候选关系集合内部搜索，有 6 种路径对应于下面所示的 6 种相似结构。这六种可能的路径为

$$\begin{cases} p_1 = \{e_h \xrightarrow{r^\dagger} e_t\} \\ p_2 = \{e_h \xrightarrow{r^\dagger} e_t\} \\ p_3 = \{e_h \xleftarrow{r^\dagger} \cdots \xrightarrow{r'} e_t\} \\ p_4 = \{e_h \xleftarrow{r^\dagger} \cdots \xleftarrow{r'} e_t\} \\ p_5 = \{e_h \xrightarrow{r^\dagger} \cdots \xrightarrow{r'} e_t\} \\ p_6 = \{e_h \xrightarrow{r^\dagger} \cdots \xleftarrow{r'} e_t\} \end{cases}$$

式中，…和 r' 表示知识图谱中的任何实体和关系，$r^\dagger$ 表示和关系 r 相似的关系 $r^\dagger$。

第 3 步：搜索相似实体。

对于实体 e_h，前 k_e 个与其相似的实体的集合定义为 $E' = \{e_1, e_2, \cdots, e_{k_e}\}$，检查知识图谱中 $(e_h^\dagger, r, ?)$ 对应的尾实体 $e_t^\dagger$（其中 $e_h^\dagger \in E'$）。尾部检查结果取决于所选相似实体的质量，因此知识图谱表示技术在捕获实体之间的相似度方面能力越强，$(e_h^\dagger, r, e_t^\dagger)$ 存在的概率就越高。

第 4 步：搜索类似的结构作为支持。根据第 3 步中的相似实体，从第 2 步中找到对路径 $p \in P$ 的支持。如果 $(e_h^\dagger, p, e_t^\dagger) \in \Delta$，则将路径 p 视为对 (e_h, r, e_t) 解释的支持。该研究主要考虑知识图谱中至少有一个支持的路径作为解释。

3. 总结

知识图谱表示学习旨在学习实体和关系的分布式表示，并在许多应用中被证明是有效的。交叉交互体现了实体和关系之间的双向影响，有助于在预测新的三元组时选择相关信息。该研究提出了一种全新的、提供可解释性的知识图谱表示学习模型 CrossE，能够通过学习交互矩阵来模拟实体和关系的交叉交互。在这项工作中，对三元组的解释被视为头尾实体之间的可靠闭合路径。同时，该研究认为提高向量表示方法的可解释性、可靠性与实现高精度预测同样重要，故从一个新的角度评估嵌入——对预测的三元组（即推理得到的关系）给出解释，这对实际应用很重要，因而提出了一种新的表示学习评估方案——为推理预测的结果搜索解释，并表明 CrossE 能够产生比其他方法更可靠的解释。评估表明，交互表示学习更善于捕捉实体和关系在不同语境下三元组的相似度。与现有基于知识图谱表示学习的关系推理方法相比，CrossE 的主要优点如下：首先，对于实体和关系，在特定三元组推理期间使用的表示是交互向量，而不仅仅是通用向量，它模拟了不同的三元组预测选择不同信息的过程；其次，每个实体和关系的多重交互向量提供了更丰富的表示和泛化能力，它们能够根据交互的上下文捕获到不同的潜在属性，这是因为在涉及不同的三元组时，每个交互向量可以选择不同的相似实体和关系；最后，CrossE 为每个实体和关系学习一个通用向量，并使用它们生成交互向量，这比学习每个实体和关系的多个独立向量产生更少的额外参数。

从计算复杂度角度，CrossE 的参数总数为 $(|E|+2|R|+1) \times d$，因为存在 $(|E|+|R|)$ 个通用向量、来自交互矩阵的 $|R|$ 个附加向量和 1 个偏置项。需要注意的是，交互向量完全由这些参数指定，不引入额外参数。在预测头实体时，将任务建模为尾实体预测的逆过程，如 (e_h, r^{-1}, e_t)。在这种情况下，需要 $2|R|$ 个以上的向量来实现反向关系。由于在大多数知识图谱中 $|R| \ll |E|$，因此此举并没有添加很多额外的参数。该研究使用了三个基准数据集评估 CrossE 与其他各种知识图谱表示学习方法在链接预测等任务上的表现，并表明 CrossE 在具有参数大小适度的复杂且更具挑战性的数据集上取得了具有竞争力的结果。

4.7.3 基于可解释性多关系学习的关系推理

1. 概述

近年来，在众多可以扩展到大型知识图谱的关系推理方法中，张量因子分解和基于神经向量的模型是两种流行的方法，它们学习使用实体和关系的低维表示来编码关系信息。在给定现有知识图谱的情况下，这些表示学习方法在验证为观测到的事实方面表现出良好的可扩展性和推理能力。但是上述研究在关系推理和链接预测任务（即预测看不见的、未观测到的三元组的正确性）中评估模型的性能，只能间接地表明低维向量的意义，很难解释在向量表示学习过程中捕获了哪些关系属性以及它们在多大程度上能被捕获。

为了解决上述问题，康奈尔大学和微软雷德蒙德研究院联合团队在论文 *Embedding Entities and Relations for Learning and Inference in Knowledge Bases* 中提出了一个具备可解释性的多关系学习的通用框架，统一了过去诞生的大多数多关系的基于向量表示的模型（包括 NTN 和 TransE 等），并且在该框架下对规范关系推理和链接预测任务的实体向量表示和关系向量表示的不同选择进行了实证评估，结果表明简单的双线性公式在该任务中取得了新的最先进成果。此外，该研究提出并评估了一种利用学习向量表示来挖掘逻辑规则的新途径，例如：

$BornInCity(David\ Beckham, London) \wedge CityOfCountry(London, U.K.) \Rightarrow Nationality(David\ Beckham, U.K.)$

通过对关系向量的组合进行建模来有效地提取此类规则，并且从双线性目标中学习到的向量尤其擅长通过矩阵乘法来捕捉关系的组合语义，进而阐释了向量表示学习过程中捕获了哪些关系属性。

2. 技术路线

该研究提出了一个用于多关系表示学习的通用神经网络框架。在该框架下，给定一个由众多三元组 (e_h, r, e_t) 组成的知识图谱，学习得到实体和关系的向量表示，使有效的三元组获得高分。向量学习的过程可以通过深度神经网络学习，第一层将一对输入实体映射到低维向量，第二层将这两个向量组合成一个标量，以便通过针对特定关系的分值函数进行比较。

1）实体向量表示

在该研究中，每个输入实体对应一个高维向量，或者独热形式的向量。用 e'_h 和 e'_t 分别表示实体 e_h 和 e_t 的输入向量，用 W 表示第一层投影矩阵。学习到的实体向量表示 x_{e_h} 和 x_{e_t} 可以写为

$$\begin{cases} e_h = f(Wx_{e_h}) \\ e_t = f(Wx_{e_t}) \end{cases}$$

式中，$f(\cdot)$ 可以是线性或非线性函数；W 可以是随机化的参数矩阵，也可以是预训练的参数矩阵。大多数现有的基于表示学习模型都采用独热编码作为输入向量，但 NTN 将每个实体表示为其词向量的平均值，这可以看作采用词袋向量作为输入，并学习由词向量组成的投影矩阵。

2）关系向量表示

关系向量表示的选择以分值函数的形式体现。现有的分值函数可以归结于基于基本的线性变换 $g_r^a(\cdot)$、双线性变换 $g_r^b(\cdot)$ 或它们的组合，其中线性变换 $g_r^a(\cdot)$ 和双线性变换 $g_r^b(\cdot)$ 定义为

$$g_r^a(e_h, r, e_t) = W_{1,r}^{\mathrm{T}} \begin{pmatrix} e_h \\ e_t \end{pmatrix}$$

$$g_r^b(e_h, r, e_t) = e_h^{\mathrm{T}} W_{2,r} e_t$$

式中，$W_{1,r}$ 和 $W_{2,r}$ 是特定关系 r 的矩阵。

该研究考虑了基于双线性的分值函数。这是没有非线性层和线性操作符的 NTN 的一个特例，使用二维对角矩阵 $W_{2,r} \in \mathbb{R}^{d \times d}$ 代替张量操作符。这种双线性公式已用于其他具有不同正则化形式的矩阵分解模型。在这里，可以通过将 $W_{2,r}$ 限制为对角矩阵，是减少关系参数数量的简单方法，这导致与 TransE 相同数量的关系参数。实验表明，这个简单的公式具有与 TransE 相同的可扩展性，并且在关系推理和链接预测任务上，它比 TransE 及其他模型具有更优越的性能和表现能力。这种关系建模的通用框架也适用于最近很成功的面向深层结构的语义模型，此类模型旨在学习一对词序列之间的相关性或单个关系。

3）模型训练

上述所有模型的神经网络参数都可以通过最小化基于边际的排名目标函数来学习得到，这鼓励积极正例三元组的分值高于任何负例三元组的分值。通常在数据中仅能观察到正例三元组，给定一组正例三元组集合 T^+，可以通过破坏其中一个关系参数来构造一组负例三元组集合 T^-：

$$T^- = \{(e'_h, r, e_t) | e'_h \in \mathcal{E}, (e'_h, r, e_t) \notin T^+\} \cup \{(e_h, r, e'_t) | e'_t \in \mathcal{E}, (e_h, r, e'_t) \notin T^+\}$$

将三元组 (e_h, r, e_t) 的分值函数表示为 $\mathrm{score}(e_h, r, e_t)$，采用基于双线性的分值函数。训练目标是最小化基于边际的排名损失函数：

$$L = \sum_{(e_h, r, e_t) \in T^+} \sum_{(e'_h, r, e'_t) \in T^-} \max\{\mathrm{score}(e'_h, r, e'_t) - \mathrm{score}(e_h, r, e_t) + 1, 0\}$$

4）基于规则抽取的关系推理可解释性增强

该研究使用学习得到的向量表示，来从知识图谱中抽取逻辑规则。例如，给定事实"一个人出生在纽约（New York）"和事实"纽约（New York）是美国（U.S.）的一个城市"，那么可以推理得到这个人的国籍是美国（U.S.）：BornInCity (?,New York) ∧ City Of Country(New York,U.S.) ⇒ Nationality(?,U.S.)。

这种逻辑规则可以提供如下作用：一是帮助推断新知识和补全现有的知识图谱；二是通过仅存储规则而不是存储大量现存的事实性数据，来帮助降低数据存储量，这样仅仅在推理时生成事实；三是支持复杂推理；四是对推理结果提供解释，例如可以通过涉足领域来推理人的职业。

通常，抽取诸如上例中的 Horn 规则所面临的困难在于如何高效地探索搜索空间和降低搜索复杂度等。传统的规则挖掘算法直接在知识图谱上操作，通过去掉低统计显著性和相关性的规则来搜索可能的规则。该研究提出一种基于向量表示的关系挖掘方法,其优势在于,其性能不会受到知识图谱规模的影响,而仅仅收到知识图谱的关系类型数量影响(通常,知识图谱中关系类型的数量远小于知识图谱中的实体数量或者三元组数量)。

3. 总结

该研究提出了一个学习知识图谱中实体和关系表示的通用框架,可用于关系推理任务;同时,在该框架下,对知识推理任务的不同向量表示学习模型进行了实证评估。该研究展示了一个简单的双线性模型公式在关系推理和链接预测任务上的优势。此外,通过利用它们从知识图谱中提取逻辑规则来检查学习的向量表示。同时,从双线性目标中学习的向量表示可以捕获关系的组合语义,并成功地用于提取涉及组合推理的 Horn 规则。该研究所提出的规则提取方法在涉及组合推理的挖掘规则上,性能优于经典规则挖掘系统 AMIE。利用神经网络框架中的深层结构将是该工作进一步延伸的一个方向,因为使用深度网络学习表示在各种应用中已经取得巨大成功,并且还可能帮助捕获隐藏在多关系数据中的层次结构;另一个未来发展方向是结合张量结构,张量结构已被有效地应用于一些深度学习架构中,相关的结构和架构可能有助于改进多关系学习和推理。

4.7.4 基于可解释性因式分解的关系推理

1. 概述

由于知识图谱的完备性难以得到保证,知识图谱补全技术应运而生。在大规模知识图谱上,许多最先进的知识图谱补全模型使用张量分解(Tensor Factorization,TF)方法:在连续向量空间中学习每个实体和每个关系的嵌入,并定义一个分值函数来评估给定三元组的有效性;在测试时,给定一个查询$(e_h, r, ?)$,通过对所有可能的尾实体e_t的(e_h, r, e_t)分值进行排序来输出实体e_t的排序列表。尽管张量分解方法实现了出色的任务性能,但它们本质上依然具备"黑盒"性,是不透明的——很难发现模型为什么对查询到的实体打分高的原因,其中的维度和分值函数都不是对人类可解释的,因此导致结果不可信的问题。由于终端用户通常是知识图谱及相关应用的最终"消费者"(如通过基于知识图谱的问答任务或实体检索任务直接服务于终端用户等),因此提供预测背后的基本原理，即在这些系统中建立信任，是人工智能发展的一项重要任务。

印度理工学院在 *OxKBC: Outcome Explanation for Factorization Based Knowledge Base Completion* 论文中提出了一个知识图谱补全结果解释引擎 OxKBC。OxKBC 把一个给定的基于张量分解的知识图谱补全模型作为基础模型（记为 M），根据基础模型定义的实体之间的相似度，用实体之间的加权边来增强知识图谱。而对查询 $(e_h,r,?)$ 的预测 e_t 的解释，是通过增强图谱中的 e_h 和 e_t 之间的路径来实现。该研究的一个关键贡献是将相似的路径分组为二阶模板，并训练一个神经模板选择模块来解释给定的预测。此外，该研究定义了新的无监督和半监督损失函数，以便可以在没有训练数据或使用最少训练数据的情况下训练该模块。最终，OxKBC 输出所选模板中分值最高的路径作为对用户的解释。

2. 技术路线

假设有一个知识图谱 G，包含关系集合 R、实体集合 E 以及一个知识图谱补全基础模型 M 在该知识图谱上训练。M 使用分值函数 $\text{score}_M(e_h,r,e_t)$ 对每个三元组 (e_h,r,e_t) 进行评分。OxKBC 的目标是向最终用户展示基础模型预测到查询 $(e_h,r,?)$ 的尾实体 e_t 的原因，这通过在 e_h 和 e_t 之间找到一条包含给定关系 r 的解释路径来实现。具体实现方法如下。

1）用于生成解释路径的语法规则

知识图谱 G，对于每个三元组形式的事实 (e_h,r,e_t) 都有一条从 e_h 到 e_t 的有向边 r。一旦基础模型 M 被学习，就用额外的边来增强原始的知识图谱 G：这些边对应于任意两个实体 e 和 e' 之间的相似度，并将这样的边表示为 $(e,\approx_M,e')$，称之为"实体相似边"（Entity Similarity Edges）。这里，符号 $\approx_M$ 表示基础模型 M 认为这两个实体是相似的。该研究将知识图谱的原始边称为"关系边"（Relation Edges）。解释路径 $p(e_h,e_t)$ 表示增强的知识图谱中两个实体 e_h 和 e_t 之间的路径。在此，将 e_h 称为解释路径 p 的头实体，记为 $\text{Head}(p)$；将 e_t 称为解释路径 p 的尾实体，记为 $\text{Tail}(p)$。路径是由逗号","连接的一系列边。

定义以下 4 种语法规则，可用于递归地生成解释路径（路径生成符号"←"表示由右侧路径生成左侧路径）。

（1）关系边（Relation Edge）语法规则：

$$p \leftarrow (e_h,r,e_t), \forall (e_h,r,e_t) \in G$$

（2）前缀实体相似度边（Prefix a similarity Edge）语法：
$$p \leftarrow \{(e'_h, \approx_M, e_h), p_1\} \text{ 受约束于：} \text{Head}(p_1) = e_h$$
（3）后缀实体相似度边（Postfix a similarity Edge）语法：
$$p \leftarrow \{p_1, (e_t, \approx_M, e'_t)\} \text{ 受约束于：} \text{Tail}(p_1) = e_t$$
（4）路径拼接语法规则：
$$P \leftarrow \{p_1, p_2\} \text{ 受约束于：} \text{Tail}(p_1) = \text{Head}(p_2)$$

式中，p_1 和 p_2 表示使用相同规则递归生成的解释路径。解释路径可能包含两种类型的边："关系边"和"实体相似边"。对于两个实体 e 和 e' 之间的实体相似边，将其权重定义为 $\text{sim}_M(e, e')$，其中 sim_M 函数捕获由基础模型 M 给出的实体之间的相似度。这很容易从任何张量分解模型中获得，例如 TypedDistMult 模型使用的是余弦相似度来生成 $\text{sim}_M(e, e')$。对于关系边，将其权重设为 1，因为它们是已经存在于知识图谱 G 中三元组的关系边；另一种选择是使用模型分值函数 $\text{score}_M(e_h, r, e_t)$ 给关系边赋予概率。该研究将路径 p 的边分值函数 $\text{score}_{\text{Edge}}(p)$ 定义为路径 p 中所有边权重的乘积。若要让 p 成为一个很好的解释，它的边分值应该很高。

进一步，定义一个操作符 $\text{RelComposition}(p)$，它对路径 p 中所有关系进行组合，并返回一个向量，该向量与模型学习的关系向量在同一空间中。同时，使用路径中所有关系向量的 Hadamard 乘积，表示为 $\odot$。例如，对于路径 $p(e_h, e_t) = \{(e_h, r_1, e_k), (e_k, r_2, e_t)\}$，则
$$\text{RelComposition}(p) = \{r_1 \odot r_2\}$$

当让基础模型 M 为查询 $(e_h, r, ?)$ 预测一个实体 e_t 时，为了量化预测 (e_h, r, e_t) 的解释路径 $p(e_h, e_t)$ 的合理性，将合理性分值定义为
$$\text{score}_{\text{Plausibility}}(p(e_h, e_t), (e_h, r, e_t)) = \text{sim}_M(\text{RelComposition}(p(e_h, e_t)), r) \cdot \text{score}_{\text{Edge}}(p)$$

在上述等式中，$\text{score}_{\text{Edge}}(p)$ 捕获路径 p 中的所有实体相似度，而 $\text{sim}_M(\text{RelComposition}(p), r)$ 捕获路径 p 中所有关系的组合在语义上是否与关系 r 相近。

OxKBC 的任务是选择最合理的解释路径。然而，对于两条长度不等的路径，合理性分值可能不具可比性。此外，即使对于两条长度相等的路径，由于边类型不同也很难进行直接比较。为了解决这种差异，该研究定义了二阶（Second-

Order）模板，该模板聚合了可比较的解释路径。一旦定义了一个模板，那么 OxKBC 将选择最合适的模板并将生成解释。

2）相似解释路径的聚合成为模板

根据边类型的序列，将解释路径分类为二阶模板，然后在该模板中对关系和实体进行量化。每个模板对应一个固定的边类型序列。之所以需要这种聚合，是因为解释路径的整个空间很大，并且无法对所有路径进行比较。因此，为了实施选择过程，将它们聚合到模板中，使用这些模板来解释查询 $(e_h,r,?)$ 的预测 e_t。

（1）模板 1：关系相似度（Relation Similarity）

$$(e_h,r',e_t)\in G\ 且(r,\approx_M,r')$$

（2）模板 2：实体相似度（Entity Similarity）

$$(e'_h,r,e_t)\in G\ 且(e_h,\approx_M,e'_h)$$

（3）模板 3：实体关系相似度（Entity & Relation Similarity）

$$(e_h,\approx_M,e'_h)且(e'_h,r',e_t)\in\ 且(r,\approx_M,r'),r\neq r'$$

（4）模板 4：两跳关系相似度（Two Length Relation Similarity）

$$(e_h,r_1,e_k)\in G、(e_k,r_2,e_t)\in G\ 且(r,\approx_M,\text{RelComposition}(r_1,r_2))$$

上述模板能够解释大多数预测。虽然，早期的其他研究考虑了基于关系相似度的规则，如康奈尔大学在 2015 年的成果挖掘的一阶一跳和两跳规则（分别对应上述模板 1 和模板 4），但是该研究被认为是第一个使用实体相似度的概念来生成解释。直观地说，实体相似度捕获了许多两跳路径的聚合：实体 e 和实体 e' 之间的高相似度分值意味着它们可以互换使用，即当 $\exists r\in R$ 和 $e_k\in E$，则 $(e,r,e_k),(e',r,e_k)\in G$，如果 r^{-1}（关系 r 的反关系）也在关系集合 R 中，则知识图谱中的一条路径 $p(e,e')=\{(e,r,e_k),(e_k,r^{-1},e')\}$，这适用于 r 和 r^{-1} 的许多选择，意味着存在许多这样的路径。

此外，由于该研究的模板是二阶的，它们具有包含一阶规则的表示能力。以模板 1 为例：因为 (e_h,r',e_t) 存在于知识图谱 G 中并且"r 与 r' 相似"包含一阶规则 $(r,\approx_M,r')$，所以模板 1 推断出 (e_h,r,e_t)。

在标注数据时发现，有时知识图谱中 e_t 是关系 r 的最常见实体，因此可得 e_t 是对给定查询 $(e_h,r,?)$ 的预测。例如，大多数网站都使用的"语言"（对应三元组中的关系 r）都是"英语"（对应三元组中的尾实体 e_t），因此模型在被要求提供任何网站的"语言"时,大概率都会学习预测"英语"。为了解释这种情况,还需要一个基于频率的模板。

(5) 模板 5:关系频率 (Frequency for Relation)。实体 e_t 是知识图谱 G 中关系 r 的高频尾实体。

然而,这些模板可能无法解释每个预测,因此,该研究还引入了一个默认模板(模板 0)来对应于"无解释"。表 4-1 列出了 OxKBC 模型生成的解释示例。

表 4-1 OxKBC 模型生成的解释示例

事实三元组	OxKBC 模型生成的解释	基于规则挖掘模型生成的解释
(Academy Award for Best Sound Mixing, has nomination for, WarGames)	[模板 4] (Academy Award for Best Sound Mixing, has nominee, Willie D. Burton) 且 (Willie D. Burton, was an award nominee for, WarGames)	(Academy Award for Best Sound Mixing, has nomination for, On Golden Pond) 且 (On Golden Pond, was nominated for, Academy Award for Best Cinematography) 且 (Academy Award for Best Cinematography, has nomination for, WarGames)
(The Last King of Scotland, has genre, Drama)	[模板 2] (The Lives of Others, has genre, Drama) 且实体 "The Last King of Scotland" 与实体 "The Lives of Others" 相似	(The Last King of Scotland, has actor, Forest Whitaker) 且 (Forest Whitaker, won an award for, Bird) 且 (Bird, has genre, Drama)
(47th Annual Grammy Awards, had an award category, Grammy Awards for Song of the Year)	[模板 2] (50th Annual Grammy Awards, had an award category, Grammy Awards for Song of the Year) 且实体 "47th Annual Grammy Awards" 与实体 "50th Annual Grammy Awards" 相似	(47th Annual Grammy Awards, is an instance of repeating event:, Grammy Awards) 且 (Grammy Awards, category, Grammy Awards for Song of the Year)
(Actor, is the profession of, John Lithgow)	[模板 2] (Musician, is the profession of, John Lithgow) 且实体 "Actor" 与实体 "Musician" 相似	(Actor, is the profession of, Henry Winkler) 且 (Henry Winkler, has profession, Writer) 且 (Writer, is the profession of, John Lithgow)

模板评分:合理性分值公式中定义的路径 p 和预测 (e_h, r, e_t) 之间的兼容性建模方式,提供了一种对给定预测的解释路径 p 的自然评分方式。由于给定的基于相似度的模板表示其中具有相同边类型序列的可比较路径,因此可以使用具有最高分值的解释路径对其进行量化。将基于相似度的模板 i(记为 Template_i)的分值 $\text{score}_{\text{Template}_i}^{\text{similarity}}$ 定义为

$$\text{score}_{\text{Template}_i}^{\text{similarity}}(e_h, r, e_t) = \max_{p \in \text{Template}_i} \text{score}_{\text{Plausibility}}(p, (e_h, r, e_t)), \forall i \in \{1, 2, \cdots, 4\}$$

受给定的基于相似度的模板中选择所有路径中最佳路径概念的启发，将基于频率的模板 5 的分值定义为对应关系的归一化频率，表示为

$$\text{score}_{\text{Template}_5}^{\text{similarity}}(e_h, r, e_t) = \frac{|\{e'_h \mid (e'_h, r, e_t) \in G\}|}{|\{(e'_h, e'_t) \mid e'_h, (e'_h, r, e'_t) \in G\}|}$$

这些分值在模板选择模块中充当了重要特征。当模板被选择后，将生成一段英文解释（表 4-1）。

对张量分解模型的解释路径的公平性分析如下。像 TypeDistMult 这样的乘法模型使用三路乘积来计算三元组的分值。因此，两个关系向量 r 和 r'（或两个实体向量）之间较高的点积结果，从根本上表示基础模型 M 认为这两个关系（实体）在某种程度上是可替换的——这个想法在相似度模板中得到了应用。例如，考虑一个查询 $(e_h, r, ?)$ 和基础模型 M 对尾实体的预测 e_t。假设 OxKBC 通过在知识图谱中找到最佳事实 (e_h, r', e_t) 来解释使用模板 1 的预测，使 $(r, \approx_M, r')$（两者之间的余弦分值很高）。现在，由于 (e_h, r', e_t) 存在于知识图谱中，则 (e_h, r', e_t) 的模型分值必须训练得很高，因此 e_h 和 e_t 的向量的 Hadamard 乘积很可能与 r' 嵌入密切相关；同时，因为 $(r, \approx_M, r')$，e_h 和 e_t 的向量的 Hadamard 乘积也与 r 紧密相关，导致 (e_h, r', e_t) 的模型分值很高。由此可以看出，这个解释是一个合理线索，解释了为什么基础模型 M 可能首先决定做出这个预测。对模板 2、3 和 4，也可以进行类似的论证。

3）选择模块

选择模块的任务是决定选择哪个模板来解释给定的预测，它使用双层 MLP 模型来完成此任务：对于每个模板 i，它接受一个输入特征向量并输出一个分值 $\text{score}_{\text{Template}_i}^{SM}$，该分值越高表示选择模块认为这个模板是对预测的一个很好的解释；随后，分值 $\text{score}_{\text{Template}_i}^{SM}$ 通过 softmax 层转换为概率 $P_{\text{Template}_i}^{SM}$；最终，OxKBC 选择概率最高的模板来解释给定的预测。具体过程如下。

（1）输入特征。对于给定的查询 $(e_h, r, ?)$ 和模板 i，计算模板分值 $\text{score}_{\text{Template}_i}^{\text{similarity}}(e_h, r, e_k), \forall e_k \in E$。这定义了给定输入查询 $(e_h, r, ?)$ 在尾实体上的分值分布。为了解释预测 (e_h, r, e_t)，构造了一个特征向量，以便它捕获 e_t 在 $e_k \in \mathcal{E}$ 上的分

布 $\text{score}_{\text{Template}_i}^{\text{similarity}}(e_h,r,e_k)$ 的相对分值 $\text{score}_{\text{Template}_i}^{\text{similarity}}(e_h,r,e_t)$。该特征向量具有决定该模板是否适合解释给定预测的所有信息，保留了查询 $(e_h,r,?)$ 的在分布层面上的全局特征：分布的最大值、均值、标准偏差，以及预测特定特征（特定预测 e_t 的分值、排名和其他统计数据）。由于没有模板 0 的分值，选择模块将其特征视为可训练参数。

（2）训练过程。对数据手动标记解释是非常耗时的，因此主要在无监督和半监督设置中训练选择模块。对于随机选择的负样本，选择模块必须始终选择模板 0，因为不期望对其进行任何解释。在没有模板标注的情况下，该研究依赖于来自微弱信号的远程监督。选择模块在多实例学习（Multi-Instance Learning，MIL）框架中完成训练，其中每个模板的特征向量是一个实例，监督是在三元组上的正负标签上开展。

（3）损失函数。通过无监督的损失函数进行训练。在对正例三元组进行分类时，选择模块获得的奖励 ω 与除模板 0 之外的模板中的最高模板概率成正比。考虑到有时即使是正例三元组也可能没有可用模板，即使选择模板 0，选择模块也会获得较低的奖励。对于负样本，如果选择了除模板 0 之外的任何模板，则会受到惩罚 ω^-——它会获得与除模板 0 之外的所有解释模板的总概率成正比的负奖励，以及与模板 0 的概率成正比的正奖励。对正向奖励 ω 和负向惩罚 ω^- 定义如下：

$$\omega = \rho_1 P_{\text{Template}_0}^{\text{SM}} + \max_{i \neq 0} P_{\text{Template}_i}^{\text{SM}}$$

$$\omega^- = P_{\text{Template}_0}^{\text{SM}} + \rho_2 \sum_{i \neq 0} P_{\text{Template}_i}^{\text{SM}}$$

损失函数定义如下：

$$L_{\text{unsup}} = -\omega - \omega^-$$

$$L_{\text{semi}} = L_{\text{unsup}} + \lambda_1 L_{\text{sup}} + \lambda_2 L_{PR}$$

在半监督设置中，假设可以访问一小部分带标签的解释，即对事实的正确模板进行注释。其中，L_{sup} 为监督损失项，这是标记示例集上的标准交叉熵损失；L_{unsup} 为无监督损失项，用于半监督和无监督中计算。通过后验正则化将模板标签分布从标记集投影到未标记数据中。此外，在训练集中模板上的标记概率分布和学习分布之间添加了 KL 发散损失 L_{PR}。

3. 总结

面向大规模知识图谱的最新知识图谱补全模型虽然产生了良好的结果，但无法揭示其预测背后的任何理由、产生结果的机理，这可能会降低用户对模型结果的信任。该研究所提出的 OxKBC 本质上依然是一种为基于张量分解的知识图谱补全模型，但是这也是一种提供事后解释的新方法。该研究在知识图谱中引入实体相似度边的概念，并使用增强的知识图谱中的路径作为解释。该研究对关系和实体进行量化，以定义用于聚合解释路径的二阶模板，并训练选择模块为给定预测选择最佳模板。首先根据基础模型给出的相似度在实体之间引入加权边，来增强底层知识图谱；然后，定义了人类可理解的解释路径的概念以及生成它们的语言，根据边的不同，路径被聚合到二阶模板中以供进一步选择；之后，由选择模块选择最佳模板，该模块通过新的损失函数在最少的监督下进行训练。实验表明，与基于规则挖掘的方法相比，绝大多数受试用户认为该研究的解释更值得信赖；OxKBC 生成的解释与基础模型的预测是一致的。

4.7.5　基于可解释性知识迁移的关系推理

1. 概述

现有知识图谱补全和关系推理相关研究背后的根本动机是：在多关系知识图谱中存储的相互交织事实下，存在一些统计规律，进而通过在已知事实中发现一般规律，可以恢复缺失的事实。分布式表示学习由于其出色的泛化能力，已被推广以解决上述任务。

作为这一领域的一项开创性工作，TransE 模型通过关系向量操作实体向量之间的线性转换对统计规律进行建模，其隐含地假设实体向量和关系向量都驻留在同一个向量空间中，从而构成不必要的强先验约束。为了放宽这一约束，此后各种模型首先将实体向量投影到依赖关系空间，然后在投影空间中对转换属性进行建模。通常，这些依赖关系空间的模型的特点是，每个关系都具有唯一的投影矩阵。这样带来的好处可以总结为：同一实体的不同场景、语境下可以被强调或者被抑制自身的不同语义。例如，STransE 模型在每个关系中使用两个投影矩阵，一个用于头实体，另一个用于尾实体。尽管 STransE 的性能优于 TransE，但它更容易出现数据稀疏问题：由于每个关系的投影空间都是唯一的，因此与稀疏关系

（在知识图谱中出现频率较小的关系）相关的投影矩阵在训练期间只能暴露很少的事实，从而导致模型泛化性差。此外，在不限制投影矩阵数量的情况下，逻辑相关或概念相似的关系可能具有不同的投影空间，从而阻碍了统计规律的发现、共享和泛化。为此，先前一系列研究尝试利用外部信息，例如来自网络规模语料库或节点特征的文本关系等，在一定程度上缓解了稀疏性问题。与此同时，还有工作在尝试提出通过考虑多重关系路径来模拟超越局部事实的规律。

为了解决上述数据稀疏的问题，美国卡耐基梅隆大学在论文 *An Interpretable Knowledge Transfer Model for Knowledge Base Completion* 中提出一种可解释的知识迁移模型（Interpretable knowledge TransFer model，ITransF），鼓励在关系投影矩阵之间共享统计规律，并缓解数据稀疏问题，同时为关系推理结果提供解释性证据。ITransF 模型的核心是具备可解释性的稀疏注意力机制，将共享概念矩阵组合成特定关系的投影矩阵，从而获得更好的泛化特性、可解释性。此外，学习到的稀疏注意力向量清楚地表明了参数共享，解释了知识迁移是如何进行的。为了在优化过程中产生所需的稀疏性，该研究进一步引入了块迭代优化（Block Iterative Optimization）算法。

2. 技术路线

大多数面向知识图谱补全的表示学习模型根据事实的合理性定义了一个能量函数 $f_r(e_h, e_t)$。模型通过学习，将合理三元组 (e_h, r, e_t) 的能量 $f_r(e_h, e_t)$ 最小化，并将不合理三元组 (e'_h, r, e'_t) 的能量 $f_r(e'_h, e'_t)$ 最大化。在有效训练的词嵌入中可以观察到线性转换现象，受此启发，TransE 模型用向量 e_h、r 和 $e_t \in \mathbb{R}^d$ 分别表示头实体 e_h、关系 r 和尾实体 e_t，d 表示向量维度，它们经过训练使得 $e_h + r \approx e_t$。TransE 模型将能量函数定义为

$$f_r(e_h, e_t) = \| e_h + r - e_t \|_l$$

式中，$l=1$ 或 $l=2$，这意味着将根据验证集的性能使用向量 $e_h + r - e_t$ 的 l_1 或 l_2 范数。其中，l_1 范数是指向量中各个元素绝对值之和，l_2 范数是指向量各元素的平方和然后求平方根。

为了更好地建模同一实体的特定关系方面，TransR 引入投影矩阵概念，并将头实体和尾实体投影到依赖关系的空间。STransE 通过使用不同的矩阵来映射头、尾实体，扩展了 TransR，其能量函数为

$$f_r(e_h,e_t)=\|W_{r,1}\cdot e_h+r-W_{r,2}\cdot e_t\|_l$$

然而，并非所有关系都有丰富的数据来支撑学习得到关系特定矩阵，因为大多数训练样本只与少数关系相关联，导致以稀有关系为代表的数据稀疏问题。

如上所述，TransR 模型和 STransE 模型的一个根本弱点是它们为每个关系配备了一组独特的投影矩阵，这不仅引入了更多参数，而且阻碍了知识共享。直观地说，许多关系彼此共享一些概念，尽管它们以独立的符号形式存储在知识图谱中。例如，"（某人）因（某项工作）获奖"和"（某人）因（某项工作）被提名"都描述了一个人的高质量工作，并分别获得了奖项或提名。这种现象表明，一个关系实际上代表了现实世界概念的集合，一个概念可以由多个关系共享。受这种概念共享现象的启发：首先可以选择定义一小组概念投影矩阵（Concept Projection Matrices）；然后将它们组合成定制的投影矩阵，而不是为每个关系定义一组唯一的投影矩阵。这样一来，依赖关系的转换空间也会被缩减为更小的概念空间。但是，通常而言，对于存在的概念以及它们如何形成关系没有先验知识。因此，ITransF 模型需要从数据中同时学习这些信息以及所有知识的表示。

1）能量函数

该研究将所有概念投影矩阵堆叠到一个三维张量 $W^*\in\mathbb{R}^{m\times d\times d}$ 中，其中 m 是预先指定的概念投影矩阵数量，d 是实体向量和关系向量的维数。让每个关系 r 从上述张量中选择最有用的概念投影矩阵，其中选择由注意力向量表示 α_r。ITransF 的能量函数定义为

$$f_r(e_h,e_t)=\|\alpha_r^H\cdot W^*\cdot e_h+r-\alpha_r^T\cdot W^*\cdot e_t\|_l$$

式中，$\alpha_r^H,\alpha_r^T\in[0,1]^m$ 分别表示头实体注意力机制和尾实体注意力机制，且满足 $\sum_i\alpha_r^H[i]=\sum_i\alpha_r^T[i]=1$，因此 α_r^H 和 α_r^T 是归一化注意力向量，被用于通过凸组合（Convex Combination）方式构成 W^* 中所有概念投影矩阵。当 $m=2|R|$ 且将注意力向量设置为不相交的独热向量时，STransE 模型可以视为 ITransF 模型的一个特例。因此，ITransF 模型的模型空间是 STransE 的泛化。因此，尽管 STransE 总是需要 $2|R|$ 个投影矩阵，在 ITransF 中可以安全地使用更少的概念矩阵并获得更好的性能。

最小化以下损失函数为

$$L = \sum_{\substack{(e_h,r,e_t)\in \Delta^+, \\ (e_h',r,e_t')\in \Delta^-}} [\gamma + f_r(e_h,e_t) + f_r(e_h',e_t')]_+$$

式中，Δ^+ 是由正例三元组组成的正例数据集；Δ^- 是负例三元组组成的负例数据集；$[\cdot]_+ = \max(\cdot, 0)$。

在每次更新后，对实体向量 e_h、e_t 和投影实体向量 $\alpha_r^H \cdot W^* \cdot e_h$ 和 $\alpha_r^T \cdot W^* \cdot e_t$ 进行归一化，使其具有单位长度，这是一种适用于所有模型的有效正则化方法。

2）可解释性的稀疏注意力向量

在 ITransF 能量函数公式中，已经将 α_r^H 和 α_r^T 定义为一些用于合成的归一化向量。如果使用密集的注意力向量，在每次迭代中执行 m 个矩阵的凸组合在计算上是昂贵的，且关系通常不包含实践中的所有现有概念。相反地，当注意力向量稀疏时，通常更容易解释它们的行为，并理解不同关系如何共享概念——基于这些潜在好处，ITransF 旨在进一步学习稀疏注意力向量。然而，在初步实验中，直接对注意力向量进行 l_1 正则化无法产生稀疏表示，这促使该研究对 α_r^H 和 α_r^T 强制执行 l_0 约束（l_0 范数指计算向量中非零的个数）。

为了同时满足归一化条件和 l_0 约束，通过以下方式重新参数化注意力向量：

$$\alpha_r^H = \text{SparseSoftmax}(v_r^H, \mathbb{I}_r^H)$$
$$\alpha_r^T = \text{SparseSoftmax}(v_r^T, \mathbb{I}_r^T)$$

式中，$v_r^H, v_r^T \in \mathbb{R}^m$ 是待训练参数；$\mathbb{I}_r^H, \mathbb{I}_r^T \in \{0,1\}^m$ 是稀疏分配向量，表示注意力向量的非零实体，$\text{SparseSoftmax}(\cdot)$ 函数定义为

$$\text{SparseSoftmax}(v_i, \mathbb{I}_i) = \frac{\exp(v_i / \tau) \mathbb{I}_i}{\sum_j \exp(v_j / \tau) \mathbb{I}_j}$$

式中，τ 是 Softmax 的温度参数。

通过这种重新参数化策略，$\{v_r^H, v_r^T\}$ 和 $\{\mathbb{I}_r^H, \mathbb{I}_r^T\}$ 取代了 $\{\alpha_r^H, \alpha_r^T\}$ 成为模型的真实参数。此外，在 $\{\mathbb{I}_r^H, \mathbb{I}_r^T\}$ 上施加 l_0 约束等效于在 $\{\alpha_r^H, \alpha_r^T\}$ 上施加约束。将上述修改综合在一起，可以将优化问题改写如下：

（1）最小化 L；

（2）服从 $\|\mathbb{I}_{r\,0}^H\| \leqslant k$，$\|\mathbb{I}_{r\,0}^T\| \leqslant k$。其中，$k$ 表示用于表示关系 r 的投影矩阵所需用到的概念投影矩阵的最小数量。

3）块迭代优化

在 l_0 约束下找到最优解通常是 NP 难问题，因此采用一种近似算法，即将有和没有稀疏约束的参数分别称为稀疏分区（Sparse Partition）和密集分区（Dense Partition）。基于这个概念，近似算法迭代优化两个分区中的一个，同时保持另一个分区不变。由于密集分区中的所有参数（包括实体和关系的表示学习向量、投影矩阵等），在稀疏分区固定的情况下是完全可微的，因此可以简单地利用随机梯度下降算法来优化密集分区。那么，核心难点就在于优化稀疏分区（即稀疏分配向量）的步骤，在此期间需同时保持以下两个属性：一是保持 l_0 约束要求的稀疏性；二是损失函数减小。满足上述两个标准似乎与上述优化问题公式中定义的原始问题非常相似，然而区别在于：密集分区中的参数被视为常数，损失函数与每个关系 r 解耦。换句话说，对于任何 $r' \neq r$，$\{\mathbb{I}_{r'}^H, \mathbb{I}_{r'}^T\}$ 的最优选择与 $\{\mathbb{I}_{r}^H, \mathbb{I}_{r}^T\}$ 无关。因此，只需要考虑对单个关系 r 的优化，这本质上可以视为一个赋值问题。可以探索组合优化技术来联合优化 $\mathbb{I}_r^H$ 和 $\mathbb{I}_r^T$，这通常涉及一些迭代过程。为了避免在算法中添加另一个内部循环，该研究转向一种基于单矩阵损失函数的简单但快速的近似方法。具体来说，对于每个关系 r，考虑如下损失 $L_{r,i}^H$，其中只有第 i 个投影矩阵用于头实体：

$$L_{r,i}^H = \sum_{\substack{(e_h,r,e_t) \in \Delta_r^+, \\ (e_h',r,e_t') \in \Delta_r^-}} [\gamma + f_{r,i}^H(e_h, e_t) - f_{r,i}^H(e_h', e_t')]_+$$

式中，$f_{r,i}^H(e_h, e_t) = W_i^* \cdot e_h + r - \alpha_r^T \cdot W^* \cdot e_t$ 是关系 r 和第 i 个投影矩阵对应的能量函数，Δ_r^+ 和 Δ_r^- 表示正例数据集合负例数据集中关系为 r 的子集。

为了选择最好的 k 个矩阵，该研究基本上忽略了投影矩阵之间的相互作用，并通过以下方式更新 $\mathbb{I}_r^H$：

$$\mathbb{I}_r^H \cdot \begin{cases} 1, i \in \text{argpartition}(L_{r,i}^H, k) \\ 0, \text{其他} \end{cases}$$

式中，函数 argpartition(x_i, k) 生成 x_i 中最低 k 个值的索引。

类似地，可以针对尾实体以相同的方式定义单矩阵损失函数 $L_{r,i}^T$ 和能量函数 $f_{r,i}^T(e_h, e_t)$。然后，$\mathbb{I}_r^H$ 的更新规则遵循相同的推导。

4）损坏样本生成方法

给定一个正例三元组 $(e_h, r, e_t) \in \Delta^+$，需要对负例三元组 (e'_h, r, e'_t) 进行采样来计算损失函数；负例三元组的分布用 $(e'_h, r, e'_t) \in \Delta^-$ 表示。

以往工作通常通过用从知识图谱中均匀采样的随机实体替换头实体或尾实体来构造一组损坏的三元组，作为负例三元组。然而，对损坏的实体进行统一采样可能不是最佳选择，因为关系的头、尾实体通常只能属于特定域。当损坏的实体来自其他域时，模型很容易在真正的三元组和损坏的实体之间产生很大的能量间隙。当能量间隙超过 γ 时，这个损坏的三元组将没有训练信号，即没有训练价值，对于训练一个鲁棒性强的模型缺乏帮助；相比之下，如果损坏的实体来自同一域，则可以使模型的任务变得更加困难和有挑战性，从而导致训练信号更加强，有主提高训练出来的模型的鲁棒性。受此观察的启发，该研究提出一种领域采样（Domain Sampling）策略：以概率 P_r 从同一领域的实体中采样损坏的头实体或尾实体，并以概率 $1 - P_r$ 从整个实体集中随机采样损坏的头实体或尾实体。

3. 总结

ITransF 模型能够有效辅助完成知识图谱的构建与更新，其配备稀疏注意力机制模块，通过概念共享来发现隐藏的关系概念并传递统计强度。此外，由稀疏注意力向量表示的关系和概念之间的关联关系，可以很容易地进行解释。ITransF 可以扩展到多跳推理，并将共享机制扩展到实体和关系向量，以进一步增强跨参数的统计绑定。此外，可以探索将该框架应用于多任务学习，促进不同任务之间更精细的共享。

第 5 章

总结与展望

5.1 总结

尽管以基于机器学习（特别是深度学习）的人工智能系统与应用已经成为当前创新激增的重点，但行业仍面临着大规模应用人工智能产品应用的困境，尤其是对于使用关键系统的行业（如医疗、金融、军事等）。人工智能的大规模应用面临的直接问题之一是对人工智能的"信任"问题：人们越来越担心这些人工智能系统复杂、不透明、不直观，因此难以信任。信任这些人工智能系统的重要性直到最近才引起关注。对人工智能的信任，也已经不再停留在一个新创的术语层面，而是要实质性地迈入下一个阶段：可信任人工智能涉及责任有效性、隐私保护建模以及可解释性。可解释性是构建可信人工智能系统的必要元素，学术界和产业界对可解释人工智能的研究兴趣不断升温——可解释人工智能旨在通过解释模型的行为和结论来降低模型的不透明性，提高模型的可理解性，从而使人类能够仔细检查、调试并信任人工智能模型算法和系统应用，这将提高无论是终端用户还是人工智能技术开发人员对人工智能的接受度和信任度。

事实上，有研究认为：复杂人工智能任务的重大进展只能通过与（认知智能范畴下）知识语义层面的结合来实现，从而增强对复杂人工智能系统的解释能力。从人类发展角度，知识的沉淀与传承，铸就了人类文明的辉煌，也将成为机器智能持续提升的必经道路，同样也是通达可信人工智能的必由之路——在人工智能时代，"得知识者"得天下。在认知智能研究框架心中，知识图谱凭借其在算法表达能力、质量可靠性、建模便捷性、解释直观性等方面的独特优势，成为可解释人工智能研究与应用的重要抓手和"助推器"。基于知识图谱的可解释人工智能引领的"知识解释"方法论与技术路线，成为可解释人工智能的重要研究方向之一。近年来，基于知识图谱的可解释人工智能相关研究不断深化，典型成果不断涌现。

在基于知识图谱的可解释性智能推荐领域，充分融合基于表示学习的技术路线和基于路径建模的技术路线，实现了在推测用户兴趣的同时自动研判不同推测路径的不同贡献，最终对推荐结果优劣实现了解释，并且逐渐实现了推荐过程和解释过程的交互与并行，使人工智能的"事后"解释不断向"事前"解释迈进，目前已有比较成熟的可解释性界面系统，用于结果的可视化，可以向已与实现推荐系统交互的用户提供不同类型的解释，并评估不同类型的可视化结果和不同形式的解释中哪一种最容易被理解。

在基于知识图谱的可解释性问答对话领域，将逻辑查询和知识图谱实体（及关系）嵌入低维语义向量空间中，然后在选择语义空间中靠近查询位置的实体作为回答查询的候选答案，在这个过程中在知识图谱中形成可解释的路径来解释识别对话意图，最终将知识图谱整合到具有完全可解释推理路径的对话系统，目前已实现支持逻辑合取、存在量词、逻辑析取等形式查询的问答对话。上述技术手段若执行于结果缺乏可解释性的复杂查询问答任务中，可实现对推理得到的答案以及回答问题的过程进行解释。此外，相关研究还在面向规模越来越大的知识图谱上的高保真度和低延迟方向、面向任何尺寸知识图谱的回答生成的可扩展性方向等方向发展。

在基于知识图谱的可解释性关系推理领域，以深度表示学习技术为主要抓手，生成具备能够解释的实体向量、关系向量、路径向量、概念向量等，一是可以通过权重绑定等手段，将某些类型的背景知识合并到这些向量中以实现解释；二是通过学习交互矩阵来模拟实体、关系、概念等多要素的交叉交互和关联关系，其对三元组的解释被视为头尾实体之间的可靠闭合路径和多元要素之间的交互与映射；三是使用增强的知识图谱中蕴含的、人类可理解的多跳路径作为关系推理的解释，实现了为推理预测的结果搜索解释，相关技术适用于知识图谱补全、复杂关系推理等任务。同时，此类研究在追求可解释性的同时，也更加注重算法的低复杂度和高运行效率。

5.2 发展趋势与展望

虽然目前基于知识图谱的可解释人工智能的发展已经取得长足的进步，但是随着学术界和产业界对其研究的深入、理解的深化和应用的普及，对其新的思考与定位（特别是其与人工智能其他研究方向的关系）不断涌现。基于知识图谱的可解释人工智能的发展趋势如下。

1. 知识和数据"双轮"驱动的可解释人工智能

尽管符号主义（知识驱动，近来以知识工程为代表，可解释性较强）和联结主义（数据驱动，近来以深度学习为代表，可解释性较弱）都不能完美地诠释人类认知的架构方式，但是符号主义与联结主义相结合的人工智能未来潜在发展方向为实现机器进行自主思考提供了新的思路，同样也为可解释人工智能提供了新的思路。人类通过不断的自主学习，当大脑的认知能力达到一定程度时，便可举一反三，可以对信息进行不同维度的转化，转化结果又能够应用到其他维度，从而产生新信息和新观点，也就是我们人类大脑能够通过认知进行知识的再创造——以知识图谱为代表的知识工程正在努力模拟这种"转化"与"再创造"：符号化的认知系统在训练的过程中模拟人的思维，通过持续学习不断进行符号推理，获得不断增强的智能性，逐步接近人类所具备的认知能力。然而，模拟这种"转化"与"再创造"的不仅是知识工程这一脉，以深度学习和机器学习为代表的数据驱动技术路线也希望达到同样的目标：数据驱动的人工智能的成果可以作为人类认知的延伸。我们认为，上述两条路线在发展人工智能道路上虽然有各自的进阶路径，但是绝对不会独行，对可解释人工智能而言同理：虽然当前基于知识图谱的可解释人工智能是可解释人工智能的主要研究手段，但是如果想实现"自身解释"（研发全新的可解释人工智能模型及模仿者模型）这种更高层次可解释人工智能，以深度学习和机器学习为代表的数据驱动技术是不可或缺的。因此，如何融合知识驱动的可解释人工智能和数据驱动的可解释人工智能，是未来的重要研究方向之一。

2. 提高知识图谱表示学习本身的可解释性

知识图谱是提高人工智能算法可解释性的有效工具，但是这个"工具"的使用过程中也存在可解释性差的风险：原始的图结构知识图谱具备极强的可解释性，但是无法被计算机直接使用，需要一定技术手段转换成计算机能够处理的形式，而利用知识图谱来强化当前人工智能技术可解释性的主要技术手段，是知识图谱的向量化表示学习技术，即把知识图谱中的实体和关系（乃至路径）的语义结构转化为向量，但是知识图谱向量化操作的本身会降低知识图谱的可解释性：知识图谱中的实体和关系转化成向量空间中的元素后，便失去了其来自逻辑的原始可解释性。当前，将逻辑映射到向量空间进行表示并同时保有其符号化的规则是困难的，一些规则通常不可能通过知识图谱表示学习来学习（例如经典的 DistMult 模型只能对一类有限的包容层次结构建模等）。然而，可解释性本源来自于逻辑推理，因为逻辑提供了一种支持推理的范式，且其推理是合理的并且可以使用逻辑公理进行验证。因此，现有基于知识图谱的可解释人工智能核心技术手段与之产生了矛盾。因此，如何强化知识图谱表示技术对于知识图谱"原生"符号和逻辑的保留能力，是未来的重要研究方向之一。

3. 降低知识图谱构建与表示学习的偏见

可解释人工智能属于可信人工智能概念范畴，而可信人工智能还包括平等人工智能等。大数据驱动的深度学习技术，依赖于数据，如果数据存在着偏见（很多时候偏见不是认为产生或者灌输的，而是因为受限于采样能力，无法对不同类别进行均衡采样，导致样本在不同类别上分布不均），会导致训练出的深度学习模型同样存在偏见；知识图谱本身也是一种数据资源，同样也会存在偏见，如同其他很多深度学习技术容易受到数据中偏见影响，基于存在偏见的知识图谱训练出来的知识图谱表示学习算法也会受到偏见的影响——这种错误的偏见结果如果被"延续"到原本想要提高可解释性的人工智能模型上，会导致"错误传导"，将会极大影响知识图谱对于人工智能可解释性的提升。已经有研究找到了知识图谱构建过程与表示学习过程中关于偏见的证据，例如男性更可能是面包师，女性更可能是家庭主妇等，这在进行复杂关系推理（特别是未知实体或者关系预测）等任务时，会极大地影响对新关系的链接预测。因此，如何削弱知识图谱在知识抽取（与构建）过程和在向量化表示学习过程中可能引入的偏见，是未来的重要研究方向之一。

4. 个性化和定制化可解释性人工智能

如同诸多人工智能任务所追求的"千人千面",基于知识图谱的可解释人工智能也需要针对不同受众提供不同的解释——可解释人工智能没有通用的解决方案。不同的用户类型需要不同类型的解释,这与我们与其他人互动时所面临的情景一致,例如考虑一名医生需要向其他医生、患者或医学审查委员会以不同的方式解释诊断。此外,不仅是所产生的解释内容需要"因人而异",解释的形式也需要多样化以适应各种场景:目前基于知识图谱的可解释人工智能技术所产生的解释主要是取自结构化知识图谱的多元路径形式,而以往基于注意力机制的可解释人工智能技术所产生的解释主要是权重数值或者是直观性更强的热力图等,而真正对人类用户来说更加容易接受和理解的解释形式可能是自然语言形式,然后当前生成自然语言形式的解释的相关研究还存在技术空白,但是随着大规模多模态预训练语言模型的不断成熟,依托其强大的生成能力,我们有理由相信基于知识图谱的可解释人工智能在不远的未来能够生成可读、可理解的自然语言形式的解释。因此,如何自动校准并向大量用户类型中的特定用户传达"个性化"和"定制化"解释,是未来的重要研究方向之一。

5. 多模态知识图谱驱动的多模态信号融合的解释

近年来,多模态机器学习已经成为研究热点之一,例如多模态知识图谱、多模态预训练模型等驱动的多模态信息对齐、多模态文本生成、多模态推理、多模态表示等任务,同时也引发了人们对"智慧之源"大脑更加深入的思考。大脑这种复杂生物系统包含着大量不同功能的神经细胞、处理不同类型的神经信号,不同细胞之间互相作用也引起了多种多样脑状态,通过整合描述大脑神经的多类型信息源,可以更可靠、更准确地洞察神经细胞的生物机理,洞察大脑的认知机理——我们认为:不同类型信号(如视觉信号、语言信号等)是看待、认识和理解世界的不同视角,多类型信号的有效融合,是大脑认知能力的重要保障,同理也会有效促进可解释人工智能的发展。追溯可解释人工智能的发展脉络,"视觉解释"(直观探测内部的视觉解释方法)是提高可解释性最直观,也是开展研究时间最早的途径,相关工作在计算机视觉领域实践较多;而以往研究也已证明,知识图谱可以被用来提升视觉等场景下的零样本学习等低资源学习预测效果，融入知识图谱的模型也能够大大提升视觉语义理解的能力，提高视觉场景图谱的构建效果，提高视觉问答的用户体验，并增强视觉等多模态学习模型的可解释性。另一方面，学术界和产业界对多模态知识图谱构建与应用的关注也在不断升温。因此，如何实现图像信号、语言信号、知识信号等多类型信号互相补充进而提供更加完整和深入的解释，是未来的重要研究方向之一。

参考文献

[1] Anelli V W, Noia T D. 2nd Workshop on Knowledge-aware and Conversational Recommender Systems-KaRS[C]. The 28th ACM International Conference on Information and Knowledge Management(CIKM 2019), November 3–7, 2019.

[2] Ghazvininejad M. A Knowledge-Grounded Neural Conversation Model[C]. ArXiv, 2017, abs/1702.01932.

[3] Jenatton R, Roux N L, Bordes A, et al. A latent factor model for highly multi-relational data[C]. The 26th Conference on Neural Information Processing Systems(NIPS 2012), December 3–8, 2012.

[4] Shen Y, He X, Gao J, et al. A Latent Semantic Model with Convolutional-Pooling Structure for Information Retrieval[C]. The 23rd ACM International Conference on Information and Knowledge Management(CIKM 2014), November 3–7, 2014.

[5] Jamali M, Ester M. A matrix factorization technique with trust propagation for recommendation in social networks[C]. The 4th ACM Conference on Recommender Systems (RecSys 2010), September 26–30, 2010.

[6] Wen T H, Vandyke D, Mrksic N, et al. A Network-based End-to-End Trainable Task-oriented Dialogue System[C]. The 15th Conference of the European Chapter of the Association for Computational Linguistics(EACL 2017), April 3–7, 2017.

[7] Dhanya S, Shobeir F, Lise G. A probabilistic approach for collective similarity-based drug-drug interaction prediction[J]. Bioinformatics, 2016, 32(20): 3175–3182.

[8] Nickel M, Murphy K, Tresp V, et al. A Review of Relational Machine Learning for Knowledge Graphs[J]. Proceedings of the IEEE, 2016, 104(1): 11–33.

[9] Yoshua, Bengio, Jason, et al. A semantic matching energy function for learning with multi-relational data Application to word-sense disambiguation[J]. Machine learning, 2014, 94(2): 233–259.

[10] Tintarev N, Masthoff J. A Survey of Explanations in Recommender Systems[C]. IEEE 23rd International Conference on Data Engineering Workshop, April 17–20, 2007.

[11] Riccardo G, Anna M, Salvatore R, et al. A Survey Of Methods For Explaining Black Box Models[J]. ACM Computing Surveys, 2019, 51(5): 1–42.

[12] Tan C, Sun F, Kong T, et al. A Survey on Deep Transfer Learning[C]. The 27th International Conference on Artificial Neural Networks(ICANN 2018), October 4–7, 2018.

[13] Guo Q, Zhuang F, Qin C, et al. A Survey on Knowledge Graph-Based Recommender Systems[J]. IEEE Transactions on Knowledge and Data Engineering, 2022, 34(8): 3549–3568.

[14] Nickel M, Tresp V, Kriegel H P. A Three-Way Model for Collective Learning on Multi-Relational Data[C]. The 28th International Conference on Machine Learning(ICML 2011), June 28–July 2, 2011.

[15] Lundberg S, Lee S I. A Unified Approach to Interpreting Model Predictions[J]. ArXiv, 2017, abs/1705.07874.

[16] Kingma D, Ba J. Adam: A Method for Stochastic Optimization[J]. CoRR, 2015, abs/1412.6980.

[17] Shen Y, He X, Gao J, et al. A Latent Semantic Model with Convolutional-Pooling Structure for Information Retrieval[C]. The 23rd ACM International Conference on Information and Knowledge Management(CIKM 2014), November 3–7, 2014.

[18] Galárraga, La, Teflioudi C. AMIE: association rule mining under incomplete evidence in ontological knowledge bases[C]. The 22nd International Conference

on World Wide Web(WWW 2013), May 13–17, 2013.

[19] Xie Q, Ma X, Dai Z, et al. An Interpretable Knowledge Transfer Model for Knowledge Base Completion[C]. The 55th Annual Meeting of the Association for Computational Linguistics (ACL 2017), July 30–August 4, 2017.

[20] Nguyen D Q. An overview of embedding models of entities and relationships for knowledge base completion[J]. ArXiv, 2017, abs/1703.08098.

[21] Ruder S. An Overview of Multi-Task Learning in Deep Neural Networks[J]. ArXiv, 2017, abs/1706.05098.

[22] Liu H, Wu Y, Yang Y. Analogical Inference for Multi-Relational Embeddings[J]. The 34th International Conference on Machine Learning(ICML 2017), August 6–11, 2017.

[23] Meilicke C, Chekol M W, Ruffinelli D, et al. Anytime Bottom-Up Rule Learning for Knowledge Graph Completion[C]. The 28th International Joint Conference on Artificial Intelligence(IJCAI 2019), August 10–16, 2019.

[24] Indyk P. Approximate Nearest Neighbors: Towards Removing the Curse of Dimensionality[C]. The 30th ACM Symposium on Theory of Computing (STOC 1998), May 23–26, 1998.

[25] Nickel, Maximilian, Tresp, et al. A Review of Relational Machine Learning for Knowledge Graphs[J]. Proceedings of the IEEE, 2016, 104(1): 11–33.

[26] Bauman K, Bing L, Tuzhilin A. Aspect Based Recommendations: Recommending Items with the Most Valuable Aspects Based on User Reviews[C]. The 23rd ACM SIGKDD International Conference on Knowledge Discovery and Data Mining(KDD 2017), August 13–17, 2017.

[27] Vaswani A, Shazeer N, Parmar N, et al. Attention Is All You Need[C]. ArXiv, 2017, abs/1706.03762.

[28] Bellini V, Anelli V W, Noia T D, et al. Auto-Encoding User Ratings via Knowledge Graphs in Recommendation Scenarios[C]. The 2nd Workshop on Deep Learning for Recommender Systems(DLRS 2017), August 27, 2017.

[29] Szumlanski S, Gomez F. Automatically acquiring a semantic network of related

concepts[C]. The 19th ACM Conference on Information and Knowledge Management(CIKM 2010), October 26–30, 2010.

[30] Dong Y, Fu Q A, Yang X, et al. Benchmarking Adversarial Robustness on Image Classification[C]. 2020 IEEE/CVF Conference on Computer Vision and Pattern Recognition (CVPR 2020), June 14–19, 2020.

[31] Devlin J, Chang M W, Lee K, et al. BERT: Pre-training of Deep Bidirectional Transformers for Language Understanding[J]. ArXiv, 2019, abs/1810.04805.

[32] Dumontier M, Callahan A, Cruz-Toledo J, et al. Bio2RDF release 3: a larger connected network of linked data for the life sciences[C]. The 13th International Semantic Web Conference(Semantic Web 2014), October 19–23, 2014.

[33] T Zhou, J Ren, M Medo, et al. Bipartite network projection and personal recommendation[J]. Phys Rev E Stat Nonlin Soft Matter Phys, 2007, 76(4): 046115.

[34] S Rendle, C Freudenthaler, Z Gantner, et al. BPR: Bayesian personalized ranking from implicit feedback[C]. The Twenty-Fifth Conference on Uncertainty in Artificial Intelligence(UAI 2009), June 18–21, 2009.

[35] Serban I V, Sordoni A, Bengio Y, et al. Building End-To-End Dialogue Systems Using Generative Hierarchical Neural Network Models[C]. The 30th AAAI Conference on Artificial Intelligence(AAAI 2016), February 12–17, 2016.

[36] Lacroix T, Usunier N, Obozinski G. Canonical Tensor Decomposition for Knowledge Base Completion[C]. The 35th International Conference on Machine Learning(ICML 2018), July 10–15, 2018.

[37] Dai Z, Li L, Xu W. CFO: Conditional Focused Neural Question Answering with Large-scale Knowledge Bases[C]. The 54th Annual Meeting of the Association for Computational Linguistics(ACL 2016), August 7–12, 2016.

[38] Das R, Neelakantan A, Belanger D, et al. Chains of Reasoning over Entities, Relations, and Text using Recurrent Neural Networks[C]. The 15th Conference of the European Chapter of the Association for Computational Linguistics (EACL 2017), April 3–7, 2017.

[39] Yue S, Larson M, Hanjalic A. Collaborative Filtering beyond the User-Item Matrix: A Survey of the State of the Art and Future Challenges[J]. ACM Computing Surveys (CSUR), 2014, 47(1): 3.1–3.45.

[40] Yu X, Ren X, Gu Q, et al. Collaborative Filtering with Entity Similarity Regularization in Heterogeneous Information Networks[C]. The 2nd IJCAI Workshop on Heterogeneous Information Network Analysis (HINA 2013), August 3–9, 2013.

[41] Sun Y, Yuan N J, Xie X, et al. Collaborative Intent Prediction with Real-Time Contextual Data[J]. ACM Transactions on Information Systems (TOIS), 2017, 35(4): 30.1–30.33.

[42] Zhang F, Yuan N J, Lian D, et al. Collaborative Knowledge Base Embedding for Recommender Systems[C]. The 22nd ACM SIGKDD International Conference on Knowledge Discovery and Data Mining(KDD 2016), August 13–17, 2016.

[43] Jin W, Wang Z, Zhang D, et al. Combining Knowledge with Deep Convolutional Neural Networks for Short Text Classification[C]. The 26th International Joint Conference on Artificial Intelligence(IJCAI 2017), August 19–25, 2017.

[44] Zhou H, Young T, Huang M, et al. Commonsense Knowledge Aware Conversation Generation with Graph Attention[C]. The 27th International Joint Conference on Artificial Intelligence(IJCAI 2018), July 13–19, 2018.

[45] Trouillon T, Nickel M. Complex and Holographic Embeddings of Knowledge Graphs: A Comparison[J]. ArXiv, 2017, abs/1707.01475.

[46] Trouillon T, Welbl J, Riedel S, et al. Complex Embeddings for Simple Link Prediction[C]. The 33rd International Conference on Machine Learning (ICML 2016), June 19–24, 2016.

[47] Arakelyan E, Daza D, Minervini P, et al. Complex Query Answering with Neural Link Predictors[J]. Arxiv, 2020, abs/2011.03459.

[48] A García-Durán, Bordes A, Usunier N. Composing Relationships with Translations[C]. The 2015 Conference on Empirical Methods in Natural Language Processing(EMNLP 2015), September 17–21, 2015.

[49] Speer R, Chin J, Havasi C. ConceptNet 5.5: an open multilingual graph of general knowledge[C]. The 31st AAAI Conference on Artificial Intelligence (AAAI 2017), February 4–9, 2017.

[50] Eiter T, Fink M, Krennwallner T, et al. Conflict-driven ASP Solving with External Sources[J]. Theory and Practice of Logic Programming, 2012, 12(4–5): 659–679.

[51] Pazzani M J, Billsus D. Content-Based Recommendation Systems[J]. The Adaptive Web, 2007, 4321: 325–341.

[52] Rendle S. Context-Aware Ranking with Factorization Models[M]. Berlin, Germany: Springer, 2011.

[53] Verbert K, Duval E, Lindstaedt S N, et al. Context-Aware Recommender Systems[C]. The 2nd ACM Conference on Recommender Systems(RecSys 2008), October 23–25, 2008.

[54] Dettmers T, Minervini P, Stenetorp P, et al. Convolutional 2D Knowledge Graph Embeddings[C]. The 32nd AAAI Conference on Artificial Intelligence (AAAI 2018), February 2–7, 2018.

[55] Wachter S, Mittelstadt B, Russell C. Counterfactual Explanations without Opening the Black Box: Automated Decisions and the Gdpr[J]. Harvard Journal of Law & Technology, 2018, 31(2): 841–887.

[56] Gunning D, Aha D W. DARPA's Explainable Artificial Intelligence (XAI) Program[J]. Ai Magazine, 2019, 40(2): 44–58.

[57] Bentley J L, Friedman J H. Data Structures for Range Searching[J]. ACM Computing Surveys, 1979, 11(4): 397–409.

[58] Lehmann J, Isele R, Jakob M, et al. DBpedia-A Large-scale, Multilingual Knowledge Base Extracted from Wikipedia[J]. IOS Press, 2015, 6(2): 167–195.

[59] Auer S, Bizer C, Kobilarov G, et al. DBpedia: A Nucleus for a Web of Open Data[J]. The 6th International Semantic Web Conference and the 2nd Asian Semantic Web Conference(ISWC 2007 + ASWC 2007), November 11–15, 2007.

[60] Zhang S, Yao L, Sun A, et al. Deep Learning based Recommender System: A Survey and New Perspectives. ArXiv, 2017, abs/1707.07435.

[61] Karatzoglou A, Hidasi B. Deep Learning for Recommender Systems[C]. The 11th ACM Conference on Recommender Systems(RecSys 2017), August 27–31, 2017.

[62] Hinton G, Deng L, Yu D, et al. Deep Neural Networks for Acoustic Modeling in Speech Recognition: The Shared Views of Four Research Groups[J]. IEEE Signal Processing Magazine, 2012, 29(6): 82–97.

[63] Covington P, Adams J, Sargin E. Deep Neural Networks for YouTube Recommendations[C]. The 10th ACM Conference on Recommender Systems (RecSys 2016), September 15–19, 2016.

[64] Qiu J, Tang J, Ma H, et al. DeepInf: Social Influence Prediction with Deep Learning. The 24th ACM SIGKDD International Conference on Knowledge Discovery and Data Mining(KDD 2018), August 19–23, 2018.

[65] Xiong W, Hoang T, Wang W Y. DeepPath: A Reinforcement Learning Method for Knowledge Graph Reasoning[C]. The 2017 Conference on Empirical Methods in Natural Language Processing(EMNLP 2017), September 7–11, 2017.

[66] Murdoch W J, Singh C, Kumbier K, et al. Definitions, methods, and applications in interpretable machine learning[J]. Proceedings of the National Academy of Sciences, 2019, 116(44): 22071–22080.

[67] Alambo A, Gaur M, Thirunarayan K. Depressive, Drug Abusive, or Informative: Knowledge-aware Study of News Exposure during COVID–19 Outbreak[C]. 2020 ACM SIGKDD Workshop on Knowledge-infused Mining and Learning(KiML 2020), August 23–27, 2020.

[68] Tintarev N, Masthoff J. Designing and Evaluating Explanations for Recommender Systems[J]. Recommender Systems Handbook, 2011: 479–510.

[69] Yang F, Yang Z, Cohen W W. Differentiable Learning of Logical Rules for Knowledge Base Reasoning[C]. The 31st Conference on Neural Information

Processing Systems(NIPS 2017), December 4–9, 2017.

[70] Po-Wei W, Stepanova D, Domokos C, et al. Differentiable learning of numerical rules in knowledge graphs[C]. Eighth International Conference on Learning Representations(ICLR 2020), April 25–30, 2020.

[71] Mintz M, Bills S, Snow R, et al. Distant supervision for relation extraction without labeled data[C]. The 47th Annual Meeting of the Association for Computational Linguistics(ACL 2009), August 2–7, 2009.

[72] Mikolov T, Sutskever I, Kai C, et al. Distributed Representations of Words and Phrases and their Compositionality[C]. The 27th Conference on Neural Information Processing Systems(NIPS 2013), December 5–10, 2013.

[73] Wang H, Zhang F, Xing X, et al. DKN: Deep Knowledge-Aware Network for News Recommendation[C]. The 2018 World Wide Web Conference(WWW 2018), April 23–27, 2018.

[74] Tuan Y L, Chen Y N, Lee H Y. DyKgChat: Benchmarking Dialogue Generation Grounding on Dynamic Knowledge Graphs[C]. The 2019 Conference on Empirical Methods in Natural Language Processing(EMNLP 2019), November 3–7, 2019.

[75] A García-Durán, Bordes A, Usunier N. Effective Blending of Two and Three-way Interactions for Modeling Multi-relational Data[C]. The 2014 European Conference on Machine Learning and Knowledge Discovery in Databases(ECML/PKDD 2014), September 15–19, 2014.

[76] Gardner M, Mitchell T. Efficient and Expressive Knowledge Base Completion Using Subgraph Feature Extraction[C]. The 2015 Conference on Empirical Methods in Natural Language Processing(EMNLP 2015), September 17–21, 2015.

[77] Mikolov T, Chen K, Corrado G, et al. Efficient Estimation of Word Representations in Vector Space[C]. The First International Conference on Learning Representations(ICLR 2013), May 2–4, 2013.

[78] Dalvi N N, Suciu D. Efficient Query Evaluation on Probabilistic Databases[C].

The 30th International Conference on Very large Data Bases(VLDB 2004), August 31 – September 3, 2004.

[79] Wu T, Khan A, Gao H, et al. Efficiently Embedding Dynamic Knowledge Graphs[J]. ArXiv, 2019, abs/1910.06708.

[80] Yang B, Yih W T, He X, et al. Embedding Entities and Relations for Learning and Inference in Knowledge Bases[J]. CoRR, 2015, abs/1412.6575.

[81] Hamilton W L, Bajaj P, Zitnik M, et al. Embedding Logical Queries on Knowledge Graphs[C]. The 32nd Conference on Neural Information Processing Systems(NIPS 2018), December 3 – 8, 2018.

[82] Chung J, Gulcehre C, Cho K H, et al. Empirical Evaluation of Gated Recurrent Neural Networks on Sequence Modeling[J]. Arxiv, 2014, abs/1412.3555.

[83] Rocktschel T, Riedel S. End-to-end Differentiable Proving[C]. The 31st Conference on Neural Information Processing Systems (NIPS 2017), December 4 – 9, 2017.

[84] Palumbo E, Rizzo G, Troncy R. entity2rec: Learning User-Item Relatedness from Knowledge Graphs for Top-N Item Recommendation[C]. The 11th ACM Conference on Recommender Systems(RecSys 2017), August 27 – 31, 2017.

[85] Herlocker J L, Konstan J A, Terveen L G, et al. Evaluating collaborative filtering recommender systems[J]. ACM Transactions on Information Systems, 2004, 22(1): 5 – 53.

[86] Purificato E, Manikandan B A, Karanam P V, et al. Evaluating Explainable Interfaces for a Knowledge Graph-Based Recommender System[C]. The 15th ACM Conference On Recommender Systems(RecSys 2021), September 27 – October 1, 2021.

[87] Tintarev N, Masthoff J. Evaluating the effectiveness of explanations for recommender systems[J]. User Modeling and User-Adapted Interaction, 2012, 22(4 – 5): 399 – 439.

[88] Kim B, Khanna R, Koyejo O O. Examples are not enough, learn to criticize! Criticism for Interpretability[C]. The 30th Conference on Neural Information

Processing Systems(NIPS 2016), December 5–10, 2016.

[89] Xue Y, Yuan Y, Xu Z, et al. Expanding holographic embeddings for knowledge completion[C]. The 32nd Conference on Neural Information Processing Systems(NIPS 2018), December 2–8, 2018.

[90] Arrieta A B, N Díaz-Rodríguez, Ser J D, et al. Explainable Artificial Intelligence (XAI): Concepts, Taxonomies, Opportunities and Challenges toward Responsible AI[J]. Information Fusion, 2020, 58(1): 82–115.

[91] Daruna A, Das D, Chernova S. Explainable Knowledge Graph Embedding: Inference Reconciliation for Knowledge Inferences Supporting Robot Actions[J]. ArXiv, 2022, abs/2205.01836.

[92] Wang X, Wang D, Xu C, et al. Explainable Reasoning over Knowledge Graphs for Recommendation[C]. The 33rd AAAI Conference on Artificial Intelligence (AAAI 2019), January 27–February 1, 2019.

[93] Zhang Y, Chen X. Explainable Recommendation: A Survey and New Perspectives[J]. Foundations and Trends in Information Retrieval, 2020, 14(1): 1–101.

[94] Herlocker J L, Konstan J A, Riedl J. Explaining Collaborative Filtering Recommendations[C]. The 2000 ACM Conference on Computer Supported Cooperative Work(CSCW 2000), December 2–6, 2000.

[95] Ruschel A, Gusmo A C, Polleti G P, et al. Explaining Completions Produced by Embeddings of Knowledge Graphs[J]. Symbolic and Quantitative Approaches with Uncertainty, 2019, 15(1): 324–335.

[96] Knijnenburg B P, Willemsen M C, Gantner Z, et al. Explaining the user experience of recommender systems[J]. User Modeling and User-Adapted Interaction, 2012, 22(4–5): 441–504.

[97] Miller T. Explanation in Artificial Intelligence: Insights from the Social Sciences[J]. Artificial Intelligence, 2019, 267(1): 1–38.

[98] Zhang Y, Lai G, Min Z, et al. Explicit factor models for explainable recommendation based on phrase-level sentiment analysis[C]. The 37th

International ACM SIGIR conference on Research and Development in Information Retrieval(SIGIR 2014), July 6-11, 2014.

[99] Walter A V, Calì A, Noia T D, et al. Exposing Open Street Map in the Linked Data cloud[C]. The 29th International Conference on Industrial, Engineering and Other Applications of Applied Intelligent Systems(IEA/AIE 2016), August 2-4, 2016.

[100] Boz, Olcay. Extracting Decision Trees From Trained Neural Networks[C]. The 8th ACM SIGKDD International Conference on Knowledge Discovery and Data Mining(KDD 2002), July, 2002.

[101] Craven M W, Shavlik J W. Extracting tree-structured representations of trained networks[C]. The 9th Conference on Neural Information Processing Systems (NIPS 1995), November 27-30, 1995.

[102] Koren Y. Factorization meets the neighborhood: A multifaceted collaborative filtering model[C]. The 14th ACM SIGKDD International Conference on Knowledge Discovery and Data Mining(KDD 2006), August 24-27, 2008.

[103] Nickel M, Tresp V, Kriegel H P. Factorizing YAGO: Scalable Machine Learning for Linked Data[C]. The 21nd International Conference on World Wide Web(WWW 2012), April 16-20, 2012.

[104] L Galárraga, Teflioudi C, Hose K, et al. Fast Rule Mining in Ontological Knowledge Bases with AMIE+[J]. Vldb Journal, 2015, 24(6): 707-730.

[105] Graves A, Schmidhuber J. Framewise phoneme classification with bidirectional LSTM networks[C]. IEEE International Joint Conference on Neural Networks, July 31-August 4, 2005.

[106] Bollacker K D, Evans C, Paritosh P, et al. Freebase: a collaboratively created graph database for structuring human knowledge[C]. The 2008 ACM SIGMOD international conference on Management of data(SIGMOD 2008), June 9-12, 2008.

[107] Das R, Dhuliawala S, Zaheer M, et al. Go for a Walk and Arrive at the Answer: Reasoning Over Paths in Knowledge Bases using Reinforcement Learning[C].

The 6th International Conference on Learning Representations (ICLR 2018), April 30 – May 3, 2018.

[108] Yang S, Zhang R, Erfani S. GraphDialog: Integrating Graph Knowledge into End-to-End Task-Oriented Dialogue Systems[C]. The 2020 Conference on Empirical Methods in Natural Language Processing(EMNLP 2020), November16 – 20, 2020.

[109] Lu Z, Li H, Mamoulis N, et al. HBGG: a Hierarchical Bayesian Geographical Model for Group Recommendation[C]. The 2017 SIAM International Conference on Data Mining(SDM 2017), April 27 – 29, 2017.

[110] Mcinnes L, Healy J, Astels S. hdbscan: Hierarchical density based clustering[J]. The Journal of Open Source Software, 2017, 2(11): 205.

[111] Nickel M, Rosasco L, Poggio T. Holographic Embeddings of Knowledge Graphs[C]. The 30th AAAI Conference on Artificial Intelligence(AAAI 2016), February 12 – 17, 2016.

[112] Gedikli F, Jannach D, Ge M. How should I explain? A comparison of different explanation types for recommender systems[J]. International Journal of Human-Computer Studies, 2014, 72(4): 367 – 382.

[113] Shen Y, Huang P S, Chang M W, et al. Implicit ReasoNet: Modeling Large-Scale Structured Relationships with Shared Memory[J]. ArXiv, 2016, abs/1611.04642.

[114] Kadlec R, Schmid M, Kleindienst J. Improved Deep Learning Baselines for Ubuntu Corpus Dialogs[J]. ArXiv, 2016, abs/1510.03753.

[115] Yong Z, Mobasher B, Burke R. Incorporating Context Correlation into Context-aware Matrix Factorization[C]. The 2015 International Conference on Constraints and Preferences for Configuration and Recommendation and Intelligent Techniques for Web Personalization(CPCR+ITWP 2015), July 25 – August 1, 2015.

[116] Gu J, Lu Z, Li H, et al. Incorporating Copying Mechanism in Sequence-to-Sequence Learning[J]. ArXiv, 2016, abs/1603.06393.

[117] Noy N, Gao Y, Jain A, et al. Industry-scale knowledge graphs: lessons and challenges[J]. Communications of the ACM, 2019, 62(8): 36−43.

[118] Zhang W, Paudel B, Zhang W, et al. Interaction Embeddings for Prediction and Explanation in Knowledge Graphs[C]. The 12th ACM International Conference on Web Search and Data Mining(WSDM 2019), February 11−15, 2019.

[119] Chakraborty S, Tomsett R, Raghavendra R, et al. Interpretability of deep learning models: A survey of results[C]. 2017 IEEE SmartWorld, Ubiquitous Intelligence & Computing, Advanced & Trusted Computed, Scalable Computing & Communications, Cloud & Big Data Computing, Internet of People and Smart City Innovation (SmartWorld/SCALCOM/UIC/ATC/CBDCom/IOP/SCI 2017), August 4−8, 2017.

[120] Gusmo A C, Correia A, Bona G D, et al. Interpreting Embedding Models of Knowledge Bases: A Pedagogical Approach[C]. ArXiv, 2018, abs/1806.09504.

[121] Sarwar B, Karypis G, Konstan J, et al. Item-based Collaborative Filtering Recommendation Algorithms[C]. The 10th International Conference on World Wide Web(WWW 2001), May 1−5, 2001.

[122] Garcia-Duran A, Niepert M. KBLRN : End-to-End Learning of Knowledge Base Representations with Latent, Relational, and Numerical Features[J]. ArXiv, 2017, abs/1709.04676.

[123] Eric M, Manning C D. Key-Value Retrieval Networks for Task-Oriented Dialogue[J]. ArXiv, 2017, abs/1705.05414.

[124] Wang X, He X, Cao Y, et al. KGAT: Knowledge Graph Attention Network for Recommendation[C]. The 25th ACM SIGKDD International Conference on Knowledge Discovery and Data Mining(KDD 2019), August 4−8, 2019.

[125] Yao L, Mao C, Luo Y. KG-BERT: BERT for Knowledge Graph Completion[J]. ArXiv, 2019, abs/1909.03193.

[126] West R, Gabrilovich E, Murphy K, et al. Knowledge base completion via search-based question answering[C]. The 23rd International Conference on

World Wide Web(WWW 2014), April 7–11, 2014.

[127] Kadlec R, Bajgar O, Kleindienst J. Knowledge Base Completion: Baselines Strike Back[C]. The 2nd Workshop on Representation Learning for NLP, August 3, 2017.

[128] Sedghi H, Sabharwal A. Knowledge Completion for Generics using Guided Tensor Factorization[J]. Transactions of the Association for Computational Linguistics, 2018, 6(1): 197–210.

[129] Malone B, A García-Durán, Niepert M. Knowledge Graph Completion to Predict Polypharmacy Side Effects[J]. ArXiv, 2018, abs/1810.09227.

[130] Trouillon T, Dance C R, Welbl J, et al. Knowledge Graph Completion via Complex Tensor Factorization[J]. Journal of Machine Learning Research, 2017, 18(1): 130:1–130:38.

[131] Wang H, Zhao M, Xie X, et al. Knowledge Graph Convolutional Networks for Recommender Systems[C]. The 2019 World Wide Web Conference(WWW 2019), May 13–17, 2019.

[132] Zhen W, Zhang J, Feng J, et al. Knowledge Graph Embedding by Translating on Hyperplanes[C]. The 28th AAAI Conference on Artificial Intelligence (AAAI 2014), July 27–31, 2014.

[133] Ji G, He S, Xu L, et al. Knowledge Graph Embedding via Dynamic Mapping Matrix[C]. The 53rd Annual Meeting of the Association for Computational Linguistics and the 7th International Joint Conference on Natural Language Processing(ACL & IJCNLP 2015), July 26–31, 2015.

[134] Wang Q, Mao Z, Wang B, et al. Knowledge Graph Embedding: A Survey of Approaches and Applications[J]. IEEE Transactions on Knowledge & Data Engineering, 2017, 29(12): 2724–2743.

[135] Bianchi F, Rossiello G, Costabello L, et al. Knowledge Graph Embeddings and Explainable AI[J]. ArXiv, 2020, abs/2004.14843.

[136] Kursuncu U, Gaur M, Sheth A P. Knowledge Infused Learning (K-IL): Towards Deep Incorporation of Knowledge in Deep Learning[J]. ArXiv, 2019,

abs/1912.00512.

[137] Xiao H, Huang M, Zhu X . Knowledge Semantic Representation: A Generative Model for Interpretable Knowledge Graph Embedding[J]. ArXiv, 2016, abs/1608.07685.

[138] Anelli V W, Bellini V, Noia T D, et al. Knowledge-Aware Interpretable Recommender Systems[J]. Knowledge Graphs for eXplainable Artificial Intelligence, 2020, 47(1): 101–124.

[139] Manas G, Aribandi V, Kursuncu U, et al. Knowledge-Infused Abstractive Summarization of Clinical Diagnostic Interviews: Framework Development Study[J]. JMIR Mental Health, 2021, 8(5): e20865.

[140] Huang P S, He X, Gao J, et al. Learning deep structured semantic models for web search using clickthrough data[C]. The 22nd ACM international conference on information and knowledge management(CIKM 2013), October 27–November 1, 2013.

[141] Lin Y, Liu Z, Sun M, et al. Learning Entity and Relation Embeddings for Knowledge Graph Completion[C]. The 29th AAAI Conference on Artificial Intelligence(AAAI 2015), January 25–30, 2015.

[142] Moon C, Jones P, Samatova N F. Learning Entity Type Embeddings for Knowledge Graph Completion[C]. The 26th ACM International Conference on Information and Knowledge Management(CIKM 2017), November 6–10, 2017.

[143] Ai Q, Azizi V, Chen X, et al. Learning Heterogeneous Knowledge Base Embeddings for Explainable Recommendation[J]. ArXiv, 2018, abs/1805.03352.

[144] Bordes A, Weston J, Collobert R, et al. Learning Structured Embeddings of Knowledge Bases[C]. The 25th AAAI Conference on Artificial Intelligence(AAAI 2011), August 7–11, 2011.

[145] Xu C, Zheng Q, Zhang Y, et al. Learning to Rank Features for Recommendation over Multiple Categories[C]. The 39th International ACM

SIGIR conference on Research and Development in Information Retrieval (SIGIR 2016), July 17–21, 2016.

[146] Vinyals O, Jia Y, Deng L, et al. Learning with Recursive Perceptual Representations[J]. The 26th Conference on Neural Information Processing Systems(NIPS 2012), December 3–6, 2012.

[147] Yang B, Mitchell T. Leveraging Knowledge Bases in LSTMs for Improving Machine Reading[C]. The 55th Annual Meeting of the Association for Computational Linguistics (ACL 2017), July 30–August 4, 2017.

[148] Hu B, Shi C, Zhao W. Leveraging Meta-path based Context for Top-N Recommendation with A Neural Co-Attention Model[C]. The 24th ACM SIGKDD International Conference on Knowledge Discovery and Data Mining(KDD 2018), August 19–23, 2018.

[149] Noia T D, Mirizzi R, Ostuni V C, et al. Linked open data to support content-based recommender systems[C]. The 8th International Conference on Semantic Systems(I-SEMANTICS 2012), September 5–7, 2012.

[150] Raedt L D. Logical and Relational Learning[C]. The 19th Brazilian Symposium on Artificial Intelligence: Advances in Artificial Intelligence(SBIA 2008), October 26–30, 2008.

[151] Cheng F, Zhao Z. Machine learning-based prediction of drug-drug interactions by integrating drug phenotypic, therapeutic, chemical, and genomic properties[J]. Journal of the American Medical Informatics Association Jamia, 2014(e2): 78–86.

[152] Koren Y, Bell R, Volinsky C. Matrix Factorization Techniques for Recommender Systems[J]. Computer, 2009, 42(8): 30–37.

[153] Daza D, Cochez M. Message Passing Query Embedding[J]. ArXiv, 2020, abs/2002.02406.

[154] Zhao H, Yao Q, Li J, et al. Meta-Graph Based Recommendation Fusion over Heterogeneous Information Networks[C]. The 23rd ACM SIGKDD International Conference on Knowledge Discovery and Data Mining(KDD

2017), August 13 – 17, 2017.

[155] Sun Y, Han J. Mining heterogeneous information networks: a structural analysis approach[J]. ACM SIGKDD Explorations Newsletter, 2013, 14(2): 20 – 28.

[156] Gao J, Li D, Gamon M, et al. Modeling interestingness with deep neural networks[C]. The 2014 Conference on Empirical Methods in Natural Language Processing (EMNLP 2014), October 25 – 29, 2014.

[157] Zhang Z, Li J, Zhu P, et al. Modeling Multi-turn Conversation with Deep Utterance Aggregation[C]. The 27th International Conference on Computational Linguistics, August 20 – 26, 2018.

[158] Zitnik M, Agrawal M, Leskovec J. Modeling polypharmacy side effects with graph convolutional networks[J]. Bioinformatics, 2018, 34(13): i457 – i466.

[159] Lin Y, Liu Z, Luan H, et al. Modeling Relation Paths for Representation Learning of Knowledge Bases[C]. The 2015 Conference on Empirical Methods in Natural Language Processing, September 17 – 21, 2015.

[160] Adomavicius G, Manouselis N, Kwon Y O. Multi-Criteria Recommender Systems[J]. Recommender Systems Handbook, 2011: 769 – 803.

[161] Wang H, Zhang F, Zhao M, et al. Multi-Task Feature Learning for Knowledge Graph Enhanced Recommendation[C]. The 2019 World Wide Web Conference(WWW 2019), May 13 – 17, 2019.

[162] Li H, Wang Y, Lyu Z, et al. Multi-task Learning for Recommendation over Heterogeneous Information Network[J]. IEEE Transactions on Knowledge and Data Engineering, 2022, 34(2): 789 – 802.

[163] Nguyen D Q, Sirts K, Qu L, et al. Neighborhood Mixture Model for Knowledge Base Completion[C]. The 20th SIGNLL Conference on Computational Natural Language Learning (CoNLL 2016), August 7 – 12, 2016.

[164] Chong C, Min Z, Liu Y, et al. Neural Attentional Rating Regression with Review-level Explanations[C]. The 2018 World Wide Web Conference(WWW

2018), April 23–27, 2018.

[165] Yin J, Xin J, Lu Z, et al. Neural Generative Question Answering[C]. The 25th International Joint Conference on Artificial Intelligence(IJCAI 2016), July 9–15, 2016.

[166] Bahdanau D, Cho K, Bengio Y. Neural Machine Translation by Jointly Learning to Align and Translate[J]. CoRR, 2014, abs/1409.0473.

[167] Li P, Wang Z, Ren Z, et al. Neural Rating Regression with Abstractive Tips Generation for Recommendation[C]. The 40th International ACM SIGIR Conference on Research and Development in Information Retrieval(SIGIR 2017), August 7–11, 2017.

[168] Mitchell T M, Cohen W W, Hruschka E R, et al. Never-ending learning[J]. Communications of the ACM, 2018, 61(5): 103–115.

[169] Deng L, Hinton G, Kingsbury B. New types of deep neural network learning for speech recognition and related applications: an overview[C]. 2013 IEEE International Conference on Acoustics, Speech and Signal Processing, May 26–31, 2013.

[170] Grover A, Leskovec J. node2vec: Scalable Feature Learning for Networks[C]. The 22nd ACM SIGKDD International Conference on Knowledge Discovery and Data Mining(KDD 2016), August 13–17, 2016.

[171] Toutanova K, Chen D. Observed Versus Latent Features for Knowledge Base and Text Inference[C]. The 3rd Workshop on Continuous Vector Space Models and their Compositionality(CVSC 2015), July 26–31, 2015.

[172] Wang Y, Gemulla R, Li H. On multi-relational link prediction with bilinear models[C]. The 32nd AAAI Conference on Artificial Intelligence(AAAI 2018), February 2–7, 2018.

[173] Venn J L. On the diagrammatic and mechanical representation of propositions and reasonings[J]. Philosophical Magazine Series 1, 10(59): 1–18.

[174] Lecue F. On the role of knowledge graphs in explainable AI[J]. Semantic Web, 2020, 11(1): 41–51.

[175] Moon S, Shah P, Kumar A, et al. OpenDialKG: Explainable Conversational Reasoning with Attention-based Walks over Knowledge Graphs[C]. The 57th Annual Meeting of the Association for Computational Linguistics(ACL 2019), July 28 – August 2, 2019.

[176] Nandwani Y, Gupta A, Agrawal A, et al. OxKBC: Outcome Explanation for Factorization Based Knowledge Base Completion[C]. Automated Knowledge Base Construction(AKBC 2020), June 22 – 24, 2020.

[177] Lu Z, Wang H, Mamoulis N, et al. Personalized location recommendation by aggregating multiple recommenders in diversity[J]. Geoinformatica, 2017, 21(3): 459 – 484.

[178] Hassan H. Personalized Research Paper Recommendation using Deep Learning[C]. The 25th Conference on User Modeling, Adaptation and Personalization(UMAP 2017), July 9 – 12, 2017.

[179] Qi C R, Su H, Mo K, et al. PointNet: Deep Learning on Point Sets for 3D Classification and Segmentation[C]. 2017 IEEE Conference on Computer Vision and Pattern Recognition (CVPR 2017), July 21 – 26, 2017.

[180] Malone B, A García-Durán, Niepert M. Knowledge Graph Completion to Predict Polypharmacy Side Effects[C]. ArXiv, 2018, abs/1810.09227.

[181] Ganchev K, J Graça, Gillenwater J, et al. Posterior Regularization for Structured Latent Variable Models[J]. Journal of Machine Learning Research, 2010, 11(1): 2001 – 2049.

[182] Zhang W, Chen Y, Liu F, et al. Predicting potential drug-drug interactions by integrating chemical, biological, phenotypic and network data[J]. Bmc Bioinformatics, 2017, 18: 18:1 – 18:12.

[183] Salakhutdinov R. Probabilistic Matrix Factorization[C]. The 21th Conference on Neural Information Processing Systems(NIPS 2007), December 3 – 6, 2007.

[184] Wang Y, Huang H, Feng C. Query Expansion With Local Conceptual Word Embeddings in Microblog Retrieval[J]. IEEE Transactions on Knowledge and Data Engineering, 2021, 33(4): 1737 – 1749.

[185] Ren H, Hu W, Leskovec J. Query2box: Reasoning over Knowledge Graphs in Vector Space using Box Embeddings[C]. ArXiv, 2020, abs/2002.05969.

[186] D Krompaß, Nickel M, Tresp V. Querying Factorized Probabilistic Triple Databases[C]. The 13th International Semantic Web Conference(Semantic Web 2014), October 19–23, 2014.

[187] Li D, Wei F, Ming Z, et al. Question Answering over Freebase with Multi-Column Convolutional Neural Networks[C]. The 53rd Annual Meeting of the Association for Computational Linguistics and the 7th International Joint Conference on Natural Language Processing(ACL & IJCNLP 2015), July 26–31, 2015.

[188] Khashabi D, Khot T, Sabharwal A, et al. Question Answering via Integer Programming over Semi-Structured Knowledge[C]. The 25th International Joint Conference on Artificial Intelligence(IJCAI 2016), July 9–15, 2016.

[189] Lao N, Mitchell T M, Cohen W W. Random Walk Inference and Learning in A Large Scale Knowledge Base[C]. The 2011 Conference on Empirical Methods in Natural Language Processing(EMNLP 2011), July 27–31, 2011.

[190] Chang X, Bai Y, Jiang B, et al. RC-NET: A General Framework for Incorporating Knowledge into Word Representations[C]. The 23rd ACM International Conference on Information and Knowledge Management(CIKM 2014), November 3–7, 2014.

[191] Socher R, Chen D, Manning C D, et al. Reasoning with neural tensor networks for knowledge base completion[C]. The 27th Conference on Neural Information Processing Systems(NIPS 2013), December 5–10, 2013.

[192] Li G, Hong Y, Jia W, et al. Recommendation with Multi-Source Heterogeneous Information[C]. The 27th International Joint Conference on Artificial Intelligence(IJCAI 2018), July 13–19, 2018.

[193] Sun Z, Yang J, Zhang J, et al. Recurrent knowledge graph embedding for effective recommendation[C]. The 12th ACM Conference on Recommender Systems(RecSys 2018), October 2, 2018.

[194] Hinton G E, and Salakhutdinov R. Reducing the Dimensionality of Data with Neural Networks[J]. Science, 2006, 313(5786): 504–507.

[195] Robert, Tibshirani. Regression Shrinkage and Selection via the Lasso[J]. Journal of the Royal Statistical Society. Series B (Methodological), 1996, 58(1): 267–288.

[196] Xian Y, Fu Z, Muthukrishnan S, et al. Reinforcement Knowledge Graph Reasoning for Explainable Recommendation[C]. The 42nd International ACM SIGIR Conference on Research and Development in Information Retrieval(SIGIR 2019), July 21–25, 2019.

[197] Yang K, Kong X, Wang Y, et al. Reinforcement Learning over Knowledge Graphs for Explainable Dialogue Intent Mining[J]. IEEE Access, 2020, 8(1): 85348–85358.

[198] Lao N, Cohen W W. Relational retrieval using a combination ofpath-constrained random walks[J]. Machine Learning, 2010, 81(1): 53–67.

[199] Kazemi S M, Poole D. RelNN: A Deep Neural Model for Relational Learning[J]. ArXiv, 2017, abs/1712.02831.

[200] Toutanova K, Chen D, Pantel P, et al. Representing Text for Joint Embedding of Text and Knowledge Bases[C]. The 2015 Conference on Empirical Methods in Natural Language Processing(EMNLP 2015), September17–21, 2015.

[201] Wang H, Zhang F, Wang J, et al. RippleNet: Propagating User Preferences on the Knowledge Graph for Recommender Systems[C]. The 27th ACM International Conference on Information and Knowledge Management(CIKM 2018), October 22–26, 2018.

[202] Ortona, Stefano, Meduri, et al. Robust Discovery of Positive and Negative Rules in Knowledge-Bases[C]. 2018 IEEE 34th International Conference on Data Engineering (ICDE 2018), April 16–19, 2018.

[203] Sun Z, Deng Z H, Nie J Y, et al. RotatE: Knowledge Graph Embedding by Relational Rotation in Complex Space[J]. ArXiv, 2019, abs/1902.10197.

[204] Heckel R, Vlachos M, Parnell T, et al. Scalable and Interpretable Product

Recommendations via Overlapping Co-Clustering[C]. 2017 IEEE 33rd International Conference on Data Engineering (ICDE 2017), April 19−22, 2017.

[205] Cohen W W, Sun H, Hofer R A, et al. Scalable Neural Methods for Reasoning With a Symbolic Knowledge Base[J]. ArXiv, 2020, abs/2002.06115.

[206] Bai X, Wang M, Lee I, et al. Scientific Paper Recommendation: A Survey[J]. IEEE Access, 2019, 7(1): 9324−9339.

[207] Pavan M, Lee T, Luca E. Semantic enrichment for adaptive expert search[C]. The 15th International conference of knowledge technologies and data-drive business(i-KNOW 2015), October 21−22, 2015.

[208] Yih W T, He X, Meek C. Semantic Parsing for Single-Relation Question Answering[C]. The 52nd Annual Meeting of the Association for Computational Linguistics(ACL 2014), June 23−25, 2014.

[209] Berant J, Chou A, Frostig R, et al. Semantic parsing on freebase from question-answer pairs[J]. The 2013 Conference on Empirical Methods in Natural Language Processing(EMNLP 2013), October 18−21, 2013.

[210] Yih W T, Chang M W, He X, et al. Semantic Parsing via Staged Query Graph Generation: Question Answering with Knowledge Base[C]. The 53rd Annual Meeting of the Association for Computational Linguistics and the 7th International Joint Conference on Natural Language Processing(ACL & IJCNLP 2015), July 26−31, 2015.

[211] Shi C, Zhang Z, Luo P, et al. Semantic Path based Personalized Recommendation on Weighted Heterogeneous Information Networks[C]. The 24th ACM International Conference on Information and Knowledge Management(CIKM 2015), October 18−23, 2015.

[212] Shu G, Quan W, Wang B, et al. Semantically Smooth Knowledge Graph Embedding[C]. The 53rd Annual Meeting of the Association for Computational Linguistics and the 7th International Joint Conference on Natural Language Processing(ACL & IJCNLP 2015), July 26−31, 2015.

[213] Gaur M, Faldu K, Sheth A. Semantics of the Black-Box: Can Knowledge Graphs Help Make Deep Learning Systems More Interpretable and Explainable? [J]. IEEE Internet Computing, 2021, 25(1): 51–59.

[214] Kipf T N, Welling M. Semi-Supervised Classification with Graph Convolutional Networks[J]. ArXiv, 2016, abs/1609.02907.

[215] Sutskever I, Vinyals O, Le Q V. Sequence to Sequence Learning with Neural Networks[C]. The 28th Conference on Neural Information Processing Systems(NIPS 2014), December 8–13, 2014.

[216] Gaur M, Kursuncu U, Wickramarachchi R, et al. Shades of Knowledge-Infused Learning for Enhancing Deep Learning[J]. IEEE Internet Computing, 2019, 23(6): 54–63.

[217] Wang H, Zhang F, Hou M, et al. SHINE: Signed Heterogeneous Information Network Embedding for Sentiment Link Prediction[C]. The 11th ACM International Conference on Web Search and Data Mining(WSDM 2018), Feb 5–9, 2018.

[218] Kazemi S M, Poole D. SimplE Embedding for Link Prediction in Knowledge Graphs[C]. The 32nd Conference on Neural Information Processing Systems(NIPS 2018), December 03–08, 2018.

[219] Thomas, G, Dietterich, et al. Solving the multiple instance problem with axis-parallel rectangles[J]. Artificial Intelligence, 1997, 89(1–2): 31–71.

[220] Drawel N, Qu H, Bentahar J, et al. Specification and automatic verification of trust-based multi-agent systems[J]. Future Generation Computer Systems, 2020, 107(1): 1047–1060.

[221] Wu L, Fisch A, Chopra S, et al. StarSpace: Embed All The Things![J]. ArXiv, 2017, abs/1709.03856.

[222] Raedt L D, Kersting K, Natarajan S, et al. Statistical Relational Artificial Intelligence: Logic, Probability, and Computation[J]. Synthesis Lectures on Artificial Intelligence and Machine Learning, 2016, 10(2): 1–189.

[223] Nguyen D Q, Sirts K, Qu L, et al. STransE: a novel embedding model of

entities and relationships in knowledge bases[C]. NAACL-HLT 2016, June 12–17, 2016.

[224] Andrews R, Diederich J, Tickle A B. Survey and critique of techniques for extracting rules from trained artificial neural networks[J]. Knowledge-Based Systems, 1995, 8(6): 373–389.

[225] Himmelstein D S, Lizee A, Hessler C, et al. Systematic integration of biomedical knowledge prioritizes drugs for repurposing[J]. Cold Spring Harbor Laboratory, 2017, 6: e26726.

[226] Xiang W, He X, Feng F, et al. TEM: Tree-enhanced Embedding Model for Explainable Recommendation[C]. The 2018 World Wide Web Conference (WWW 2018), April 23–27, 2018.

[227] Hutchinson, Brian, Deng, et al. Tensor Deep Stacking Networks[J]. IEEE Trans Pattern Anal Mach Intell, 2013, 35(8): 1944–1957.

[228] Cohen W W. TensorLog: A Differentiable Deductive Database[J]. ArXiv, 2016, abs/1605.06523.

[229] Cohen W W, Yang F, Mazaitis K R. TensorLog: Deep Learning Meets Probabilistic DBs[J]. ArXiv, 2017, abs/1707.05390.

[230] Yu D, Deng L, Seide F. The Deep Tensor Neural Network With Applications to Large Vocabulary Speech Recognition[J]. IEEE Transactions on Audio Speech and Language Processing, 2013, 21(2): 388–396.

[231] Williams J D, Raux A, Henderson M. The Dialog State Tracking Challenge Series: A Review[J]. Dialogue & Discourse, 2016, 7(3): 4–33.

[232] Dalvi D N. The dichotomy of probabilistic inference for unions of conjunctive queries[J]. Journal of the Acm, 2013, 59(6): 30:1–30:87.

[233] Cramer H, Evers V, Ramlal S, et al. The effects of transparency on trust in and acceptance of a content-based art recommender[J]. User Modeling and User-Adapted Interaction, 2008, 18(5): 455–496.

[234] Hitchcock F L. The Expression of a Tensor or a Polyadic as a Sum of Products[J]. Journal of Mathematical Physics, 1927, 6(1–4): 164–189.

[235] Zanker M. The influence of knowledgeable explanations on users' perception of a recommender system[C]. The 6th ACM conference on Recommender systems(RecSys 2012), September 9–13, 2012.

[236] Mangaravite V, Santos R, Ribeiro I S, et al. The LExR Collection for Expertise Retrieval in Academia[C]. The 39th International ACM SIGIR conference on Research and Development in Information Retrieval(SIGIR 2016), July 17–21, 2016.

[237] Liben-Nowell D. The link prediction problem for social networks[J]. Journal of the American Society for Information Science and Technology, 2007, 58(7): 1019–1031.

[238] Lipton Z C. The Mythos of Model Interpretability[J]. Association for Computing Machinery, 2018, 16(3): 31–57.

[239] Falcone R, Sapienza A, Castelfranchi C. The Relevance of Categories for Trusting Information Sources[J]. ACM Transactions on Internet Technology, 2015, 15(4): 13:1–13:21.

[240] Sinha R, Swearingen K. The role of transparency in recommender systems[C]. CHI '02 Extended Abstracts on Human Factors in Computing Systems(CHI EA 2002), April 20–25, 2002.

[241] Berners-Lee T, Handler J, Lassila O. The Semantic Web[J]. Scientific American, 2003, 284(5): 34–43.

[242] Millecamp M, Htun N N, Conati C, et al. To explain or not to explain: the effects of personal characteristics when explaining music recommendations[C]. The 24th International Conference on Intelligent User Interfaces, March 17–20, 2019.

[243] Adomavicius G, Tuzhilin A. Toward the next generation of recommender systems: a survey of the state-of-the-art and possible extensions[J]. IEEE Transactions on Knowledge and Data Engineering, 2005, 17(6): 734–749.

[244] L Galárraga, Suchanek F M. Towards a Numerical Rule Mining Language[C]. The 4th Workshop on Automated Knowledge Base Construction(ABKC 2014),

December 8–13, 2014.

[245] Doshi-Velez F, Kim B. Towards A Rigorous Science of Interpretable Machine Learning[J]. ArXiv, 2017, abs/1702.08608.

[246] Tuan Y L, Beygi S, Fazel-Zarandi M, et al. Towards Large-Scale Interpretable Knowledge Graph Reasoning for Dialogue Systems[C]. Findings of the ACL 2022, May 22–27, 2022.

[247] Hinton G E. Training products of experts by minimizing contrastive divergence[J]. Neural Computation, 2002, 14(8): 1771–1800.

[248] Han X, Huang M, Zhu X. TransG: A Generative Model for Knowledge Graph Embedding[C]. The 54th Annual Meeting of the Association for Computational Linguistics(ACL 2016), August 7–12, 2016.

[249] Bordes A, Usunier N, García-Durán A, et al. Translating Embeddings for Modeling Multi-relational Data[C]. The 27th Conference on Neural Information Processing Systems(NIPS 2013), December 5–10, 2013.

[250] Gu K, Miller J, Liang P. Traversing Knowledge Graphs in Vector Space[C]. The 2015 Conference on Empirical Methods in Natural Language Processing (EMNLP 2015), September 17–21, 2015.

[251] Eitzinger C. Triangular Norms[J]. Fuzzy Sets and Systems, 1999, 104(1): 1–137.

[252] Jain P, Kumar P, Mausam, et al. Type-Sensitive Knowledge Base Inference Without Explicit Type Supervision[C]. The 56th Annual Meeting of the Association for Computational Linguistics (ACL 2018), July 15–20, 2018.

[253] Mcinnes L, Healy J. UMAP: Uniform Manifold Approximation and Projection for Dimension Reduction[J]. ArXiv, 2018, abs/1802.03426.

[254] Bengio Y, Glorot X. Understanding the difficulty of training deep feed forward neural networks[C]. The 13th International Conference on Artificial Intelligence and Statistics (AISTATS 2010), May 13–15, 2010.

[255] Heitmann B, Hayes C. Using Linked Data to Build Open, Collaborative Recommender Systems.[C]. The 24th AAAI Conference on Artificial

Intelligence (AAAI 2010), July 11 – 15, 2010.

[256] AnisaRula, MatteoPalmonari, AndreaMaurino, et al. Using Ontology-Based Data Summarization to Develop Semantics-Aware Recommender Systems[C]. The 15th ESWC 2018, June 3 – 7, 2018.

[257] Cheng H T, Koc L, Harmsen J, et al. Wide & Deep Learning for Recommender Systems[C]. The 1st Workshop on Deep Learning for Recommender Systems (DLRS 2016), September 15, 2016.

[258] Miller G A. WordNet: A Lexical Database for English[J]. Communications of the ACM, 1995, 38 (11): 39 – 41.

[259] Suchanek F M, Kasneci G, Weikum G. YAGO : A core of semantic knowledge unifying WordNet and Wikipedia[C]. The 16th International Conference on World Wide Web (WWW 2007), May 8 – 12, 2007.

[260] 张钹, 朱军, 苏航. 迈向第三代人工智能[J]. 中国科学: 信息科学, 2020, 50(09): 1281 – 1302.

[261] 人工智能机器人开启第四次科技革命——作者|谢晨星、王嘉攀、赵江宇本报告由势乘资本和光锥智能联合发布本报告成文于 2022 年 5 月

[262] 李博骁, 张峰, 李奇峰, 郑明心. 人工智能技术在军事领域的应用思考[J]. 中国电子科学研究院学报, 2022, 17(03): 238 – 246.

[263] 孔祥维, 唐鑫泽, 王子明. 人工智能决策可解释性的研究综述[J]. 系统工程理论与实践, 2021, 41(02): 524 – 536.

[264] 王萌, 王昊奋, 李博涵, 赵翔, 王鑫. 新一代知识图谱关键技术综述[J/OL]. 计算机研究与发展: 1 – 18[2022-08-31]. http://kns.cnki.net/kcms/detail/11.1777.TP.20220301.1217.002.html

[265] 刘峤, 李杨, 段宏, 刘瑶, 秦志光. 知识图谱构建技术综述[J]. 计算机研究与发展, 2016, 53(03): 582 – 600.

彩　插

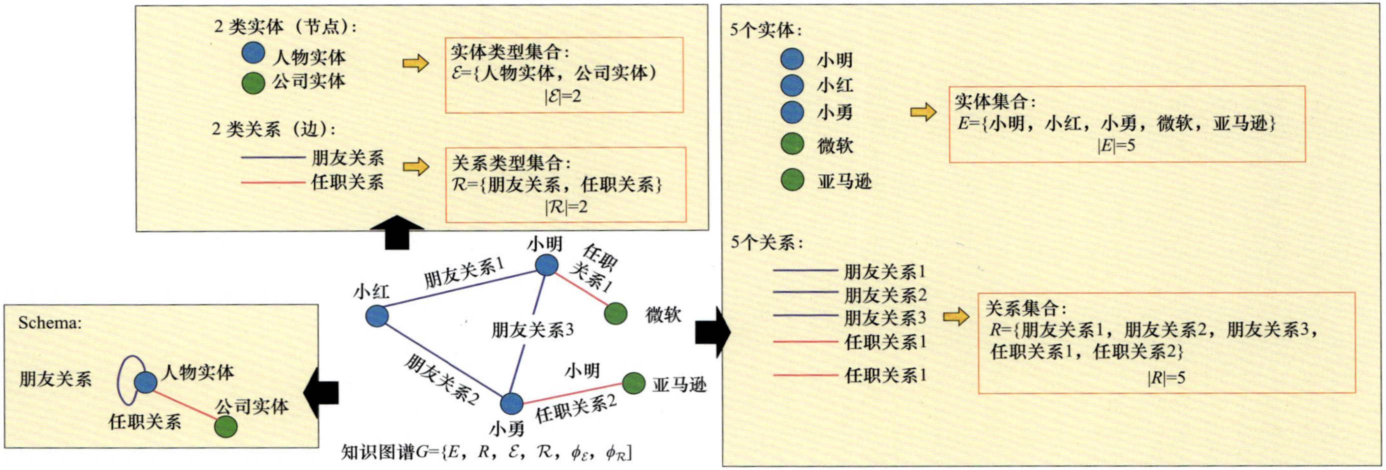

图 2-3　知识图谱的形式化定义（附彩插）